数字化管理创新系列教材

# R语言数据分析与数据挖掘应用
## （微课视频版）

李庆华 周青 编著

U0203160

清华大学出版社
北京

## 内 容 简 介

本书主要讲述 R 语言在数据分析与数据挖掘方面的应用,内容结构编排合理,由浅到深循序渐进地引导读者快速入门,并逐步提高使用 R 语言编程实现数据分析和文本数据挖掘的能力。本书内容简明易懂,适合新手快速入门。每个例题都配有数据和源代码,旨在引导读者学会从具体问题入手分析和使用 R 语言编写可以编译实现的代码,感受 R 语言的魅力,让数据产生价值。这种学习和实践相结合的方式非常适合初学者。

本书的目标读者是从事数据分析与数据挖掘领域的学生、老师和科研工作者,以及从事不同行业的数据分析师、数据挖掘工程师等。

**图书在版编目(CIP)数据**

R 语言数据分析与数据挖掘应用:微课视频版/李庆华,周青编著.—北京:清华大学出版社,2021.8
数字化管理创新系列教材
ISBN 978-7-302-58408-7

Ⅰ. ①R… Ⅱ. ①李… ②周… Ⅲ. ①程序语言－程序设计－教材 Ⅳ. ①TP312

中国版本图书馆 CIP 数据核字(2021)第 117561 号

责任编辑:刘向威  常晓敏
封面设计:文  静
责任校对:李建庄
责任印制:刘海龙

出版发行:清华大学出版社
　　　　网　　　址:http://www.tup.com.cn,http://www.wqbook.com
　　　　地　　　址:北京清华大学学研大厦 A 座　　　邮　　编:100084
　　　　社 总 机:010-62770175　　　　　　邮　　购:010-83470235
　　　　投稿与读者服务:010-62776969,c-service@tup.tsinghua.edu.cn
　　　　质量反馈:010-62772015,zhiliang@tup.tsinghua.edu.cn
　　　　课件下载:http://www.tup.com.cn,010-83470236
印 装 者:三河市科茂嘉荣印务有限公司
经　　销:全国新华书店
开　　本:185mm×260mm　　印　张:14.5　　　　字　　数:345 千字
版　　次:2021 年 8 月第 1 版　　　　　　　　　印　　次:2021 年 8 月第 1 次印刷
印　　数:1～1500
定　　价:45.00 元

产品编号:079684-01

# 总序

**总序**
PREFACE

2003年，在习近平新时代中国特色社会主义思想的重要萌发地浙江，时任省委书记的习近平同志提出建设"数字浙江"的决策部署。在此蓝图的指引下，"数字浙江"建设蓬勃发展，数字化转型和创新成为当前社会的共识和努力方向。特别是党的十八大以来，我国加快从数字大国向数字强国迈进，以"数字产业化、产业数字化"为主线推动经济高质量发展，我国进入数字化发展新时代。

数字强国战略的实施催生出大量数字化背景下的新产业、新业态和新模式，响应数字化发展需求的人才培养结构和模式也在发生显著变化。加强数字化人才培养已成为政、产、学、研共同探讨的时代话题。高等教育更应顺应数字化发展的新要求，顺变、应变、求变，加快数字化人才培养速度、提高数字化人才培养质量，为国家和区域数字化发展提供更好的人才支撑和智力支持。数字化人才不仅包括数字化技术人才，还包括数字化管理人才。当前，得益于新工科等一系列高等教育战略的实施以及高等学校数字人才培养模式的改革创新，数字化技术的人才缺口正在逐步缩小。但相较于数字经济的快速发展，数字化管理人才的供给缺口仍然巨大，加强数字化管理人才的培养和改革迫在眉睫。

近年来，杭州电子科技大学管理学院充分发挥数字化特色明显的学科优势，努力推动数字化管理人才培养模式的改革创新。2019年，在国内率先开设"数字化工程管理"实验班，夯实信息管理与信息系统专业的数字化优势，加快工商管理专业的数字化转型，强化工业工程专业的数字化特色。当前，学院数字化管理人才培养改革创新已经取得良好的成绩：2016年，信息管理与信息系统专业成为浙江省"十三五"优势本科专业（全省唯一），2019年入选首批国家一流本科建设专业。借助数字化人才培养特色和优势，工业工程和工商管理专业分别入选首批浙江省一流本科建设专业。通过扎根数字经济管理领域的人才培养，学院校友中涌现了一批以独角兽数字企业联合创始人、创业者以及知名数字企业高管为代表的数字化管理杰出人才。

杭州电子科技大学管理学院本次组织出版的"数字化管理创新"系列教材，既是对学院前期数字化管理人才培养经验和成效的总结提炼，又为今后深化和升华数字化管理人才培养改革创新奠定了坚实的基础。该系列教材既全面剖析了技术、信息系统、知识、人力资源等数字化管理的要素与基础,又深入解析了运营管理、数字工厂、创新平台、商业模式等数字化管理的情境与模式,提供了数字化管理人才所需的较完备的知识体系建构;既在于强化系统开发、数据挖掘、数字化构建等数字化技术及其工程管理能力的培养,又着力加强数据分析、知识管理、商业模式等数字化应用及其创新能力的培养,勾勒出数字化管理人才所需的创新能力链条。

"数字化管理创新"系列教材的出版是杭州电子科技大学管理学院推进数字化管理人才培养改革过程中的一项非常重要的工作,将有助于数字化管理人才培养更加契合新时代需求和经济社会发展需要。"数字化管理创新"系列教材的出版放入当下商科人才培养改革创新的大背景中也是一件非常有意义的事情,可为高等学校开展数字化管理人才培养提供有益的经验借鉴和丰富的教材资源。

作为杭州电子科技大学管理学院的一员,我非常高兴地看到学院在数字化管理人才培养方面所取得的良好成绩,也非常乐意为数字化管理人才培养提供指导和支持。期待学院在不久的将来建设成为我国数字化管理人才培养、科学研究和社会服务的重要基地。

是为序!

中国工程院　　　机械与运载工程学部　　院士
　　　　　　　　工 程 管 理 学 部

2020 年 6 月

# 前言

FOREWORD

本书基于学习成果导向(outcomes-based education)的思想进行编写,使读者不仅可以理解整个例题,还可以直接编译本书提供的所有源代码,确保读者达到编程想要实现的预期效果,并且设计了适当的练习来评估读者是否达到了预期学习目标。

R 是为数据操作及统计计算提供语言及环境的软件包,还可以用来实现数据的可视化分析。本书内容从 R 的基础知识开始介绍,涵盖了数据分析和数据挖掘的常用模型,包括参数估计、假设检验、文本挖掘、分类、聚类等,还包括数据的可视化分析、自然语言处理等相关内容。本书内容比较全面,做到了易读、易用、易理解、易实现、易上手,是非常适合新手学习的一本 R 语言入门书籍。

本书内容主要分为以下 7 章。

第 1 章:R 基础知识简介,内容包括 R 软件和 RStudio 软件的下载和安装,R 的工作原理介绍,R 启动项的文件配置,R 的工作空间以及数据的导入与保存,R 数据包的安装与加载,R 语言编程过程中的常见错误及其解决办法等内容。

第 2 章:数据分析和挖掘的初步认识:R 的数据结构。首先介绍 R 语言的对象和属性,创建和访问 R 语言中数据对象的方法,查看和管理 R 语言数据对象结构的方法,如何用 R 语言的向量组织数据,向量包含的元素可以是数值型、字符串型或逻辑型,对应的向量依次称为数值型向量、字符串型向量或逻辑型向量;其次从存储角度和结构角度对 R 语言的对象进行分类;然后分别介绍 R 语言的基本数据类型,包括数值型、字符型、逻辑型;最后介绍向量、矩阵、数组、数据框、因子、列表、时间序列对象的创建和使用技巧。

第 3 章:参数估计。首先介绍参数估计的原理,总体方差、总体比例的区间估计,统计量的分布,包括 $\chi^2$ 分布、$t$ 分布和 $F$ 分布;然后介绍如何运用参数估计的区间估计进行 R 语言编程计算,根据方差齐性假设的统计推断内容,以及 Shapiro-Wilk 检验的 R 语言编程。

第 4 章:假设检验。首先介绍假设检验的基本知识,原假设与备择假设、两类错误、假设检验的步骤;其次介绍关于区间估计与假设检验的内容,以及如何利用 $P$ 值进行决策;然后介绍一个总体参数的假设检验和两个总体参数的假设检验,分别从总体均值、总体比例和总体方差 3 方面进行解释;最后介绍 $W$ 检验、Epps-Pulley 检验的 R 语言编程实现。

第5章：R的基本数据分析与绘图。首先介绍如何根据需要观察数据、分析数据的分布情况、分析数据之间的关系,结合需求进行数据分析、制作数据可视化图表的过程;其次介绍如何使用R语言绘制多种图表对数据分布进行描述,涉及R的绘图设备和文件,R的图形组成、参数和边界的设置;最后逐一介绍使用R语言绘制单变量和多变量分布特征的图形,以及反映变量间相关性的图形。

第6章：R的空间数据可视化。首先介绍基于百度地图的REmap包的使用、baidumap包的使用,能按需要进行地图标识等操作;其次介绍如何使用R语言绘制热力图;最后介绍leaflet包的基本使用步骤,以及leaflet包中内置的多个基础底图的用法。

第7章：R语言的文本数据挖掘应用。首先介绍自然语言处理(natural language processing,NLP)的一个子领域——文本挖掘中R语言分词包的使用;其次介绍文本挖掘tm包的安装和使用,LDA主题建模,以及如何使用R语言绘制词云图,并且举例说明词云图的绘制过程。

为了方便各类高校选用教材进行教学和读者选书自学,本书提供了大量的实例代码和其他资源。本书准备的辅助教学材料主要包括如下。

(1) 一套完整的教学精简版PPT。

(2) 一套完整的教学案例R语言代码。

(3) 完整的教学大纲。

(4) 四套完整的课程考试试卷及参考答案。

(5) 提供每章内容的视频讲解。

本书在写作和出版过程中得到了许多专家的帮助和支持,编者在此向他们表示衷心的感谢;还要感谢清华大学出版社对本书出版给予的大力支持。

由于编者水平有限,书中难免有疏漏之处,欢迎广大读者批评指正。

李庆华　周　青

2021年6月于杭州电子科技大学

# 目录
CONTENTS

# 第1章 R基础知识简介

## 本章学习目标

- 下载和安装 R 软件和 RStudio 软件。
- 了解 R 的编译环境，并掌握 R 的一些基本操作。
- 认识 R 包，并掌握 R 包的安装与加载方法。
- 了解 R 启动项的顺序和文件配置。
- 学会按需要进行数据的读取和保存。
- 学会设计和运行常用自定义的函数。

本章首先介绍 R 语言、集成开发环境 RStudio 的安装和使用，R 的启动顺序和配置文件；然后介绍 R 中数据的读取和保存方法，数据包的安装和加载；最后介绍数据分析和挖掘中常用的 R 包，解释数据挖掘的概念。本章还详细介绍 wordcloud2 词云包的用法，以及点文件(. Rprofile)的配置方法和相关操作，总结 R 编程和安装过程中会出现的一些常见错误的原因，并介绍如何通过 R 系统函数和简单自定义函数的编写，解决数据整理和应用等问题。

## 1.1　为什么要学习 R 语言

马云在 2018 年的云栖大会上说："按需制造的核心是数据，数据是制造业必不可少的生产资料，以前制造业发展好不好是看电力指数，未来我们看数据。"数据分析是以企业需求为驱动开展的数据获取、数据处理、数据分析、数据展示和报告撰写的一系列科学过程。当前，数据分析主要在互联网、电子商务、计算机软件、IT(信息技术)服务等行业需求比较旺盛。数据科学是一个从数据(结构化或非结构化的大数据)中提取知识的跨学科领域，是数据分析、数据挖掘等的延续。R 可以较好地处理和完成数据分析所涉及的内容。

多数商业统计软件价格不菲,如 SPSS、EViews 等,都需要付费购买,而 R 是免费的。R 的环境由 R-projects 维护,根据自由软件基金会(Free Software Foundation)GNU 通用公共授权(general public license)的条款,R 语言的源代码是可以获取的。由于存在各种平台,如 UNIX、Linux、Windows 以及 Mac OS,因此 R 语言也编译和开发了用于不同平台的版本。

R 是一门集成了数据操作、统计和可视化功能的一款优秀的、免费的、开源的语言,在诸多领域都得到了广泛应用,如医疗、商业、交通、心理学、神经系统科学、社会公益、银行业、广告业、零售业等。

R 是一个全面的统计研究平台,提供多种数据分析技术,拥有顶尖水准的制图功能,也是一个可进行交互式数据分析和探索的强大平台,可从各种类型的数据源导入数据,包括文本文件、数据库管理系统、统计软件等。

R 是一套完整的数据处理、计算和制图软件系统,具备高效的数据处理和存储功能,擅长数据矩阵操作,提供了大量适用于数据分析的工具,支持各种数据的可视化输出。R 的主要功能包括:数据存储和处理系统;数组运算工具(其向量、矩阵运算方面功能尤其强大);完整连贯的统计分析工具;优秀的统计制图功能。R 还拥有简便而强大的编程语言:可操纵数据的输入和输出,可实现分支、循环,用户可自定义功能。R 语言配有专业的图形交互界面,对没有编程基础的用户也非常友好。R 语言上手入门极快,是学习数据分析的最佳编程语言。由于 R 软件结合各种数据挖掘算法可以有效地简化数据分析过程,因此非常适用于数据挖掘领域。

R 具备良好的可扩展性,是可以帮助使用者从大数据中获取有用信息的绝佳工具。其提供了成千上万的专业模块,来自世界各地开源社区的研究者为其提供了各种丰富实用的工具。

R 与人们的生活息息相关。例如,通过 R 语言编程可以分析微信好友的聊天记录,发现用户特征,构建微信好友的特征画像。R 还可以分析城市交通拥堵问题;对明星投篮数据进行可视化分析;针对互联网金融借贷产品和受众人群特点进行数据分析。使用 R 还可以进行文本挖掘,通过分词、词频统计等制作词云图,求出关键词共现矩阵,绘制网络关系图,进行文本聚类等。词云图不仅是艺术品,还是研究分析内容的一种表现方式,即文本挖掘技术的可视化。

R 的应用还包括对小说的故事情节做情绪分析,分析历年政府工作报告中的热点,进行网络舆情分析,进行微信公众号文章分类,分析春运的迁徙,等等。总而言之,近几年,R 占据数据分析主流语言的绝对地位。因此,学习 R 是一项明智的选择和对未来的投资。

R 也存在缺点。一是内存约束,R 需要将整个数据集存储在内存(RAM)中,以便实现高性能,也称为内存分析;二是类似于其他开源系统,任何人都可以创建和贡献程序包,这些贡献给 R 社区的程序包是很容易出错的,需要更多的测试以确保代码的质量;三是 R 语言可能比某些其他商业语言慢。当然,目前也有解决这些问题的方法,有些方法可看作并行解决方案,本质就是将程序的运行分散到多个 CPU 上,从而克服上述 3 个缺点。

## 1.2 如何下载、安装 R 和 RStudio 软件

### 1. 安装 R

R 是一个自由、免费、源代码开放的软件,而 RStudio 是 R 的集成开发环境,用它进行 R 编程的学习和实践会更加轻松和方便。

R 软件的下载网址为 https://cran.r-project.org。在该页面顶部提供了 3 个下载链接,分别对应 3 种操作系统:Windows、Mac 和 Linux。请选择自己操作系统对应的链接。本书将以 Windows 为例介绍安装过程。

单击下载页面中 Download R for Windows→base→Download R 3.5.3 for Windows,下载安装包(R-3.5.3-win.exe),双击后开始安装,与一般的软件安装一样,根据需要进行相关设置并不断单击"下一步"按钮即可。

(1) 选择安装位置,可根据自定义安装路径,有助于了解和选择 R 的选项配置。需要避免安装在中文目录下,因为 Windows 系统可能存在中文编码问题,在今后使用 R 的过程中可能存在无法读取显示中文变量名的情况。

(2) 根据操作系统的位数选择安装版本和组件。

**注意**:R 的安装程序有两个版本,分别对应 32 位系统和 64 位系统。64 位系统是向下兼容 32 位系统的,两个版本都使用 32 位整数,在数值计算时具有相同的数值精度。两者的主要区别在于内存管理方面。64 位版本的 R 使用了 64 位的指针,而 32 位版本的 R 使用的是 32 位指针。这意味着 64 位版本的 R 可以使用和搜索更大的内存空间。64 位版本的 R 在处理更大型的文件和数据集时所面临的内存管理问题更少。两个版本允许的最大向量长度都是 20 亿字节左右。

如果操作系统不支持 64 位程序,或计算机内存小于 4GB,应该选择 32 位版本的 R。如果操作系统支持 64 位版本的 R,则适用于 Windows 系统和 Mac 系统的 R 安装程序会自动安装两个版本的 R。

(3) "启动"选项选择 Yes(自定义启动)或 No(接受默认选项)。

(4) 等待安装向导安装 R for Windows。

(5) 安装完成后,生成桌面快捷方式。

**注意**:桌面快捷方式分 32 位和 64 位。

(6) 打开 R。双击两个快捷方式中的任意一个即可打开 R 的原生 IDE,如图 1-1 所示。

**注意**:这里最后 6 行的文字显示是自己设置的,在本书后面的章节会介绍如何设置。

(7) 在 Windows 系统中,可以通过输入代码清单 1-1 中的代码实现将 R 语言升级到最新的版本。

**代码清单 1-1**

```
> install.packages("installr")
> require(installr)
> updateR()
```

installr 会检测是否发布了新版本的 R,如果是则单击"确定"按钮即可更新 R。

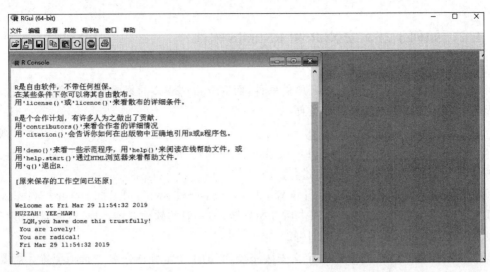

图 1-1    R 的原生 IDE

运行上述命令,软件会自动弹出,如图 1-2 所示的对话框。

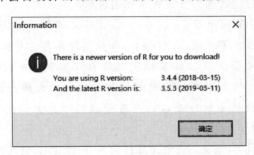

图 1-2    更新 R 到最新版本

(8) 当弹出 Do you wish to install the latest version of R 窗口时,单击"是"按钮,可在浏览器中打开新版本 R 的相关特性介绍。下载安装当前最新版本的 R 软件,这个过程的速度有点缓慢,需要耐心等待网站响应。R 下载完毕后,根据安装向导开始安装。

注意:安装了最新版本的 R 后,Windows 系统并不会自动覆盖旧版本的 R。也就是说更新后,系统中存在多种版本的 R,此时可以通过控制面板来卸载旧版本的 R。而 Mac 系统和 Linux 系统,新版本的 R 会自动覆盖老版本。在 Mac 系统中,可以通过 Finder 打开路径 Library/Frameworks/R frameworks/versions,来删除旧版本的文件夹。而 Linux 系统则不需要做任何的额外操作。对 Windows 用户来说,安装 R 时尽量装在一个不带版本号的目录下,如安装目录改成 C:/Program Files/R/。这样做可以避免 R 版本更新带来的麻烦。如果安装在带版本号的目录下,则每次安装新版本的 R 时,由于 bin 路径改变,需要重新修改 PATH 变量。Linux 系统和 Mac 系统用户不存在这个问题,因为可执行文件通常放在某个特定 PATH 路径下。例如,在 Linux 系统下查看 R 的可执行文件位置,就会发现它在/usr/bin/下,而这个目录本身就在系统 PATH 变量中。

(9) 在 R 版本升级后,需要将旧版本 R 中的包复制到新版本 R 中,方便以后包的调用,具体的命令如下:

```
update.packages(checkBuilt = TRUE, ask = FALSE)
```

然后,选择是否保留包到旧版本的 R,复制旧版本的配置文件 Rprofile. site 到新版本的
R。在新版本的 R 中更新包的版本,在 RStudio 中更换使用的 R 版本,完成上述一系列操作
之后,R 就升级到了最新的版本。

**2. 安装 RStudio**

在 Windows 或 Mac 系统使用 R 时,可以选择集成开发环境(IDE)来使用。常用的就
是 RStudio,如图 1-3 所示。当然也可以选择其他的 IDE,如 Eclipse 和 Emacs+ESS 等。

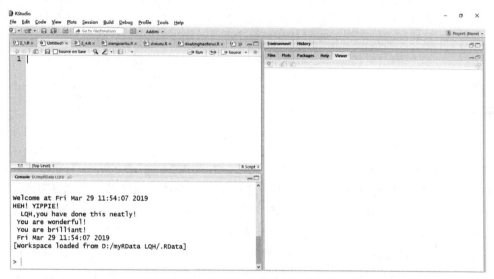

图 1-3　RStudio 的使用界面

RStudio 软件的下载网址是 http://www. rstudio. com/ide。在该下载页面中有
Desktop 和 Server 两个版本,这里选择 Desktop。Desktop 版本又分为两个版本:Open
Source Edition(免费版)和 Commercial License(付费版)。初学者可选择免费版,单击
DOWNLOAD RSRUDIO DESKTOP,进入下载页面,根据操作系统选择相应下载的版本即
可。这里选择 RStudio 1. 2. 1335-Windows 7+,下载后的文件名是 RStudio 1. 2. 1335. exe。

双击 RStudio 1. 2. 1335. exe 进行安装,安装完成后,打开 RStudio,会出现如图 1-3 所
示的窗口,其中有 3 个独立面板。最大的面板是控制台窗口,这是运行 R 代码和查看输出
结果的地方,也就是运行原生 R 时看到的控制台窗口。其他面板则是 RStudio 所独有的。
在这些面板中还隐藏一个文本编辑器、一个画图界面、一个代码调试窗口、一个文件管理窗
口等。

## 1.3　R 软件使用入门

R 是一种区分大小写的解释型语言,因此 A 与 a 是不同的。可以在命令提示符(>)后
每次输入并执行一条命令,或者一次性运行在脚本中写好的多条命令。R 的多数功能由程
序内置函数和用户自编函数提供(如果读者用过 Python 或者 MATLAB,应该很好理解)。
一些常用函数是默认可用的,其他高级函数需要按需加载相应的模块。

R 语言是一种基于对象的语言。R 运行的是一个对象,在运行前需要给对象赋值。在 R 语言中接触的每样东西都是一个对象,如一个函数、一个图形、一串数值向量,都是对象。基于对象的编程是在定义类的基础上创建与操作的。对象名不能用数字开头,但是数字可以放在中间或结尾,推荐使用点号(.)作为间隔。

在输入命令前请切换到英文模式,否则一大段代码可能因为一个中文状态的括号而报错,R 语言的报错并不智能,无法指出错误的具体位置。最可怕的是不报错却无法输出正确结果。

打开 R 软件,光标左侧的>符号表示等待输入,+表示承接上一行的代码。如果一句代码很长,可按 Ctrl+Enter 快捷键继续输入。但是,当输入完毕按 Enter 键无输出结果并显示+时,很可能是少输入了一个双引号或括号。

R 语言中标准的赋值符号是<-,也允许使用=和->进行赋值,但本书推荐大家使用更加标准的<-。以下代码为变量 $x$ 赋值,并输出变量 $x$ 的值。

```
> x <- 3
> x
[1] 3
```

**注意**:输出结果 3 之前的[1]有些令人困扰。输出结果[1],表明从变量的第一个元素开始显示。这意味着,变量实际上是一个向量。R 软件始终以向量的形式输出结果,即使输出结果仅由一个元素组成。在上式的输出中,3 之前的[1],表示 3 是这一输出向量中的第一个元素。R 语言中最小的数据类型是向量,而向量是一系列有序的值。

由于输出的向量仅由一个元素组成,在输入一个完整的表达式前,R 软件会不断通过>符号提示继续输入命令的余下部分。例如,max(1,3,5)为一个完整的表达式,因此 R 软件会根据输入的内容得到以下结果:

```
> max(1,3,5)
[1] 5
```

由于 max(1,3,不是一个完整的表达式,因此 R 软件会将>符号改为+符号,提示继续输入上一行未完成的命令。例如:

```
> max(1,3,
+ 5)
[1] 5
```

同样,也可以给对象 $x$ 赋值一个向量。例如,将 5 个数据 45、52、93、168、88 赋值给 $x$,命令为

```
> x <- c(45,52,93,168,88)
> x
[1] 45 52 93 168 88
```

R 按照序列的顺序,逐个打印向量的各个元素。print 函数用于输出变量的值,在控制台中,可以直接输入变量名,控制台自动调用 print 函数打印变量的值。如果想把赋值和打印命令写在同一行中,可以把赋值语句写在( )中,这样就能在同一行中完成变量的赋值和

打印。

R采用的是交互式工作方式,在命令提示符后输入命令,然后按 Enter 键便会输出计算结果。也可以运行脚本,把所有命令存在脚本中,运行这个文件的全部或部分来执行相应的命令,从而获得相应的结果。

在 R 代码中"♯"后边的都表示注释,不会被执行,此时可输入中文。在代码中,R 语言支持中文但并不好,建议采用全英文的编码环境。R 不提供多行注释功能,可以使用 if (FALSE){}存放被忽略的代码。R 会自动拓展数据结构以容纳新值。R 的下标从 1 开始。变量无法被声明,它们在首次赋值时生成。

命令行交互方式一般有如下 7 种。

(1) 输入 R 表达式(该表达式有错误)。

(2) R 报告有错误。

(3) 通过键盘上的↑键调出之前输错的语句。

(4) 通过键盘上的←键和→键移动鼠标指针至输错的内容。

(5) 通过 Delete 键删除输错的字符。

(6) 在原语句中输入正确的字符。

(7) 按 Enter 键,再次执行该语句。

以上仅是最基本的操作。在输入命令的过程中很容易输错代码,而重新输入会很烦琐。R 软件可以通过简易的命令行编辑避免这样的情况。通过设定一些快捷键,完成对已输入语句的取消、修改和再次执行等操作,具体如表 1-1 所示。使用这些快捷键的优点是可以提高编写代码的效率。

表 1-1　RStudio 命令行编辑的常用快捷键

| 快 捷 键 | 作 用 |
| --- | --- |
| 向上箭头(↑键) | 向前选择原有指令语句 |
| 向下箭头(↓键) | 向后选择原有指令语句 |
| Ctrl+R | 执行光标所在行或选中的多行的代码 |
| Ctrl+O | 打开文件选择器 |
| Ctrl+L | 清楚 R 命令行控制台的屏幕内容 |
| Ctrl+W | 关闭当前的脚本文件 |
| Ctrl+Shift+N | 创建空白文本 |
| Ctrl+Shift+C | 将选择的程序行进行批量的注释 |
| Ctrl+Shift+R | 在光标所在行插入 section 标签 |

在 Windows 主菜单中,选择"帮助"→"控制台"选项,可以得到完整的快捷键组合列表,对命令行编辑很有用。

R 语言包是一种扩展 R 基本功能的机制,包本身也集成了众多的函数。通常,可以在 CRAN、Bioconductor、GitHub 这 3 个位置找到用户需要的包。

在 CRAN 上使用 install.packages(包名)命令安装包,在 GitHub 上使用 install_github()命令安装包。安装好需要的 R 包之后,虽然安装完成了,但是调用这个包中的某个函数可能还是会出现错误,原因是需要先加载这个包,加载包使用 library(包名)命令。

R 中可以使用函数 c()以向量的形式赋值,并使用内置的统计函数计算统计值,然后用图形展示,最后关闭 R 软件,使用命令 q()关闭软件或直接单击右上角的"关闭"按钮。此时会提示"是否保存工作空间影像",如果保存,则下次打开软件时会自动加载映像,上次操作中的已赋值的对象、数据可继续使用。

## 1.4  R 的工作原理

当 R 运行时,所有的变量、数据、函数及结果都是以对象的形式存在于计算机的活动内存中,运行过程中进行的所有操作都是针对活动内存中的对象,如图 1-4 所示。

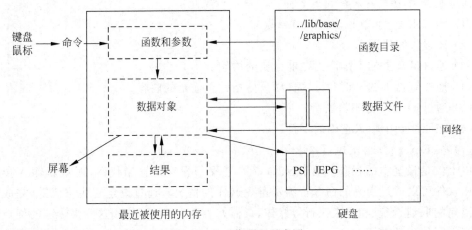

图 1-4  R 工作原理示意图

用户通过输入一些命令调用函数,分析得出的结果可以直接显示在屏幕上,也可直接存入某个对象或写入磁盘,因为产生的数据本身就是一种对象,所以它们也能被视为数据并能像其他数据一样被处理分析。数据的输入文件可来源于本地磁盘,也可以从远程服务端获取。

其中,R 中的函数中的参量(argument)可能是一些对象,如数据和方程等。可能有的函数本身不包含任何参量,也可能参量是默认为默认值的,也可以根据需要自行设置。R 函数的原理如图 1-5 所示。

图 1-5  R 函数的原理

图 1-5 中所有的 R 函数都包含在某个库中(library),从 CRAN 上下载的程序包被调用的时候,都要通过 library(包名)先加载到内存,再被使用,后面章节会详细介绍。

在 R 中进行的所有操作都是针对存储在活动内存中的对象的,不涉及任何临时文件夹的使用。通过对计算机硬盘中的文件进行读、写操作,可以实现数据、图表或结果的输入与输出。通过输入一些命令来调用函数,获取的结果直接显示在屏幕上,也可被存入某个对象或写入硬盘中的某个文件中。R运行产生的结果本身就是一种对象,所以也能被视为数据并能像一般数据那样被处理分析。图片也是一种数据,数据文件有两种读取方式,不仅可以从本地磁盘读取,也可以使用网络传输从远程服务器端获得。

在R软件安装包中自带的base库是R的核心,在启动R时会自动加载,它包含了数据读写、数据运算等基本操作。R启动时会在系统的若干位置寻找配置文件,如果文件存在就会使用这些配置。如果希望通过改变配置选项或预加载R来客户化R进程,进而更加方便地使用R进行数据分析和挖掘,那么,需要了解R启动项相关文件的配置。R复杂的启动过程在Startup中有详细说明(注意:R是区分大小写的)。

## 1.5　R启动项文件的配置

R是一个开源软件,有无穷多个选项可供选择配置。其中,主要涉及两个配置文件,都是点文件(只有扩展名,没有主文件名),文件名为.Renviron和.Rprofile。.Renviron文件是为R自身设置的一些环境变量,这里面的环境变量仅仅对R有效,不改变操作系统的设置。.Rprofile文件是一个R代码文件,在R启动时,如果这个文件存在,它就会被首先执行。因此,如果要在R启动时运行某些任务,或需要配置个性化选项,那么,写在这个文件中。

**注意**:在操作系统中有一个默认的规则,凡是以点开头的文件都是隐藏文件,通常都是配置文件。

### 1.5.1　PATH环境变量

R有多种调用方式。打开R并在其中输入代码运行,这称为交互式运行,用户可以和R实时交互。当然,还可以使用非交互式方式运行R,这需要在命令行窗口中直接调用R,也就是说,需要R自身的路径在系统PATH变量中。

系统要有PATH变量的原因就是为了能够脱离程序的绝对路径以命令行方式来运行程序,这样用户不必担心程序安装在什么位置。当在命令行窗口中输入一个命令时,系统就会从这一系列的PATH路径中去找输入的这个程序是否存在,如果存在就运行它。

下面以Windows 10为例,说明Windows命令行窗口的打开方式,主要有以下两种方式。

1) 普通打开方式

(1) 直接按Win+R快捷键或Win+X快捷键,弹出"运行"对话框。
(Win就是像窗口一样的按键,在Alt键旁边)。

(2) 在"打开"文本框中输入cmd然后单击"确定"按钮即可打开命令行窗口。

2) 管理员权限打开方式

在计算机的任务栏右击,在弹出的快捷菜单中选择"任务管理器"选项,在打开的窗口中选择"文件"→"运行新任务"选项。

Windows系统打开一个命令行窗口后,每输入一个命令,系统都会从PATH中找有没有对应的可执行文件。例如,输入R就会找R.exe或R.bat之类的程序文件,如果它们都不在PATH中,就会报错。

以下是在某操作系统上找PATH变量的步骤:"计算机"(右击)→"属性"→"高级"→"环境变量"→"系统变量"→PATH。

然后,可以看到一连串路径。那么,这个路径在计算机的哪里呢?

打开 R,运行 R. home('bin')命令即可获取这个路径。Windows 系统下是类似于下面这样一个路径：C:/Program Files/R/R-3. xx. y/bin。

### 1.5.2　R 的启动顺序

R 的启动顺序分为如下 7 步。

(1) R 执行 Rprofile. site 中的脚本。这个脚本文件是系统级的脚本,它允许系统管理员对默认选项进行自定义修改。该代码文件的完整路径为 etc/Rprofile. site。

(2) R 执行工作目录中的. Rprofile 脚本文件；若该文件不存在,则执行用户主目录中的. Rprofile 文件。可根据自己的需要来对 R 进行客户化。用户主目录中的. Rprofile 文件用于全局性的客户化。当 R 在低级别的目录启动时,这个低级别目录下的. Rprofile 脚本文件也可以对在本目录下启动的 R 进行客户化。

(3) 如果当前工作目录中有. RData 文件,那么 R 将载入该. RData 文件中保存的工作空间。R 在退出时会将工作空间保存到一个名为. Rdata 的文件中。它将从该文件中载入工作空间,并恢复访问原来的局部变量和函数。

(4) 在 R 中所有的默认输入输出文件都会在工作目录中。getwd()给出工作目录,setwd()设置工作目录。在 Windows 窗口下也可以单击 Change Working Directory 来更改。

(5) 如果定义过. First 函数,R 将执行该函数。. First 函数是用户或项目定义启动初始化代码的好地方,可以在. Rprofile 文件或工作空间对该函数进行定义。

(6) R 执行. First. sys 函数,载入默认的 R 包,该函数是 R 的内部函数,一般用户或管理员不需要对其修改。

(7) Sys. getenv('R_HOME')会报告 R 主程序的安装目录。

**注意**：R 直到第(6)步执行. First. sys 函数时才会载入默认 R 包,在这之前只有基础 R 包会载入。之前步骤中 R 不会载入除基础包外的软件包。

如果需要中断 R 软件正在进行的计算,则在 Windows 系统下选择按 Esc 键,停止工作。在 Linux 系统中,按 Ctrl+C 快捷键中断工作。

### 1.5.3　. Rprofile 文件配置

在 R 启动时,. Rprofile 文件会被首先执行。. Rprofile 文件可增加任意 R 代码,主要就看想实现什么功能和熟练使用 R 的程度。下面是一些关于. Rprofile 文件的设置。

先来看一些常规设置,包括默认编辑器、制表 s 符宽度等,如代码清单 1-2 所示。

代码清单 1-2

```
options(papersize = "a4")
options(editor = "notepad")
options(pager = "internal")
#设置默认的帮助类型
options(help_type = "text")
options(help_type = "html")
```

也可以设置加载 R 包时,默认的 R 包所安装的路径。

```
#自定义安装路径
.libPaths(c("D:/myRDataLQH/myRPackages","C:/Program Files/R/R-3.4.3/library"))
.Library.site <- file.path(chartr("\\","/", R.home()),"site-library")
#自定义库路径,便于备份
```

R 的 options() 函数可用来设置 R 运行时的一些选项,其中常用 CRAN 镜像地址,作用是指定从哪里安装附加包。此选项默认为空,所以每次安装包或更新包时,R 都要跳出来问选择哪个 CRAN 镜像。设置一个 CRAN 镜像,安装和更新包时就不用手动选取 CRAN 镜像了。这是为了避免每次都选择镜像。可事先指定这个选项。

```
local({{r <- getOption("repos")
          r["CRAN"] <- options(repos = r)
}
)
```

当然,也可以直接在.Rprofile 文件中进行设置:

```
options(repos = c(CRAN = "https://mirrors.tongji.edu.cn/CRAN/",
CRANextra = "http://www.stats.ox.ac.uk/pub/RWin"))
#首选是同济大学的镜像,其次是牛津大学 Ripley 提供的
#Windows 的二进制编译版本部分软件包
```

建议选择地理位置距离最近的 CRAN 镜像,这样安装包时速度会最快。其中,CRANextra 主要是为 Windows 系统准备的,因为 CRAN 上只有极少数的包没有 Windows 版本,但牛津大学的 Ripley 提供了 Windows 的二进制编译版本,所以那些包可以从 Ripley 处安装。R 的主程序有源代码,同样,附加包也有源代码,源代码包的形式通常是一个"*.tar.gz"压缩包。对于附加 R 包来说,需要先写一个脚本文件,再用编译器把它编译为 Windows 的二进制文件才可运行。注意:二进制包都是编译过的,是看不到源代码的,必须下载源代码包解压缩之后才能看到。

## 1.6　R 语言的工作空间

工作空间(workspace)就是当前 R 的工作环境,它存储着所有用户定义的对象(向量、矩阵、函数、数据框、列表),可以保存和载入工作空间。交互过程的历史命令也保存于工作空间中,可以使用上下方向键查看。

R 的工作空间管理命令如表 1-2 所示。

表 1-2　R 的工作空间管理命令

| 命　令 | 功　能 |
|---|---|
| getwd() | 显示当前的工作目录 |
| setwd("mydirectory") | 修改当前的工作目录为 mydirectory |
| ls() | 列出当前工作空间中的对象 |
| rm(objectlist) | 移除(删除)一个或多个对象 |
| rm(list=ls()) | 删除当前工作空间的所有对象,清除 R 工作空间中的内存变量 |
| options() | 显示或设置当前选项 |
| history(m) | 显示最近使用过的 $m$ 个命令(默认值为 25) |

续表

| 命　　令 | 功　　能 |
|---|---|
| savehistory("myfile") | 保存命令历史到文件 myfile 中(默认值为. Rhistory) |
| loadhistory("myfile") | 载入一个命令历史文件(默认值为. Rhistory) |
| save. image("myfile") | 保存工作空间到文件 myfile 中(默认值为. RData) |
| save(objectlist, file＝"myfile") | 保存指定对象到一个文件中 |
| load("myfile") | 读取一个工作空间到当前会话中(默认值为. RData) |
| q() | 退出 R,将会询问是否保存工作空间 |

### 1.6.1　数据的导入

很多数据源都可以导入 R 中,可供 R 导入的数据源如图 1-6 所示。

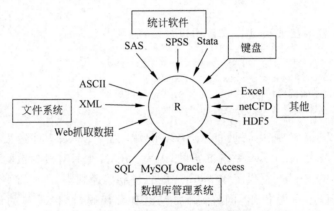

图 1-6　可供 R 导入的数据源

在 R 中,可以使用 keyboard 直接创建数据,如代码清单 1-3 所示。

**代码清单 1-3**

```
＃创建一个数据编辑器
mydata <- data.frame(age = numeric(0),gender = character(0),weight = numeric(0))
＃编辑数据
mydata <- edit(mydata)
```

如图 1-7 所示为 R 的数据编辑器,第一行是各个变量的名称。

### 1. 读取文本数据

利用 R 将存放在文本文件中的数据读入数据对象中,通常可以使用以下几种方法。

1) 读文本数据到数据框中——read. table()

read. table()函数可以将文本数据读取到数据框中,适合读取混合模式的数据,但是要求每列数据的数据类型相同。read. table()读取数据非常方便,通常只需要文件路径、URL(uniform resource locator,统一资源定位器)或连接对象就可以了,也接受非常丰富的参数设置。

read. table 的基本语法如下:

```
read.table(file = ''文件名'',header,sep)
```

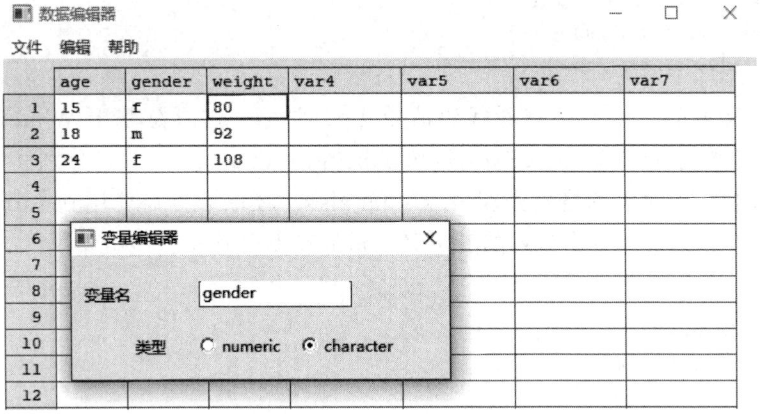

图 1-7 R 的数据编辑器

其中,file 参数可以是相对路径或绝对路径(注意:Windows 下路径要用斜杠(/)或双反斜杠(\\))。header 参数默认为 FALSE,即数据框的列名为 V1、V2……;设置为 TRUE 时第一行作为列名。sep 参数用于指定文本文件中各个数据列之间的分隔符,默认为空格。可以设置为逗号(comma)sep = ',' 、分号(semicolon)sep = ';'和制表符(tab)。

2) 读文本数据到向量中——scan()

可以使用读取指令 scan()函数将文本数据读取到向量中。基本语法如下:

```
scan(file = ''文件名'', skip, what)
```

其中,参数 file 是指定从哪个文本文件读取数据的。skip 参数则用于指定从文本文件的第几行开始读取数据,通常情况下文本文件的第一行是数据的标题行,skip 取值为 1。what 参数说明通过指定的存储类型转换函数。

这里,需要注意的是,scan()函数要求读取的各列数据的存储类型相同,如果不同,则不能使用 scan()函数读取数据。

**2. 读取 Excel 数据**

利用 R 读取 Excel 数据文件,如果可能,尽量将 Excel 文件另保存为 CSV 文件,方便导入。但是无论保存为 CSV 还是 TXT 文件,都只能保存当前活动的工作表。读取 Excel 数据的方法有 4 种,分别如下。

(1) 打开 Excel 文件,选中需要的数据后复制,然后在 R 中输入 data.excel = read.delim("clipboard") ♯clipboard 指令,即剪贴板。

(2) 使用 readxl 包,各个系统都通用。只需要下载 readxl 包,然后使用 read_excel 函数读取就可以了,并且同时支持老版本的.xls 格式和新版本的.xlsx 格式。

```
♯下载和引用
install.packages("readxl")
library(readxl)
♯读取 Excel
read_excel("old_excel.xls")
read_excel("new_excel.xlsx")
```

```
#sheet 参数,指定 Sheet 名或数字
read_excel("excel.xls", sheet = 2)
read_excel("excel.xls", sheet = "data")
```

(3) 使用 RODBC 包,具体查看代码清单 1-4。注意:这只是基于 Windows 的。获取 Excel 连接的函数是 odbcConnectExcel()和 odbcConnectExcel2007(),分别读取 Excel 2003 版和 2007 版的数据,对应的格式分别是.xls 和.xlsx。读取数据需要用到 sqlFetch()函数,其中默认 Excel 表格第一行作为列的变量名。最后是断开连接。

代码清单 1-4

```
#安装和引用 RODBC 包
install.packages("RODBC")
library(RODBC)
connect <- odbcConnectExcel('secert.xls')
#打开数据库的链接
sqlFetch(connect, 'sqltable')
#读取 Excel 表格,其中 sqltable 为 Sheet 名(支持中文)
sqlQuery(connect, query)
#提交查询并返回结果
odbcClose(connect)
#关闭 R 与 Excel 表格的连接
sqlSave(connect, mydf, tablename = sqtable, append = FALSE)
#写入或更新(append = TRUE)数据
sqlDrop(connect, sqtable)
#删除表格
```

(4) 使用 XLConnect 包,如代码清单 1-5 所示。首先,需要安装和引用 XLConnect 包。其次,连接 Excel 表格文件:loadWorkbook()函数。最后,读取数据:readWorksheet()函数(connect,'Sheet 名'),同样默认 Excel 表格第一行作为列的变量名。这种方法各个系统通用,并且不只是支持读取,也可以写入。

代码清单 1-5

```
#安装和引用 XLConnect 包
install.packages('XLConnect')
library(XLConnect)
connect <- loadWorkbook('secert.xlsx') #连接
readWorksheet(connect, 'A') #读取,A 为 Sheet 名
```

### 3. 读取 CSV 格式的数据

CSV 是一种常用的数据格式。CSV 文件为纯文本格式,可以用记事本进行编辑,数据分隔符默认为逗号。R 本身就支持 CSV 文件的读取。可以使用 read.csv()函数、readLines()函数和 scan()函数这 3 种方法实现 CSV 文件的读取。

1) read.csv()函数

read.csv()函数中的 header 参数默认为 TRUE。举例说明如下:

```
data1 <- read.csv('item.csv', sep = ',', header = TRUE)
data2 <- read.table('item.csv')
```

　　字符型数据读入时自动转换为因子,因子是 R 中的变量,它只能取有限的几个不同值,将数据保存为因子可确保模型函数能够正确处理。但当变量作为简单字符串使用时可能出错。避免转换为因子可以采用以下方法:第一,令参数 stringAsFactors＝FALSE,防止导入的数据任何的因子转换;第二,可以更改系统选项 options(stringsAsFactors＝FALSE);第三,指定抑制转换的列,as.is＝参数。通过一个索引向量指定参数或一个逻辑向量,需要转换的列取值为 FALSE,不需要转换的列取值为 TRUE。举例说明如下:

```
data3 <- read.csv('item.csv',stringAsFactors = FALSE)
```

　　如果数据集中含有中文,直接导入很有可能不识别中文,这时加上参数 fileEncoding＝'utf-8'。例如,read.csv('data.csv',fileEncoding＝'utf-8')。读取大量数据时,在不加内存的情况下预先分配内存是很好的选择。

　　2) readLines()函数

　　readLines()函数可以获得数据的行数(注意 L 为大写),判断数据量。例如:

```
lines <- readLines('item.csv')
data1 <- read.csv('item.csv',comment.char = '')
```

其中,comment.char,注释默认是 ♯ 后面的内容,也可以设置为其他字符。若数据中没有注释,则令 comment.char＝'' 可以加快读取速度。

```
data2 <- read.csv('item.csv',comment.char = '',nrows = 10)
```

　　这是读取前 10 行数据和 header。nrows 是读取的最大行数,再加上 header。读取大量数据时可以读取其中一部分数据。

```
data3 <- read.csv('item.csv',comment.char = '',nrows = 10,skip = 2)
```

　　上述代码表示跳过前两行和 header skip。指定从文件开头跳过的行数,再加上 header。skip 指定从文件开头(不包括 header)跳过的行数。

```
classes <- sapply(data9,class)
data4 <- read.csv('user.csv',colClasses = classes)
```

　　colClasses:指示每列的数据类型,先分析一部分数据得到数据类型,然后指定数据类型可以加快读取速度。另外,"NULL"指示跳过该列,不加引号的 NA 软件自动识别。

```
data5 <- read.csv('user.csv',colClasses = list('integer','NULL','factor'))
data6 <- read.csv('user.csv',colClasses = NA)
```

　　3) scan()函数

　　scan()函数通常用来读取数据矩阵,嵌入 matrix 函数中使用。

```
value <= scan('1.csv',what = c(f1 = 0,NULL,f3 = '',rep(list(NULL),6),f10 = 0))
```

其中,第一列、第十列为数值类型,f3＝''表示第三列为字符型数据,第二列和第四列到第九列跳过。rep()函数不能复制 null,故用列表形式添加多个 NULL。

```
data <- matrix(scan(),ncol = 5,byrow = TRUE)
```

其中,scan()返回一个向量,ncol=5表示组成的矩阵为5列,矩阵默认为按列存储,也可以通过设置byrow=TRUE为按列存储。

举例说明读取CSV格式数据的方法,如代码清单1-6所示。

代码清单 1-6

```
install.packages("Hmisc")
library(Hmisc)
mydataframe <- spss.get("mydata.sav", use.value.labels = TRUE)
print(mydataframe)
proc export data = mydata
outfile = "mydata.csv"
dbms = csv
run
```

然后导入R中:

```
mydata <- read.table("mydata.csv", header = TRUE, sep = ",")
```

Stata文件的读取方式:

```
library(foreign)
mydataframe <- read.dta("mydata.dta")
```

netCDF文件的读取方式:

```
library(ncdf)
nc <- nc_open("mynetCDFfile")
myarray <- get.var.ncdf(nc, myvar)
```

### 1.6.2 数据的存储

将R工作空间中的数据输出存储时,有以下几种方法。

**1. 使用cat()函数**

基本语法如下:

```
cat(…, file = "", sep = "", fill = FALSE, labels = NULL, append = FALSE)
```

其中,file表示要输出的文件名;当参数append=TRUE时,在指定文件的末尾添加内容;sep表示以空格作为分隔符。

**2. 使用write()函数保存为文本文件**

基本语法如下:

```
write(x,file,ncolumns,append,sep)
```

其中,x是数据,通常是矩阵或向量;file是文件名;append=TRUE表示在原文件上添加数据,否则为FALSE(默认值),就是存储为一个新文件。其他参数的说明可以通过查看帮助文件获取。

**3. 保存图片**

```
save.image(" D:/my RData/data.RData")
```

16

把原本在计算机内存中(工作空间)活动的数据转存到硬盘中。

**4. 保存 R 格式文件**

举例说明:

```
save(data,file = "D:/my RData/salary.Rdata")
```

### 1.6.3  R 语言的批量读取和写入

R 语言可以一次性整合导入格式统一的表格文件或文本文件,主要分为批量读取文件和批量导出文件,这里涉及 apply 族函数的使用。R 的循环操作 for 和 while,都是基于 R 语言本身实现的,而向量操作是基于底层的 C 语言函数实现的。从性能上来看,对同一个计算来说,优先考虑 R 语言内置的计算方法,必须要用到循环时则使用 apply 函数,应该尽量避免显示地使用 for、while 等操作方法,因为用循环的效率特别低,通常是用向量计算代替循环计算。那么如何使用 C 语言的函数来实现向量计算呢? 就是要用到 apply 的家族函数。apply 族函数包括了 8 个功能类似的函数,分别是 apply()、lapply()、sapply()、vapply()、mapply()、rapply()、eapply() 和 tapply()。

apply() 函数族是 R 语言数据处理的一组核心函数,通过使用 apply() 函数实现对数据的循环、分组、过滤、类型控制等操作。apply() 函数本身就是解决数据循环处理的问题,在实际应用中,需要依据不同数据结构及数据处理目的采用不同的 apply 族函数。apply 族函数关系图如图 1-8 所示。

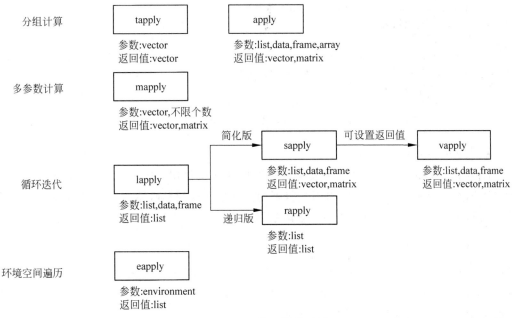

图 1-8  apply 族函数关系图

图 1-9 展示了 apply 族函数之间的关系。接下来,将对 apply 族函数进行逐一介绍。

常用 apply() 函数来代替 for 循环,apply() 函数可以对矩阵、数据框、数组(二维、多维)按行或列进行循环计算,对子元素进行迭代,并把子元素以参数传递的形式送到自定义的

FUN 函数中,并返回计算结果。但是,apply()函数只能用于处理矩阵类型的数据,所有的数据必须是同一类型。因此,要使用 apply()函数,需要将数据类型转换成矩阵类型。

**1. apply()函数**

apply()函数的基本语法格式如下:

```
apply(X,MARGIN,FUN,…)
```

其中,处理对象 X 是矩阵或数组或数据框。MARGIN 设定待计算的维数,表示是以行为单位进行计算还是以列为单位: 1 表示以行为单位,2 表示以列为单位。

例如,c(1,2)表示同时以行和列为单位进行计算。FUN 是在行或列上进行运算的某些函数,如 mean、sum。apply 与其他函数不同,它本身内置为循环运算,并不能明显提高计算效率。然后就是运算函数的一些参数的设置。apply()函数的用法举例说明,如代码清单 1-7 所示。

**代码清单 1-7**

```
> x <- matrix(rnorm(20), nrow = 4, ncol = 5)
> dimnames(x)[[1]] <- letters[1:4]
> dimnames(x)[[2]] <- letters[1:5] #创建数据集
> apply(x,1,sum) #对矩阵 x 的每一行求和
> apply(x, 2, mean, trim = .2) #以列为单位计算截尾平均值
      a            b            c            d            e
   0.09735704   0.11942147   0.29258483   0.07142766   0.69432408
> col.sums <- apply(x, 2, sum) #以列为单位求和
> col.sums #输出结果
      a            b            c            d            e
   0.3894281    0.4776859    1.1703393    0.2857106    2.7772963
> row.sums <- apply(x, 1, sum) #以行为单位求和
> row.sums #输出结果
      a            b            c            d
   0.9565522    - 2.7575867   2.6483896    4.2531052
```

**2. lapply()函数**

lapply()和 sapply()函数用于处理列表数据和向量数据。lapply()函数处理数据后得到的数据类型是列表,而 sapply()函数得到的是向量。这两个函数除返回值类型不同外,其他方面基本一样。lapply()函数的基本语法格式如下:

```
lappy(X,FUN,list(median,sd))
```

其中,处理对象 X 是列表或数据框。FUN 表示在行或列上进行运算的函数,输出结果集为和 X 同样长度的列表 list 结构。通过 lapply 的开头的第一个字母'l',就可以判断返回结果集的类型。lapply()函数的使用如代码清单 1-8 所示。

**代码清单 1-8**

```
A <- matrix(c(2:10), nrow = 3, ncol = 3)
B <- matrix(c(6:17), nrow = 4, ncol = 3)
C <- matrix(rep(seq(8,10),2), nrow = 3)
#构建一个 list 数据集 x,分别包括 a、b、c 这 3 个 KEY 值
```

```
mylist <- list(A = A, B = B, C = C)
print(mylist)
#分别计算每个KEY对应该的数据的分位数
lapply(mylist,fivenum)
lapply(mylist, " [", ,2)#提取列表中每部分第二列的元素
lapply(mylist, " [", 1,)#提取列表中每部分第一行的元素
lapply(mylist, sum)#对列表每部分求和
```

### 3. sapply()函数

sapply()函数可看作是简化版的lapply(),但是增加了两个参数simplify和USE. NAMES,返回值为向量,而不是list对象。sapply()函数的基本语法格式如下:

```
sapply(X, FUN, …, simplify = TRUE, USE.NAMES = TRUE)
```

与lapply()相似,处理对象X代表数组、矩阵或数据框。FUN表示在行或列上进行运算的函数。输出格式为矩阵(或数据框)…表示运算函数的参数。simplify表示逻辑值或字符,用来确定返回值的类型。TRUE表示返回向量或矩阵。simply表示是否数组化,值为"array"时,输出结果按数组进行分组。USE. NAMES用来确定结果的名称。FALSE表示不设置。例如,如果X为字符串,TRUE设置字符串为数据名。如果simplify=FALSE且USE. NAMES=FALSE,那么sapply()函数就等于lapply()函数。sapply()函数的用法举例说明,如代码清单1-9所示。

**代码清单1-9**

```
#生成一个矩阵
> x <- cbind(x1 = 3, x2 = c(2:1,4:5))
> x
      x1   x2
[1,]  3    2
[2,]  3    1
[3,]  3    4
[4,]  3    5
> class(x)
[1] "matrix"
#对矩阵计算,计算过程同lapply()函数
> sapply(x, sum)
[1] 3 3 3 3 2 1 4 5
#对数据框计算
> sapply(data.frame(x), sum)
x1 x2
12 12
> #检查结果类型,sapply返回类型为向量,而lapply的返回类型为list
> class(lapply(x, sum))
[1] "list"
> class(sapply(x, sum))
[1] "numeric"
> lapply(data.frame(x), sum)
$ x1
[1] 12
```

```
 $ x2
[1] 12
> sapply(data.frame(x), sum, simplify = FALSE, USE.NAMES = FALSE)
 $ x1
[1] 12
 $ x2
[1] 12
```

### 4. vapply()函数

vapply()函数类似于 sapply()函数,提供了 FUN. VALUE 参数,用来控制返回值的行名,函数定义如下:

```
vapply(X, FUN, FUN.VALUE, …, USE.NAMES = TRUE)
```

其中,X 代表数组、矩阵、数据框。FUN 是自定义的调用函数。FUN. VALUE 定义返回值的行名 row. names。…表示可选的更多参数。USE. NAMES 为 FALSE 表示不设置。如果 X 为字符串,则 TRUE 设置字符串为数据名。例如,对数据框的数据进行累计求和,并对每行设置行名 row. names。vapply()函数的用法举例说明,如代码清单 1-10 所示。

**代码清单 1-10**

```
> x <- data.frame(cbind(x1 = 9, x2 = c(2:1, 6:7)))
> x
   x1 x2
1  9  2
2  9  1
3  9  6
4  9  7
> vapply(x, cumsum, FUN.VALUE = c('a' = 0, 'b' = 0, 'c' = 0, 'd' = 0))
   x1  x2
a  9   2
b  18  3
c  27  9
d  36  16
> a <- sapply(x, cumsum); a
     x1  x2
[1,] 9   2
[2,] 18  3
[3,] 27  9
[4,] 36  16
> row.names(a) <- c('a', 'b', 'c', 'd')
> a
   x1  x2
a  9   2
b  18  3
c  27  9
d  36  16
```

### 5. mapply()函数

mapply()函数是 sapply()函数的变形函数,类似多变量的 sapply()函数,但是参数定义有变化。第一个参数为自定义的 FUN 函数,第 2 个参数 '…' 可接收多个数据,作为 FUN 函数的参数调用。函数定义如下:

```
mapply(FUN, …, MoreArgs = NULL, SIMPLIFY = TRUE,USE.NAMES = TRUE)
```

其中,FUN 是自定义的调用函数。… 表示接收多个数据。MoreArgs 是参数列表。SIMPLIFY 代表是否数组化,当值为 array 时,输出结果按数组进行分组。USE.NAMES 表示如果 X 为字符串,TRUE 设置字符串为数据名,FALSE 不设置。mapply()函数的用法举例说明如下,比较 3 个向量的大小,按索引顺序取较大的值。

```
> set.seed(1)
> #定义 2 个向量
> x <- 2:11
> y <- round(runif(10, -5,5))
> #按索引顺序取较大的值
> mapply(max,x,y)
 [1]  2  3  4  5  6  7  8  9  10  11
```

### 6. tapply()函数

tapply()函数用于分组的循环计算,通过 INDEX 参数可以把数据集 X 进行分组,相当于 group by 的操作。tapply()函数的基本语法格式如下:

```
tapply(X, INDEX, FUN, simplify = TRUE)
```

其中,X 表示向量。INDEX 用于分组的索引。FUN 是自定义的调用函数。…用于接收多个数据。simplify 是逻辑变量,表示是否数组化,默认为 TRUE。tapply()函数的用法举例说明,如代码清单 1-11 所示。

代码清单 1-11

```
> set.seed(1)
#定义 x,y 向量
> x <- 11:20
> y <- 1:10
> print(x)
 [1] 11 12 13 14 15 16 17 18 19 20
> print(y)
 [1]  1  2  3  4  5  6  7  8  9  10
> #设置分组索引 t
> t <- round(runif(10,1,100) %% 2)
> print(t)
 [1] 1 2 2 1 1 2 1 0 1 1
> #对 x 进行分组求和
> tapply(x,t,sum)
 0  1  2
18  96  41
```

### 7. rapply()函数

rapply()是一个递归版本的 lapply(),它只处理 list 类型数据,对 list 的每个元素进行

递归遍历,如果 list 包括子元素则继续遍历。其函数定义如下:

```
rapply(object, f, classes = "ANY", deflt = NULL, how = c("unlist", "replace", "list"), …)
```

其中,object 是 list 数据。f 是自定义的调用函数。classes 是匹配类型。ANY 为所有类型。deflt 是非匹配类型的默认值。how 有 3 种操作方式,当为 replace 时,用调用 f 后的结果替换原 list 中原来的元素;当为 list 时,新建一个 list,类型匹配调用 f 函数,不匹配赋值为 deflt;当为 unlist 时,执行一次 unlist(recursive=TRUE)的操作。

举例说明 rapply()函数的用法,现在对一个 list 的数据进行过滤,把所有数字型 numeric 的数据进行从小到大的排序。

```
> x <- list(a = 4, b = 2:5, c = c('b', 'a'))
> print(x)
 $ a
[1] 4
 $ b
[1]  2  3  4  5
 $ c
[1] "b" "a"
> y <- pi
> print(y)
[1] 3.141593
> z <- data.frame(a = rnorm(20), b = 1:10)
> a <- list(x = x, y = y, z = z)
> print(a)
 $ x
 $ x $ a
[1] 4
 $ x $ b
[1]  2  3  4  5
 $ x $ c
[1] "b" "a"
 $ y
[1] 3.141593
 $ z
           a          b
1   - 0.70749516      1
2     0.36458196      2
3     0.76853292      3
4   - 0.11234621      4
5     0.88110773      5
6     0.39810588      6
7   - 0.61202639      7
8     0.34111969      8
9   - 1.12936310      9
10    1.43302370     10
11    1.98039990      1
12  - 0.36722148      2
13  - 1.04413463      3
```

```
14    0.56971963       4
15   − 0.13505460       5
16    2.40161776       6
17   − 0.03924000       7
18    0.68973936       8
19    0.02800216       9
20   − 0.74327321      10
>#进行排序,并替换原 list 的值
> rapply(a,sort, classes = 'numeric',how = 'replace')
 $ x
 $ x $ a
[1]4
 $ x $ b
[1] 2   3   4   5
 $ x $ c
[1] "b" "a"
 $ y
[1] 3.141593
 $ z
           a          b
1    − 1.12936310       1
2    − 1.04413463       2
3    − 0.74327321       3
4    − 0.70749516       4
5    − 0.61202639       5
6    − 0.36722148       6
7    − 0.13505460       7
8    − 0.11234621       8
9    − 0.03924000       9
10    0.02800216      10
11    0.34111969       1
12    0.36458196       2
13    0.39810588       3
14    0.56971963       4
15    0.68973936       5
16    0.76853292       6
17    0.88110773       7
18    1.43302370       8
19    1.98039990       9
20    2.40161776      10
> class(a $ z $ b)
[1] "integer"
```

从结果发现,只有 $z $ a 的数据进行了排序。通过检查, $z $ b 的类型是 integer,是不等于 numeric 的,所以 $z $ b 没有进行排序。

### 8. eapply()函数

eapply()函数涉及环境空间的使用。对一个环境空间中的所有变量进行遍历时需要把自定义的变量都按一定的规则存储到自定义的环境空间中。

eapply()函数的定义如下：

```
eapply(env, FUN, …, all.names = FALSE, USE.NAMES = TRUE)
```

其中,env 代表环境空间。FUN 是自定义的调用函数。…表示更多参数。all.names 是匹配类型。ANY 为所有类型。USE.NAMES 表示如果 X 为字符串,则为 TRUE 时设置字符串为数据名,为 FALSE 时不设置。

在 R 语言中,不管是变量、对象或函数,都存在于 R 的环境空间中,R 程序在运行时都有自己的运行空间。R 语言的环境是由内核定义的一个数据结构,由一系列的、有层次关系的框架组成,每个环境对应一个框架,用来区别不同的运行空间。环境空间可理解为 R 语言中关于计算机的底层设计。环境空间封装了加载器的运行过程,让用户在不知道底层细节的情况下,可以任意加载使用到的第三方的 R 语言程序包。

下面,定义一个环境空间,然后对环境空间的变量进行循环处理,具体代码如代码清单 1-12 所示。

代码清单 1-12

```
> #创建一个环境空间
> environ <- new.env()
> #向这个环境空间中存入 3 个变量
> environ $ a <- 1:10
> environ $ beta <- exp( -3:3)
> environ $ logic <- c(TRUE, FALSE, FALSE, TRUE)
> environ
< environment: 0x000000002f9fea88 >
> #查看 environ 空间的类型
> class(environ)
[1] "environment"
> #查看当前环境空间中的变量
> ls()
 [1] "a"            "A"            "B"           "C"         "clotting"
 [6] "col.sums"     "content"      "cutter"      "data"      "df"
[11] "dir"          "dirname"      "engine_s"    "environ"   "f"
[16] "f2"           "finaldata"    "flen"        "i"         "mydata"
[21] "mydataframe"  "mylist"       "n"           "names"     "new.data"
[26] "obj"          "R_LIBS_USER"  "row.sums"    "sd"        "seg"
[31] "segWords"     "t"            "tableWord"   "x"         "y"
[36] "z"
> #查看 environ 环境空间中的变量
> ls(environ)
[1] "a" "beta" "logic"
> #查看 environ 环境空间中的变量字符串结构
> ls.str(environ)
a : int [1:10] 1 2 3 4 5 6 7 8 9 10
beta : num [1:7] 0.0498 0.1353 0.3679 1 2.7183 …
logic : logi [1:4] TRUE FALSE FALSE TRUE
```

此时,有两个环境空间,分别是当前环境空间和 environ 环境空间。environ 作为一个变量在当前的环境中被定义,而变量 a 是在 environ 环境中被定义。

一般情况下,通过 new.env()创建一个环境空间,但更多时候,使用函数环境空间。函数环境空间包括 4 方面的内容:封闭环境,每个函数都有且仅有一个封闭环境空间,指向函数定义的环境空间;绑定环境,给函数指定一个名称,绑定到函数变量,如 fun1 <－function()｛1｝;运行环境,当函数运行时,在内存中动态产生的环境空间,运行结束后,会自动销毁;调用环境,指在哪个环境中进行的方法调用,如 fun1 <-function()｛fun2()｝指函数 fun2()在函数 fun1()中被调用。

### 1.6.4　R 的内置数据集

R 语言在 R 包 datasets 中提供了内置的数据集,共有两种:R 内部 datasets 包中的数据集及安装的其他 package 中包含的数据集。可以直接加载这些数据集辅助完成数据分析任务,执行命令 data()或 data(package＝'datasets')就会看到 datasets 包中的所有数据集。使用 data()可以列出已载入的包中的所有数据集。使用命令 data(package＝.packages(all.available＝TRUE))则可以列出已安装的包中的所有数据集。

R 语言内置数据集具有两个优点:第一,数据源真实可靠,多数是研究者贡献的真实的研究用数据,数据共享不涉及版权问题;第二,使用方便。

如图 1-9 所示,列出了 datasets 包中自带的部分数据集。

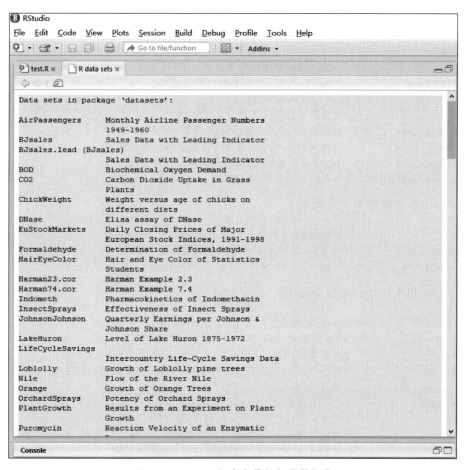

图 1-9　datasets 包中自带的部分数据集

接下来,解释各个数据集的基本情况。如果想要进一步了解某个数据集,可以使用 R 命令语句"? 数据集名"来查看该数据集的详细描述。

datasets 包中自带的向量如下:

| | |
|---|---|
| euro | ♯欧元汇率,长度为 11,每个元素都有命名 |
| landmasses | ♯48 个陆地的面积,每个都有命名 |
| precip | ♯长度为 70 的命名向量 |
| rivers | ♯北美 141 条河流长度 |
| state.abb | ♯美国 50 个州的双字母缩写 |
| state.area | ♯美国 50 个州的面积 |
| state.name | ♯美国 50 个州的全称 |

datasets 包中自带的因子如下:

| | |
|---|---|
| state.division | ♯美国 50 个州的分类,9 个类别 |
| state.region | ♯美国 50 个州的地理分类 |

datasets 包中自带的矩阵和数组如下:

| | |
|---|---|
| euro.cross | ♯11 种货币的汇率矩阵 |
| freeny.x | ♯每个季度影响收入的 4 个因素的记录 |
| state.x77 | ♯美国 50 个州的 8 个指标 |
| USPersonalExpenditure | ♯5 个年份在 5 个消费方向的数据 |
| VADeaths | ♯1940 年弗吉尼亚州死亡率(每千人) |
| volcano | ♯某火山区的地理信息(10m×10m 的网格) |
| WorldPhones | ♯8 个区域在 7 个年份的电话总数 |
| iris3 | ♯3 种鸢尾花形态数据 |
| Titanic | ♯泰坦尼克乘员统计 |
| UCBAdmissions | ♯伯克利分校 1973 年院系、录取和性别的频数 |
| crimtab | ♯3000 个男性罪犯左手中指长度和身高关系 |
| HairEyeColor | ♯592 人头发颜色、眼睛颜色和性别的频数 |
| occupationalStatus | ♯英国男性父子职业联系 |

datasets 包中自带的类矩阵如下:

| | |
|---|---|
| eurodist | ♯欧洲 12 个城市的距离矩阵,只有下三角部分 |
| Harman23.cor | ♯305 个女孩 8 个形态指标的相关系数矩阵 |
| Harman74.cor | ♯145 个儿童 24 个心理指标的相关系数矩阵 |

datasets 包中自带的数据框如下:

| | |
|---|---|
| airquality | ♯纽约 1973 年 5—9 月每日空气质量 |
| anscombe | ♯4 组数据,虽有相似的统计量,但实际数据差别较大 |
| attenu | ♯多个观测站对加利福尼亚 23 次地震的观测数据 |
| attitude | ♯30 个部门在 7 方面的调查结果,调查结果是同一部门 35 个职员赞成的 ♯百分比 |
| beaver1 | ♯一只海狸每 10min 的体温数据,共 114 条数据 |
| beaver2 | ♯另一只海狸每 10min 的体温数据,共 100 条数据 |
| BOD | ♯随水质的提高,生化反应对氧的需求(mg/l)随时间(天)的变化 |
| cars | ♯20 世纪 20 年代汽车速度对制动距离的影响 |
| chickwts | ♯不同饮食种类对小鸡生长速度的影响 |
| esoph | ♯法国的一个食管癌病例对照研究 |

| | |
|---|---|
| faithful | ♯一个间歇泉的爆发时间和持续时间 |
| Formaldehyde | ♯两种方法测定甲醛浓度时分光度计的读数 |
| Freeny | ♯每季度收入和其他 4 个因素的记录 |
| dating from | ♯配对的病例对照数据,用于条件 logistic 回归 |
| InsectSprays | ♯使用不同杀虫剂时昆虫的数目 |
| iris3 | ♯3 种鸢尾花形态数据 |
| LifeCycleSavings | ♯50 个国家的存款率 |
| longley | ♯强共线性的宏观经济数据 |
| morley | ♯光速测量试验数据 |
| mtcars | ♯32 辆汽车在 11 个指标上的数据 |
| OrchardSprays | ♯使用拉丁方设计研究不同喷雾剂对蜜蜂的影响 |
| PlantGrowth | ♯3 种处理方式对植物产量的影响 |
| pressure | ♯温度和气压 |
| Puromycin | ♯两种细胞中辅因子浓度对酶促反应的影响 |
| quakes | ♯1000 次地震观测数据(震级> 4) |
| randu | ♯3 个一组生成随机数字,共 400 组 |
| rock | ♯48 块石头的形态数据 |
| sleep | ♯两种药物的催眠效果 |
| stackloss | ♯化工厂将氨转为硝酸的数据 |
| swiss | ♯瑞士生育率和社会经济指标 |
| ToothGrowth | ♯VC 剂量和摄入方式对豚鼠牙齿的影响 |
| trees | ♯树木形态指标 |
| USArrests | ♯美国 50 个州的 4 个犯罪率指标 |
| USJudgeRatings | ♯43 名律师的 12 个评价指标 |
| warpbreaks | ♯织布机异常数据 |
| women | ♯15 名女性的身高和体重 |

datasets 包中自带的列表如下:

| | |
|---|---|
| state.center | ♯美国 50 个州中心的经度和纬度 |

datasets 包中自带的类数据框如下:

| | |
|---|---|
| ChickWeight | ♯饮食对鸡生长的影响 |
| CO2 | ♯耐寒植物对 $CO_2$ 摄取的差异 |
| DNase | ♯若干次试验中,DNase 浓度和光密度的关系 |
| Indometh | ♯某药物的药物动力学数据 |
| Loblolly | ♯火炬松的高度、年龄和种源 |
| Orange | ♯橘子树的生长数据 |
| Theoph | ♯茶碱药的动学数据 |

datasets 包中自带的时间序列数据如下:

| | |
|---|---|
| airmiles | ♯美国 1937—1960 年客运里程营收(实际售出机位乘以飞行里程数) |
| AirPassengers | ♯Box & Jenkins 航空公司 1949—1960 年每月国际航线乘客数 |
| austres | ♯澳大利亚 1971—1994 年每季度人口数(以千为单位) |
| BJsales | ♯有关销售的一个时间序列 |
| BJsales.lead | ♯前一指标的先行指标(leading indicator) |
| co2 | ♯1959—1997 年每月大气 $CO_2$ 浓度(ppm) |
| discoveries | ♯1860—1959 年每年巨大发现或发明的个数 |
| ldeaths | ♯1974—1979 年英国每月支气管炎、肺气肿和哮喘的死亡率 |
| fdeaths | ♯前述死亡率的女性部分 |

| mdeaths | ♯前述死亡率的男性部分 |
| :--- | :--- |
| freeny.y | ♯每季度收入 |
| JohnsonJohnson | ♯1960—1980年每季度Johnson & Johnson股票的红利 |
| LakeHuron | ♯1875—1972年某一湖泊水位的记录 |
| lh | ♯黄体生成素水平,10min测量一次 |
| lynx | ♯1821—1934年加拿大猞猁数据 |
| nhtemp | ♯1912—1971年每年平均温度 |
| Nile | ♯1871—1970年尼罗河流量 |
| nottem | ♯1920—1939年每月大气温度 |
| presidents | ♯1945—1974年每季度美国总统支持率 |
| UKDriverDeaths | ♯1969—1984年每月英国司机死亡或严重伤害的数目 |
| sunspot.month | ♯1749—1997年每月太阳黑子数 |
| sunspot.year | ♯1700—1988年每年太阳黑子数 |
| sunspots | ♯1749—1983年每月太阳黑子数 |
| treering | ♯归一化的树木年轮数据 |
| UKgas | ♯1960—1986年每月英国天然气消耗 |
| USAccDeaths | ♯1973—1978年美国每月意外死亡人数 |
| uspop | ♯1790—1970年美国每10年一次的人口总数(百万为单位) |
| WWWusage | ♯每分钟网络连接数 |
| Seatbelts | ♯多变量时间序列,和UKDriverDeaths时间段相同,反映更多因素 |
| EuStockMarkets | ♯多变量时间序列,欧洲股市4个主要指标的每个工作日记录,共1860条记录 |

当然,在R中输入某个数据集的名称,就可以直接查看这个数据集中的数据。例如:

```
> mtcars
```

|  | mpg | cyl | disp | hp | drat | wt | qsec | vs | am | gear | carb |
| :--- | :--- | :--- | :--- | :--- | :--- | :--- | :--- | :--- | :--- | :--- | :--- |
| Mazda RX4 | 21.0 | 6 | 160.0 | 110 | 3.90 | 2.620 | 16.46 | 0 | 1 | 4 | 4 |
| Mazda RX4 Wag | 21.0 | 6 | 160.0 | 110 | 3.90 | 2.875 | 17.02 | 0 | 1 | 4 | 4 |
| Datsun 710 | 22.8 | 4 | 108.0 | 93 | 3.85 | 2.320 | 18.61 | 1 | 1 | 4 | 1 |
| Hornet 4 Drive | 21.4 | 6 | 258.0 | 110 | 3.08 | 3.215 | 19.44 | 1 | 0 | 3 | 1 |
| Hornet Sportabout | 18.7 | 8 | 360.0 | 175 | 3.15 | 3.440 | 17.02 | 0 | 0 | 3 | 2 |
| Valiant | 18.1 | 6 | 225.0 | 105 | 2.76 | 3.460 | 20.22 | 1 | 0 | 3 | 1 |
| Duster 360 | 14.3 | 8 | 360.0 | 245 | 3.21 | 3.570 | 15.84 | 0 | 0 | 3 | 4 |
| Merc 240D | 24.4 | 4 | 146.7 | 62 | 3.69 | 3.190 | 20.00 | 1 | 0 | 4 | 2 |
| Merc 230 | 22.8 | 4 | 140.8 | 95 | 3.92 | 3.150 | 22.90 | 1 | 0 | 4 | 2 |
| Merc 280 | 19.2 | 6 | 167.6 | 123 | 3.92 | 3.440 | 18.30 | 1 | 0 | 4 | 4 |
| Merc 280C | 17.8 | 6 | 167.6 | 123 | 3.92 | 3.440 | 18.90 | 1 | 0 | 4 | 4 |
| Merc 450SE | 16.4 | 8 | 275.8 | 180 | 3.07 | 4.070 | 17.40 | 0 | 0 | 3 | 3 |
| Merc 450SL | 17.3 | 8 | 275.8 | 180 | 3.07 | 3.730 | 17.60 | 0 | 0 | 3 | 3 |
| Merc 450SLC | 15.2 | 8 | 275.8 | 180 | 3.07 | 3.780 | 18.00 | 0 | 0 | 3 | 3 |
| Cadillac Fleetwood | 10.4 | 8 | 472.0 | 205 | 2.93 | 5.250 | 17.98 | 0 | 0 | 3 | 4 |
| Lincoln Continental | 10.4 | 8 | 460.0 | 215 | 3.00 | 5.424 | 17.82 | 0 | 0 | 3 | 4 |
| Chrysler Imperial | 14.7 | 8 | 440.0 | 230 | 3.23 | 5.345 | 17.42 | 0 | 0 | 3 | 4 |
| Fiat 128 | 32.4 | 4 | 78.7 | 66 | 4.08 | 2.200 | 19.47 | 1 | 1 | 4 | 1 |
| Honda Civic | 30.4 | 4 | 75.7 | 52 | 4.93 | 1.615 | 18.52 | 1 | 1 | 4 | 2 |
| Toyota Corolla | 33.9 | 4 | 71.1 | 65 | 4.22 | 1.835 | 19.90 | 1 | 1 | 4 | 1 |
| Toyota Corona | 21.5 | 4 | 120.1 | 97 | 3.70 | 2.465 | 20.01 | 1 | 0 | 3 | 1 |
| Dodge Challenger | 15.5 | 8 | 318.0 | 150 | 2.76 | 3.520 | 16.87 | 0 | 0 | 3 | 2 |
| AMC Javelin | 15.2 | 8 | 304.0 | 150 | 3.15 | 3.435 | 17.30 | 0 | 0 | 3 | 2 |
| Camaro Z28 | 13.3 | 8 | 350.0 | 245 | 3.73 | 3.840 | 15.41 | 0 | 0 | 3 | 4 |
| Pontiac Firebird | 19.2 | 8 | 400.0 | 175 | 3.08 | 3.845 | 17.05 | 0 | 0 | 3 | 2 |

| | | | | | | | | | |
|---|---|---|---|---|---|---|---|---|---|
| Fiat X1 – 9 | 27.3 | 479.0 | 66 | 4.08 | 1.935 | 18.90 | 1 | 1 | 4 | 1 |
| Porsche 914 – 2 | 26.0 | 4 120.3 | 91 | 4.43 | 2.140 | 16.70 | 0 | 1 | 5 | 2 |
| Lotus Europa | 30.4 | 495.1 | 113 | 3.77 | 1.513 | 16.90 | 1 | 1 | 5 | 2 |
| Ford Pantera L | 15.8 | 8 351.0 | 264 | 4.22 | 3.170 | 14.50 | 0 | 1 | 5 | 4 |
| Ferrari Dino | 19.7 | 6 145.0 | 175 | 3.62 | 2.770 | 15.50 | 0 | 1 | 5 | 6 |
| Maserati Bora | 15.0 | 8 301.0 | 335 | 3.54 | 3.570 | 14.60 | 0 | 1 | 5 | 8 |
| Volvo 142E | 21.4 | 4 121.0 | 109 | 4.11 | 2.780 | 18.60 | 1 | 1 | 4 | 2 |

运行命令 data(package = .packages(all.available = TRUE)),可以查看已经安装好的包中的所有数据集。例如,图 1-10 给出了词云包 wordcloud 和 wordcloud2 中的数据集。

```
Data sets in package 'wordcloud':

SOTU                United States State of the Union
                    Addresses (2010 and 2011)

Data sets in package 'wordcloud2':

demoFreq            Demo dataset with Words and
                    Frequency
demoFreqC           Demo dataset with Chinese character
                    Words and Frequency
```

图 1-10 词云包 wordcloud 和 wordcloud2 中的数据集

当然,也可以更加具有针对性地查看。运行命令 print(data(package = ' package 名')) 就可查看某个特定的 package 中包含哪些数据集。例如,运行命令 print(data(package = ' ggplot2')),就可以知道 ggplot2 中包含的 datasets,如图 1-11 所示。

```
Data sets in package 'ggplot2':

diamonds            Prices of 50,000 round cut diamonds
economics           US economic time series
economics_long      US economic time series
faithfuld           2d density estimate of Old Faithful data
luv_colours         'colors()' in Luv space
midwest             Midwest demographics
mpg                 Fuel economy data from 1999 and 2008 for 38
                    popular models of car
msleep              An updated and expanded version of the mammals
                    sleep dataset
presidential        Terms of 11 presidents from Eisenhower to Obama
seals               Vector field of seal movements
txhousing           Housing sales in TX
```

图 1-11 ggplot2 中包含的 datasets

那么,如何查看 R 的内置数据集中每列表示的含义呢? 以 mtcars 为例,可以使用命令 help(mtcars)或 mtcars。

代码清单 1-13 给出了 R 内置数据集的查看途径。

**代码清单 1-13**

```
data(package = .packages(all.available = TRUE))
＃查看所有数据集
data()
＃查看R内存中datasets包中的数据集,datasets包提供了多个可用的数据集
help("mtcars")
＃查看mtcars数据集的信息文档
?mtcars
```

＃查看 mtcars 数据集的信息文档

str(mtcars)　　　　＃显示 mtcars 数据的基本信息

summary(mtcars)

＃结果显示 mtcars 数据集中所有变量的简单描述性统计指标,包括

＃最小值(Min)、25％分位数(1st Qu.)、50％分位数(Median)、均值(Mean),

＃75％分位数( 3rd Qu.)、最大值(Max)等

### 1.6.5　批处理文件

R 代码文件都会有扩展名.R 或.r,如果创建了一个名为 az.R 的文档,可以输入命令 source("az.R")来执行该文件中的代码。如果需要输出 R 文档的执行结果,加入 print.eval＝T 的参数即可,即 source("az.R",print.eval＝T)。有时候自动处理 R 会带来便利,不需要亲自启动 R 来执行脚本,这时就要用批处理模式运行 R。

批处理(batch)应用于 DOS 和 Windows 系统中,是一种简化的脚本语言,是对某对象进行批量的处理。批处理文件的扩展名为.bat 或.cmd。批处理.bat 文件是可执行文件,由一系列命令构成,其中包含对其他程序的调用。这个文件的每一行都是一条 DOS 命令,可以使用 DOS 下的 Edit 或 Windows 的记事本(notepad)等任何文本文件编辑工具进行创建和修改批处理文件。

在处理数据时,可以通过制作自动批处理文件,来实现自动完成复杂的数据处理过程,提高工作效率,进而把更多的时间和精力分配到数据分析和数据挖掘工作中,发现数据的价值所在。

**R CMD BATCH 的用法**

如何以批处理模式运行 R 与使用计算机的操作系统有关。在 Linux 或 Mac 系统下,可以在终端窗口中使用命令:

```
R CMD BATCH options infile outfile
```

其中,infile 是包含了要执行的 R 代码所在文件的文件名。outfile 是接收输出文件的文件名。options 部分列出了控制执行细节的选项。infile 的扩展名是.R,outfile 的扩展名为.Rout。CMD BATCH 子命令是把 R 转到批处理模式,它读取脚本文件 scriptfile 并且把输出写入输出文件 outputfile。这个运行过程中不与用户交互。

对于 Windows,建立一个存放批处理命令的脚本文件 test.R,运行 R 命令 source("test.R")的作用是执行 test.R。其中,test.R 的具体内容如代码清单 1-14 所示。

**代码清单 1-14**

```
clotting <- data.frame(u = c(5,10,15,20,30,40,60,80,100),
                       lot1 = c(118,58,42,35,27,25,21,19,18),
                       lot2 = c(69,35,26,21,18,16,13,12,12)
)
cat("Model data:\n")
print(clotting)
warning("Model starting")
obj <- glm(lot1 ~ log(u), data = clotting, family = Gamma)
cat("\nEstimated parameters:\n")
coef(summary(obj))
q(runLast = FALSE)
```

♯不让程序打印 proc.time 函数的输出结果

输出结果如下：

```
Model data:
    u  lot1 lot2
1   5  118  69
2  10   58  35
3  15   42  26
4  20   35  21
5  30   27  18
6  40   25  16
7  60   21  13
8  80   19  12
9 100   18  12

Estimated parameters:
Warning message:
In eval(ei, envir) : Model starting
```

调用 pdf（）函数把创建的图形保存在 PDF 文件 newfile. pdf 中，调用 rnorm（）函数（rnorm 代表 random normal）生成 300 个服从 N(0,1)分布的随机变量，再调用 hist（）函数生成直方图。最后，调用 dev. off（）函数关闭正在使用的图形设备，即 newfile. pdf 文件，这是把文件写入磁盘的机制。具体实现的代码如代码清单 1-15 所示。

**代码清单 1-15**

```
pdf("newfile.pdf")
hist(rnorm(300))
dev.off()
```

不需要进入 R 的交互模式就可以自动运行上面的代码，只需要调用一条操作系统 shell 命令来调用 R，使用 PDF 阅读器打开保存的文件，可看到直方图，这表明上面的代码已执行。

### 1.6.6　R 的在线帮助

R 语言内置了大量的帮助文档，文档中包括 R 包中所有函数的描述、使用方法、参数介绍和一些函数例子。使用表 1-3 所示的命令有助于正确使用各种函数，提高编程能力。

**表 1-3　R 语言的获取帮助命令**

| 命　　　令 | 功　　　能 |
| --- | --- |
| help. start() | 打开帮助文档首页 |
| help("hist")或？hist | 查看函数 hist 的帮助(引号可以省略) |
| help. search("hist")或？？hist | 以 hist 为关键词搜索本地帮助文档 |
| example("hist") | 函数 hist 的使用示例(引号可以省略) |
| RSiteSearch("hist") | 以 hist 为关键词搜索在线文档和邮件列表存档 |
| apropos("hist", mode＝"function") | 列出名称中含有 hist 的所有可用函数 |
| data() | 列出当前加载包中所含的所有可用示例数据集 |
| vignette() | 列出当前已安装包中所有可用的 vignette 文档 |
| vignette("hist") | 为主题 hist 显示指定的 vignette 文档 |

**输入和输出**

如果需要运行一个 R 脚本中的多行命令该如何操作呢? R 使用 source("filename")载入脚本,使用 sink("filename")将结果输出到文档中。其中,后者可以添加参数,append＝TRUE 表明将输出文本追加到文件后而不是覆盖;split＝TRUE 可将输出同时发送到屏幕和输出文本中,不加参数调用 sink()将仅向屏幕返回输出结果。

图形输出时,可使用以下函数输出成相应文件:pdf("filename. pdf")、win. metafile("filename. wmf")、png("filename. png")、jpeg("filename. jpg")、bmp("filename. bmp")、postscript("filename. ps"),最后使用 dev. off()将输出返回至终端。

总而言之,屏幕是默认的文本和图像输出端,但是也可以指定输出至文件。

## 1.7　R 数据包的安装和加载

整个 R 系统主要是由一系列程序包(package)组成的,第一次装完 R 软件可以运行. packages(TRUE)命令查看 R 自带的包名都有哪些。除这些主程序包外,CRAN 上还有上万附加包,这些包都是由 R 核心开发团队之外的用户自行提交。R 包数量大的两个原因:一是 R 本身易开发;二是向 CRAN 提交包无门槛,服从开源的许可证即可,这也导致存在 R 包质量参差不齐的问题。接下来,介绍如何安装增强 R 功能的包。

什么是 R 包呢? 包是 R 的数据、函数、预编译代码以一种定义完整的格式所组成的集合。计算机上存储包的目录称为库(library);也可以理解为包是 R 的可选扩展功能模块,R 的优势主要就是体现在其软件包生态系统上。R 包是 R 函数、数据、预编译代码以一种定义完善的格式组成的集合。截至 2019 年 3 月 29 日,R 已提供 13938 个横跨各种领域的包,详见 R 官网(https://cran. r-project. org/web/packages/available_packages_by_name. html)。其具体功能包括可视化绘图、统计计算、分析地理、生态、生物学的数据等多个功能。使用. libPath()函数可以查看 R 中已安装的包集合(称为库)的路径,函数 library()可以显示库中有哪些包,函数 search()可以得到哪些包已经被加载并可以使用。

通过 R 包的查询,可以看到 R 自带的一系列 R 包(见表 1-4)。这些包提供了各种函数和内置数据集,其他的包则需要读者自行下载和安装加载。

表 1-4　R 自带的一些程序包

| 包　名　称 | 功　　能 |
| --- | --- |
| base | 基本的 R 函数 |
| datasets | 基本的 R 数据集 |
| stats | 各类统计函数 |
| nlme | 用于线性和非线性混合效应的建模函数 |
| graphics | 基本图形函数 |
| lattice | 各种格栅函数,用于高级图形的绘制 |
| cluster | 用于各种聚类分析的函数 |
| foreign | 读取各种形式的数据文件 |
| utils | R 管理的工具函数 |
| grDevices | 基本图形设备函数 |
| methods | 关于 R 对象的方法和类的定义函数 |

**1. 包的安装**

R可以安装加载不同的包,很多科研工作者会把最新的工具写成包上传到GitHub或CRAN上,这样所有R的用户都可以下载使用。R作为开源软件,提供的是源代码,但不一定提供编译好的二进制包。但是计算机不认识源代码,只能运行编译过的代码。登录CRAN主页(https://cran.r-project.org/)能找到R自己的源代码,格式是"R包名-x.y.z.tar.gz",其中x.y.z是R的版本号,如3.4.4。至于R的附加包,从CRAN左侧的Packages链接进去找到所有附加包的列表页面,有按照日期和包名排序的两种排序方式,分别是Table of available packages, sorted by date of publication和Table of available packages, sorted by name,然后选择一种,进入具体的包页面。每个包的页面中有包的描述和下载的链接,通常有3个链接分别对应的是源代码(包名_x.y.tar.gz)、Mac二进制包(包名_x.y.tgz)和Windows二进制包(包名_x.y.zip),可根据计算机操作系统的具体情况选择相应的包下载。要使用R包中的函数,必须先安装和加载相应的包,安装可以使用命令install.packages(),如果不带参数则返回一个CRAN镜像站点列表,带参数即包名则直接安装;也可以离线下载后选择离线安装。一个包只需要安装一个,包若有更新,则使用update.packages("packagename")命令进行更新。单独使用installed.packages()命令可以查看已经安装的包及其描述。

pacman是一个管理R包的工具,加载之后,采用p_load函数对包进行安装和加载。举例说明:

```
install.packages("pacman")
library(pacman)
p_load(ggplot2, jpeg, plotly)
```

**2. 包的加载**

使用library(packagename)载入包,一次会话中只需要加载一次。当然也可以自定义启动环境,以自定义默认加载的包。

一般情况下,包需要先用install.packages来安装,然后用library加载到R的环境中。可以使用pacman包中的p_load函数来安装加载其他的包。pacman包中的函数都以p_xx的格式存在,其中xx是函数执行的功能。install.package中的包名称需要用双引号括起来,在p_load中就不需要。p_load允许用户载入一个或多个包,用于替换library或require函数,p_load会判断环境中是否有这个包,如果包不在本地存在,则它会自动安装再加载;如果存在,则直接加载。p_load就是把install.package和library集成在一起的方便工具。

加载了包之后,使用help(package="packagename")命令来查看该包的帮助信息,包括函数名称和数据集列表。

下面举例说明R的使用,以praise()包为例。

praise包安装的环境要求如下:

(1)在https://cran.r-project.org/网站中下载对应系统及版本的R软件。

(2)此次用到的包为praise,因为在GitHub上,所以需要先安装devtools,再安装praise,具体代码如下:

```
install.packages('devtools')
library(devtools)
install_github("gaborcsardi/praise")
```

用户可以直接运行命令 praise()，进行直接赞。自定义格式赞 praise 不仅支持预设格式，还能根据需求自己设定内容。

```
#首字母大写
praise("${Exclamation}! This ${rpackage} is ${adjective}!")
```

输出结果可能是

```
[1] "Gee! This software is magnificent!"
#所有字母大写
praise("${EXCLAMATION}! You have done this ${adverb_manner}!")
```

输出结果可能是

```
[1] "HUZZAH! You have done this really!"
```

其中，${EXCLAMATION}、${adjective} 及 ${adverb_manner}，可理解为包中的词库，分别表示感叹和情态，每个词库中都含有数量不等的用于称赞的词语。如果想查看可用词库，可以运行 names(praise_parts)命令，结果如下：

```
[1] "adjective"   "adverb"      "adverb_manner" "created"   "creating"
[6] "exclamation" "rpackage"    "smiley"
```

在 Windows 系统下，R 在启动时会到 R_Home\etc 目录下找 Rprofile.site 文件进行加载(其中 R_Home 指的是 R 的安装路径，如目录 C:\Program Files\R\R-3.4.3\etc)。在这个文件中，设置的内容包括默认编辑器，CRAN 镜像选取，自动加载包等，要实现自动赞，只需要打开 Rprofile.site 文件(把自定义函数添加到 R 中，启动后即可使用)，加上代码清单 1-16 中展示的代码。

代码清单 1-16

```
.First <- function(){
    #设置R启动时加载的包
    library(MASS)
    #启动时交互,可自定义
    cat("\nWelcome at",date(),"\n")
}
#退出时交互
.Last <- function(){
    cat("\nGoodnye at",date(),"\n")
}
```

上述代码中，.First()函数中除加载常用 package 外，还可以加载保存自己编写的常用函数的源代码文件。.Last()函数可以执行退出时的清理工作，如保存命令历史记录、保存数据输出和数据文件等。

### 1.7.1　R数据分析与数据挖掘相关包

R是一种统计编程语言,它提供大量基于统计知识的统计函数。许多R语言添加包的贡献者来自统计学领域,并在研究中使用R语言。数据挖掘与统计学有着内在的联系,数据挖掘的数学基础之一就是统计学,而且很多统计模型都应用于数据挖掘中。统计模型可以用来总结数据集合,也可以用于验证数据挖掘结果。

大数据来源于社会的各方面,如手机号码、身份证等人口数据,医院疾控中心等挂号数据,线下店铺等销售数据,在线商超的销售数据,航班、车票(铁路、公交车、机场飞机、海运港口)等出行数据。如今的移动互联网时代与人们的生活形成了紧密联系,通信、社交、搜索、视频、新闻、手机地图、移动支付、电商网站、网络订餐等,都与生活息息相关,人们时时刻刻在使用手机产生各种行为数据。各大手机APP及运营商使用用户ID可获取用户身份,将数据与用户关联起来,形成各种大数据的数据库。例如,互联网公司提供的腾讯位置大数据(https://heat.qq.com)、百度迁徙-百度地图慧眼(http://qianxi.baidu.com/)。

人工智能技术让大数据可以被更好地挖掘与应用。例如,应用大数据进行预测人类抗击疫病传播的情况。2008年Google推出了Google Flu,利用人们的搜索查询记录来发现流感的暴发,比美国卫生部门提前两周发现了2009年的猪流感大流行。2014年,百度预测上线了疾病预测功能,利用用户的搜索数据,结合气温变化、人口流动、环境指数等因素建立预测模型,实时提供多种流行病的发病指数。

数据挖掘是一个利用各种方法,从海量的有噪声的各类数据中,提取潜在的、可理解的、有价值的信息过程。数据挖掘是一项涉及多项任务的系统工程,涉及数据源的建立和管理、从数据源提取数据、数据预处理、数据可视化、建立模型和评价,以及应用模型评估等诸多环节。数据挖掘的很多环节本质上可归纳为两个具有内在联系的阶段:数据的存储管理阶段和数据的分析建模阶段。统计方法和机器学习方法的有机结合,呈现了鲜明的交叉学科领域的特征。

数据挖掘可以实现如下4方面的功能。

(1)数据预测:通过分析已有的历史数据,预测未来数据的发展趋势。

(2)发现数据的内在结构:发现数据集中可能包含着的若干个小的数据子集。

(3)发现关联性:找到变量取值的内在规律性。

(4)模式诊断:找到数据集中的模式。

数据挖掘能够更好地适应当今社会的大数据分析与挖掘的要求,解决如下问题。

(1)对于与目标契合度不高的数据,如何建立模型从而使数据变得适合进行分析。

(2)对于海量的高维数据来说,为了更好地揭示数据特征,提高分析效率,应该如何建模。

(3)针对复杂类型数据及关系数据,为了清晰地揭示数据的特征,应该怎么做。

分类与预测是数据挖掘领域研究的主要问题之一,作为解决问题工具的分类器一直是研究热点。常用分类器包括神经网络、支持向量机、随机森林、决策树等。这些分类器有着不同的性能和特征。数据挖掘技术受到数据类型、数据集大小及任务应用环境等条件的限制。每一种数据集都有自己适合的数据挖掘解决方案。数据挖掘主要分为4类,即预测、分类、聚类和关联,根据不同的挖掘目的选择相应的算法。

目前,最基本的数据形式分布来自数据库、数据仓库、有序数据或序列数据、图形数据及文本数据等。具体而言,涉及联合数据、高维数据、纵向数据、流数据、网络数据、数值数据、分类数据或文本数据。数据挖掘就是在数据中发现一个模型,也称为探索性数据分析,即从数据中发现有用的、有效的、意想不到的且可以理解的知识。数据挖掘通常被视为一个算法问题。聚类、分类、关联规则学习、异常检测、回归和总结都属于数据挖掘任务的一部分。数据挖掘方法可总结为两大类数据挖掘问题:特征提取和总结。

这里,涉及频繁项集的概念,概念来源于真实的购物篮分析。购物篮分析是用来挖掘消费者已购买的或保存在购物车中物品组合规律的方法。这个概念适用于不同的应用,特别是商店运营。源数据集是一个巨大的数据记录,购物篮分析的目的是发现源数据集中不同项之间的关联关系。在诸如亚马逊等商店中,存在很多的订单或交易数据。当客户进行交易时,亚马逊的购物车中就会包含一些项。商店店主可以通过分析这些大量的购物事务数据,发现顾客经常购买的商品组合。据此,可以简单地定义零个或多个项的组合为项集。可把一项交易称为一个购物篮,任何购物篮都有组元素。将变量 s 设置为支持阈值,可以将它和一组元素在所有的购物篮中出现的次数进行比较,如果这组元素在所有购物篮中出现的次数不低于 s,就将这组元素称为一个频繁项集。

简而言之,频繁项集就是该模型对构成小项集篮子的数据有意义,即找出一堆项目中出现最为频繁、关系最为密切的一个子集。关联规则挖掘算法可以从多种数据类型中发现频繁项集,包括数值数据和分类数据。数据挖掘的任务之一就是发现源数据集之间的关系,它从不同的数据源(如购物篮数据、图数据或流数据)中发现频繁模式。如果某个项集是频繁的,那么该项集的任何一个子集也一定是频繁的,这称为 Apriori 原理,它是 Apriori 算法的基础。根据不同的适用环境,关联规则挖掘算法会略有差异,但大多算法基于同一个基础算法,即 Apriori 算法。

Apriori 原理的直接应用就是用来对大量的频繁项集进行剪枝。Apriori 算法是逐层挖掘项集的算法。与 Apriori 算法不同,FP-Growth 算法是在大数据集中挖掘频繁项集的高效算法。FP-growth 算法与 Apriori 算法的最大区别在于,该算法不需要生成候选项集,而是使用模式增长策略。大多数与模式相关的挖掘算法来自这些基础算法。将找到的频繁模式作为一个输入,许多算法用来发现关联规则或相关规则。每个算法仅仅是基础算法的一个变体。

如表 1-5 所示为 R 统计分析与数据挖掘部分相关的包。

表 1-5　R 统计分析与数据挖掘部分相关的包

| 功　能 | 函　数　与　包 |
| --- | --- |
| 分类与预测 | 常用的包:rpart,party,randomForest,rpartOrdinal,tree,marginTree,maptree,survival<br>决策树:rpart,ctree<br>随机森林:cforest,randomForest<br>Logistic 回归,Poisson 回归:glm,predict,residuals<br>生存分析:survfit,survdiff,coxph |

续表

| 功　　能 | 函　数　与　包 |
|---|---|
| 聚类分析 | 常用的包：fpc,cluster,pvclust,mclust,stats<br>基于划分的方法：stats 包中的 kmean 函数，pam，pamk，clara<br>基于层次的方法：hclust，pvclust，agnes，diana<br>基于模型的方法：mclust<br>基于密度的方法：dbscan<br>基于画图的方法：plotcluster，plot.hclust<br>基于验证的方法：cluster.stats |
| 关联规则与频繁项集 | arules：支持挖掘频繁项集,最大频繁项集,频繁闭项目集和关联规则<br>DRM：回归和分类数据的重复关联模型<br>Apriori 关联规则算法（需要加载 arules 包）<br>广度 RST 算法：apriori，drm<br>ECLAT 算法：采用等价类<br>RST 深度搜索和集合的交集：eclat |
| 统计分析 | 常用的包：Base R，nlme<br>方差分析：aov，anova<br>密度分析：density<br>假设检验：t.test，prop.test，anova，aov<br>线性混合模型：lme<br>主成分分析和因子分析：princomp |
| 数据操作 | 常用的包：aggregate，merge，reshape<br>缺失值：na.omit<br>变量标准化：scale<br>变量转置：t<br>抽样：sample<br>堆栈：stack，unstack |
| 时间序列分析 | 常用的包：timsac<br>时间序列构建函数：ts 函数，arima 函数（需要载 forecat 包和 tseries 包）<br>成分分解：decomp，decompose，stl，tsr |
| 与数据挖掘软件 Weka 做接口 | RWeka：通过这个接口，可以在 R 中使用 Weka 的所有算法 |

关联分析可以从海量数据集中发现有意义的关系,这种关系可以表示成关联规则的形式或频繁项集的形式。

### 1.7.2　R 文本挖掘 wordcloud2 包的使用

词云就是对某个或某些文本中出现频率较高的"关键词"从视觉上予以突出,过滤掉大量的无意义文本信息,通过观看词云图就可以领略文本的主题内容。

wordcloud2 词云包是基于 wordcloud2.js 封装的一个 R 包,使用 HTML5 的 canvas 绘制。浏览器的可视化具有动态和交互效果,wordcloud2 支持任意形状的词云绘制,可以选择已有形状也可以自定义图片形状。wordcloud2 包基本的函数有两个:wordcloud2 函数

(提供基本词云功能)和 letterCloud 函数(使用选定词绘制词云)。wordcloud2 的包中有两个数据集,即 demoFreqC 和 demoFreq,前者是一些中文数据,后者是一些英文数据。这两个数据集都包含了两个变量,即文本和词频。使用 str()函数可查看数据的详细信息。wordcloud2 函数提供了基本的词云功能,letterCloud 函数可使用选定的词绘制词云,选定词可是英文或中文。

wordcloud2 词云包的安装方法如下:

```
> library(devtools)
> devtools:install_github("lchiffon/wordcloud2")
> library(wordcloud2)
```

wordcloud2 函数说明:

```
wordcloud2(data, size = 1, minSize = 0, gridSize = 0, fontFamily = 'Segoe UI', fontWeight =
'bold', color = 'random - dark', backgroundColor = "white", minRotation = - pi/4, maxRotation
= pi/4, shuffle = TRUE, rotateRatio = 0.4, shape = 'circle', ellipticity = 0.65,
widgetsize = NULL, figPath = NULL, hoverFunction = NULL)
```

常用参数说明如下。

(1) data:词云生成数据,包含具体词语及频率。

(2) size:字体大小,默认为 1,一般来说该值越小,生成的形状轮廓越明显。

(3) fontFamily:字体,如微软雅黑。

(4) fontWeight:字体粗细,包含 normal、bold 及 600。

(5) color:字体颜色,可以选择 random-dark 及 random-light,其实就是颜色色系。

(6) backgroundColor:背景颜色,支持 R 语言中的常用颜色,如 gray、black。

(7) minRontatin 与 maxRontatin:字体旋转角度范围的最小值及最大值,选定后,字体会在该范围内随机旋转。

(8) rotationRation:字体旋转比例,如设置为 1,则全部词语都会发生旋转。

(9) shape:词云形状选择,默认是 circle(圆形),还可选择 cardioid(心形)、star(星形)、diamond(钻石)、triangle-forward(三角形)、triangle(三角形)、pentagon(五边形)。

letterCloud 函数的用法:

```
letterCloud(data, word, wordSize = 0, letterFont = NULL, …)
```

具体参数有以下几个。

(1) ♯data:包含每列中的 word 和 freq 的数据帧。

(2) ♯word:一个单词,为 wordcloud 创造形状。

(3) ♯wordSize:设置单词大小的参数,默认为 2。

(4) ♯letterFont:字母的字体,可自定义。

wordcloud2 包的一些具体用法,如代码清单 1-17 所示。

**代码清单 1-17**

```
library(wordcloud2)
library(dplyr)
♯练习 1
```

```
letterCloud(demoFreq, word = "R", color = "random - light", backgroundColor = "red", size = 2)
#练习2
wordcloud2(demoFreq, size = 1.5, shape = 'diamond ')
#练习3
letterCloud(demoFreq,word = "好", wordSize = 2, fontFamily = "微软雅黑", color = "random -
light", backgroundColor = "grey")
#练习4 设定工作空间,并存储一张名为cat.png的黑白底图
setwd("D:/myRDataLQH")
wordcloud2(demoFreq, figPath = "D:/myRDataLQH/cat.png", size = 1)
```

### 1.7.3　R语言中的机器学习包

机器学习起源于统计学、数据库科学和计算机科学的交互,是一门交叉学科,涉及概率论与数理统计、凸分析等多门学科,研究计算机如何模拟或实现人类的学习行为,从而获取新的知识或技能,重新组织已有的知识结构使之不断改善自身的性能。机器学习能在大量的数据中找到可行动的洞察。机器学习把数据抽象为结构化表示,使用包含所学习概念的案例和特征的数据,把这些数据概括成模型的形式,使用该模型进行预测或描述。机器学习和数据挖掘的区别在于,机器学习侧重于执行一个已知的任务,而数据发掘是在大数据中寻找有价值的东西。

机器学习的步骤如下:①收集数据,将数据转化为适合分析的数据;②探索和准备数据,识别数据信息的微小差异;③基于数据训练模型;④依据一定的检验标准评价模型的性能;⑤改进模型的性能。在完成上述步骤之后,如果模型的表现是达到要求的,则可以应用到预期任务中。

机器学习的算法分为两类,分别是有监督学习算法和无监督学习算法。具体使用哪种类型的算法完全取决于需要完成的学习任务。有监督学习算法可以预测数值型数据,如考试的成绩、工资收入等。能拟合输入数据的线性回归模型是常见的一类数值型预测,精确量化了输入数据和目标值之间的关系,也是应用于预测的较广泛的模型之一。训练描述性模型的过程称为无监督学习。描述性模型中把数据集依据相同类型进行分组的任务是聚类。机器学习的算法有很多,本书只讨论一小部分,表1-6展示了部分机器学习算法的类型。

表1-6　部分机器学习算法的类型

| 学习算法 | 模型 | 任务 |
|---|---|---|
| 有监督学习算法 | 最近邻、朴素贝叶斯、决策树、分类器 | 分类 |
|  | 线性回归、回归树、模型树 | 数值预测 |
|  | 神经网络、支持向量机 | 双重用处 |
| 无监督学习算法 | 关联规则 | 模式识别 |
|  | K均值聚类 | 聚类 |

R通过R社区的添加包为机器学习提供支持。RWeka添加包提供了一个基于JAVA平台的R能使用的机器学习算法的函数集合。关于Weka的详细信息可以查看http://www.cs.waikato.ac.nz/~ml/weka/。R语言应用于机器学习可以实现很多功能,如预测天气行为和长期的气候变化,给出暴风雨和自然灾害后经济损失的精确估计,预测可能发

生犯罪行为的区域,发现与疾病相关联的基因序列等。

R语言中包含很多机器学习包,常用的包主要集中在神经网络、递归拆分、随机森林、支持向量机和核方法、贝叶斯方法等。在给学习任务找到对应的机器学习算法之前,需要从分类、数值预测、模式识别或聚类4种类型的任务之一开始。

### 1. 神经网络

R语言中有许多用于神经网络的包,如nnet、RSNNS和tensorflow等。nnet包提供了最常见的前馈反向传播神经网络算法;RSNNS包提供了SNNS(stuttgart neural network simulator,斯图加特神经网络模拟器)的接口,考虑了神经网络中的拓扑结构和网络模型;FCNN4R包允许用户扩展人工神经网络;rnn包实现了循环神经网络;deepnet包实现了前馈神经网络、深度信念网络等;tensorflow包提供了面向TensorFlow的接口。

### 2. 递归拆分

递归拆分利用树形结构模型,来进行回归分析、分类和生存分析,主要在rpart包和tree包中执行。Cubist包适用于基于规则的模型(类似于树),在终端叶片中使用线性回归模型,基于实例的校正和提升。party包和partykit包提供了两类递归拆分算法,能做到无偏的变量选择和停止标准,这两个包也提供二分支树和节点分布的可视化展示。用于表示树的计算基础设施和用于预测和可视化的统一方法在partykit中实现。包trtf中包含用于估计基于变换模型的离散和连续预测分布的转换树,也允许删除和截断。maptree包是用于树的可视化的图形工具。

分类算法是基于类标号已知的训练数据集建立分类模型并使用其对新观测值(测试数据集)进行分类的算法,因而也和回归一样属于监督学习算法,都是使用训练集的已知结论(类标号)预测测试数据集的分类结果,分类算法通常被应用于判断给定观测值的类别。分类与回归的最大区别是后者对连续值进行处理。

### 3. 随机森林

randomForest包提供了用于回归和分类的随机森林算法。ipred包基于bagging的思想进行回归分析、分类和生存分析,通过集成学习将多个模型组合在一起。party包提供了基于条件推理树在任意尺度下测量的响应变量的随机森林变体。

### 4. 支持向量机和核方法

e1071包的函数svm()提供了LIBSVM库的接口。kernlab包实现了一个灵活的核学习框架,包括SVMs、RVMs和其他核学习算法。klaR包提供了SVMlight实现的接口,仅用于one-against-all的分类。rdetools包提供了模型选择和预测的过程,还可以用于估计核特征空间中的相关维度。

### 5. 贝叶斯方法

包BayesTree、包BART和包bartMachine可以实现贝叶斯加性回归树。包tgp提供贝叶斯CART和treed线性模型的treed高斯过程设计。MXM包基于贝叶斯网络实现变量选择。

基于贝叶斯算法的R语言机器学习可以实现垃圾邮件甚至是垃圾短信的过滤。相关事件之间的关系是可以用贝叶斯定理来描述的。朴素贝叶斯算法是应用先前事件的数据来估计未来事件发生的概率。一个常见的应用是根据过去的垃圾邮件中词语使用的频率来识别新的垃圾邮件。垃圾短信的过滤也是类似的,短信就是由词语、空格、数字和标点符号构成的文本字符串。在处理和分析文本数据时,需要去掉停用词、数字和标点符号等信息,然后去掉额外的空格,每个词语之间都只保留一个空格。准备好数据之后,把数据分词训练数据集合测试数据集。接下来,就是基于数据训练模型,最后评估一下模型的性能。为了减少错误,还需要提升模型的性能。

## 1.8　R语言编程过程中的常见错误

有些错误是 R 语言的初学者可能常犯的。如果程序出错了,从以下方面进行逐项检查。

(1) 是否使用了错误的大小写。help()、Help()和 HELP()是 3 个不同的函数(只有第一个函数是正确的,因为 R 中是区分大小写的)。

(2) 是否正确使用了必要的引号。install. packages("ggplot2")能够正常执行,然而install. packages(ggplot2)将会报错。另外,就是检查引号是不是对应的,双引号不能单独出现,要前后搭配出现。

(3) 在函数调用时是否忘记使用括号。例如,要使用 wordcloud2()而非 wordcloud2。即使函数不需要参数,仍然需要加上()。

(4) Windows 系统的路径名中是否使用了\。例如,setwd("D:\Mydata")会报错。正确的写法是 setwd("M:/Mydata")或 setwd("M:\\Mydata"),这是因为 R 将反斜杠视为一个转义字符。

(5) 检查编码格式,有时需要是 UTF-8 编码或 GBK 编码。不同的编码格式,可能会导致 R 出现中文识别错误的情况。

(6) 是否使用了尚未加载引用的一个包中的函数。例如,函数 segment()包含在包jiebaR 中。如果还没有载入 jiebaR 包就使用包中的某个函数,将会出错。

### 1.8.1　R 包安装失败的原因分析

如果 R 包安装失败,则要检查和考虑如下内容。

(1) R 语言程序包安装在什么机器,系统是 Linux、Windows 还是 Mac 系统?

(2) 计算机的 JAVA 环境是否配置成功。下面,给出了在 Windows 10 环境下配置Java JDK 系统环境变量的方法。

① 新建变量名为 JAVA_HOME,变量值必须是自己安装 jdk 时的路径。

② 变量名为 CLASSPATH,变量值为".;%JAVA_HOME%\lib\dt. jar;%JAVA_HOME%\lib\tools. jar;"(没有的话需要新建)。

③ 找到 path,对其进行编辑,在其原有变量值前加上下面的路径:";%JAVA_HOME%\bin;%JAVA_HOME%\jre\bin;",加的方法是 C:变量值。

④ 测试自己的配置是否成功,同时按 R+WIN(运行)组合键,在弹出的"运行"对话框的"打开"文本框中输入 cmd,然后按 Enter 键。打开命令提示符窗口,输入 Java,按 Enter键,弹出一些中文;再输入 JAVAC,按 Enter 键,弹出一些中文,这就说明 JAVA 环境配置成功。

　　使用 R 进行文本挖掘需要用到的两个必备包是 Rwordseg 和 rJava 两个包。只有 rJava 配置成功了,Rwordseg 安装才可能成功,前者是后者的依赖。rJava 在安装后除对 path 的配置正确外,还需要进行 R 版本的选择,如果 JRE 是 64 位的,那么 R 也要 64 位,否则会报错。如果是在 RStudio 中启动 R,则要检查启动的 R 的版本是哪个,方法是看 Tools-Global option 的默认项。Rwordseg 放在 rforge 而非 CRAN 上,因此如果直接执行 install.packages,基本都会失败告终,正确的方法是下载源码,本地安装。

　　(3) R 是什么版本的,是 3.4.4 还是 3.5.3;系统位数是 32 位还是 64 位;位数需要和安装的集成开发环境 RStudio IDE 一致。

　　(4) 计算机的用户名是否为英文的,中文的容易报错,需自行修改。

　　(5) 笔记本式计算机是否联网,联网方式是什么。

　　(6) 选择的 R 包安装镜像是什么,是 CRAN、GitHub 还是其他的镜像,不同的镜像安装速度和提供的包是不一样的。

### 1.8.2　R 语言调试查错

　　程序调试是不得不面对的问题。计算机程序的错误称为 bug。本书所编写的 R 程序不能保证百分百正确,这时候就需要进行程序调试。

　　R 或 RStudio 提供了一些代码调试工具,包括 traceback、browser、debug、debugonce、trace 和 recover 函数。调试是确认编程的某些目的是否达到了,如果未能达到目的,那么便可通过在调试中查看变量,发现问题症结所在,进而解决问题。

　　在 R 中进行 debug 有几种不同的方式,如果使用 RStudio 调试代码很容易,则所有的调试都在图形界面下完成,只需要根据需求在图形界面下选择相应的选项来进行断点设置、单步执行、查看变量等操作,查找问题。如果在命令行界面下调试 R 代码,就需要借助于 R 的基础软件包 base 中的调试工具及 CRAN 中的调试工具。

　　debug 一般包括两个步骤,首先是定位代码错误发生的位置,然后是找出代码发生错误的原因并解决。第一步可以借助 traceback 函数来完成。

　　traceback 函数可以精确定位错误。很多 R 函数之间都会存在互相调用的情况,如何确定出错的函数往往是个难题。traceback() 可以看到出错之前 R 函数调用的路径,并返回一个调用栈(call stack),即调用函数的有序列表。

　　R 的核心调试工具由 browser 构成,通过 browser,可以逐行运行代码,并在运行过程中进行检查,查看变量。在调试代码时,首先要让程序进入调试状态,有下列几种方式可以实现。

　　在代码中的指定位置加入 browser(),开启调试,在 R 源文件中的指定位置插入函数 browser(),保存源文件,运行源程序,程序一旦运行到 browser() 处,将会自动进入 debug 状态。取消调试,但当用户完成调试后,需要手动删除源文件中的 browser() 函数,否则每次运行到 browser() 位置都会进入 debug 状态。

### 1.8.3　R 程序的运行时间与效率

　　R 中的 proc.time() 函数可以返回当前 R 已经运行的时间。其中,涉及几个数据,user 是指 R 执行官用户指令的 CPU 运行时间,system 是指系统所需的时间,elapsed 是指 R 从打开到现在总共运行的时间。

R 中的计算程序运行时间的函数是 system. time。基本用法是 system. time(expr,gcFirst)。其中,expr 是需要运行的表达式,gcFirst 是逻辑参数。实际上,system. time 是两次调用了 proc. time(),在程序运行之前和运行完之后各自调用一次,然后计算两次的时间差,也就是程序的运行时长。

## 1.9　控制流

控制流就是一些控制操作,如循环、判断、跳错等。在处理比较大的原始数据时,使用 R 中的控制流可以明显地提高效率,实现在特定情况下执行另外的语句。

R 语言的标准控制结构涉及的基本概念包括:语句(statement)是单个 R 语句或一组复合语句(包含花括号{}中的一组 R 语句,使用分号分隔)。条件(cond)是一条最终被解析为真或假的表达式。表达式(expr)是一条数值或字符串的求值语句。序列(seq)是一个数值或字符串序列。

### 1.9.1　分支结构的流程控制

分支结构的流程控制是指 R 程序在某处的执行取决于某个条件。当条件满足时执行一段程序,当条件不满足时执行另外一段程序。因程序的执行在该点出现了"分支",从而得到各分支结构的流程控制。

在条件执行结构中,一条或一组语句仅在满足一个指定条件时执行。条件执行结构包括 if…else、ifelse 和 switch,是根据需要判断一种状态然后做出下一步执行的决定。

#### 1. if…else 结构

控制流结构 if…else 在某个给定条件为真/假时执行语句,其语法如下:

```
if (cond) statement
if (cond) statement_1 else statement_2
```

第一句的含义是,如果条件 cond 成立,则执行表达式 statement,否则跳过。第二句的意思是,如果条件 cond 成立,则执行表达式 statement_1,否则执行表达式 statement_2。

```
if (is.character(grade))
grade <- as.factor(grade)
if(!is.factor(grade))
grade <- as.factor(grade)
else
print("Grade already is a factor")
```

#### 2. ifelse 结构

ifelse 结构是 if…else 结构比较紧凑的向量化版本,其语法如下:

```
ifelse(cond, statement1, statement2)
```

若 cond 为 TRUE,则执行第一个语句,否则执行第二个语句。

```
ifelse(score > 0.5, print("Passed"), print("Failed"))
```

### 3. switch 结构

switch 根据一个表达式的值选择语句执行。switch 是多分支语句,使用方法如下:

```
switch(statement, …)
```

其中,…表示与 statement 的各种可能输出绑定的语句。例如:

```
feelings <- c("sad", "afraid")
for(i in feelings)
    print(
        switch(i,
            happy = "I am glad you are happy",
            afraid = "There is nothing to fear",
            sad = "Cheer up"
        )
    )
```

### 1.9.2 中止语句与空语句的流程控制

R 语言的中止语句是 break 语句,它有以下两种用法:第一,当在循环中遇到 break 语句时,循环立即终止,程序控制在循环之后的下一语句处恢复;第二,用于终止 switch 语句中的情况。

break 语句的流程图如图 1-12 所示。

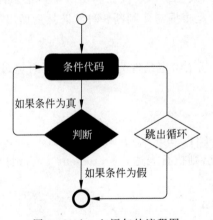

图 1-12　break 语句的流程图

break 语句的方法举例如代码清单 1-18 所示。

代码清单 1-18

```
a <- c("Hello","World")
b <- 3
repeat {
    print(a)
    b <- b + 1
        if(b > 6) {
        break
    }
}
```

```
[1] "Hello" "World"
[1] "Hello" "World"
[1] "Hello" "World"
[1] "Hello" "World"
```

空语句是 next 语句,作用是继续执行,跳过循环的当前迭代而不终止它。next 语句的流程图如图 1-13 所示。

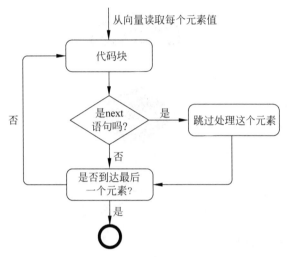

图 1-13　next 语句的流程图

### 1.9.3　重复和循环语句的流程控制

循环结构重复执行一个或一系列语句,直至某个条件不为真为止。循环结构包括 for 结构和 while 结构。循环结构的流程控制是指 R 程序在某处开始,根据条件判断结果决定是否反复执行某个程序段。循环语句的一般形式如图 1-14 所示。

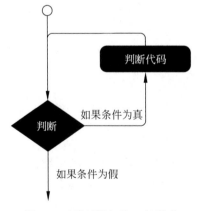

图 1-14　循环语句的一般形式

#### 1. for 结构

for 循环重复执行一个语句,直至某个变量的值不再包含在序列 seq 中为止,其语法为

```
for(test_expression) {
statement
}
```

如图 1-15 所示为 for 循环的流程图。

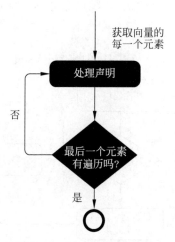

图 1-15    for 循环的流程图

举例说明 for 循环的使用：

```
v <- LETTERS[1:4]
for ( i in v) {
    print(i)
}
[1] "A"
[1] "B"
[1] "C"
[1] "D"
```

### 2. while 结构

while 循环重复执行一个语句,直至条件不为真为止,其语法如下：

```
while (test_expression) {
statement
}
```

如图 1-16 所示为 while 循环的流程图。

while 循环的关键之处在于循环可能永远不会运行。当条件被测试且结果为 false 时,循环体将被跳过,while 循环之后的第一条语句将被执行。

```
i <- 10
while(i > 0) {
print("Hello World "); i <- i - 1
}
```

需要保证括号内 while 的条件语句能改变为假,否则循环将不会停止。

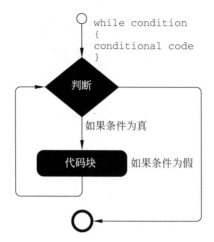

图 1-16 while 循环的流程图

在处理大数据集中的行和列时，R 中的循环可能比较低效且费时，最好联用 R 中的内建数值/字符处理函数和 apply 族函数。

### 3. repeat 结构

在 R 中创建 repeat 循环的基本语法如下：

```
repeat {
    commands
    if(condition) {
        break
    }
}
```

repeat 循环的流程图如图 1-17 所示。

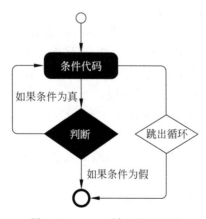

图 1-17 repeat 循环的流程图

repeat 循环的举例说明的代码如代码清单 1-19 所示。

**代码清单 1-19**

```
v <- c("Hello","World")
```

```
cnt <- 3
repeat {
    print(v)
    cnt <- cnt + 1

    if(cnt > 4) {
        break
    }
}
[1] "Hello" "World"
[1] "Hello" "World"
```

## 1.10  R 语言编程常用的函数

### 1.10.1  用户自定义函数

函数是一组组合在一起以执行特定任务的语句。在 R 语言中,函数是一个对象,因此 R 语言解释器能够将控制传递给函数,以及函数完成动作所需的参数。该函数依次执行其任务并将控制返回到解释器,以及可以存储在其他对象中的任何结果。

R 语言有许多内置函数,可以在程序中直接调用而无须先定义它们。还可以创建和使用自己的函数,称为用户定义的函数。R 语言的函数定义的基本语法如下:

```
函数名<- function(参数 1,参数 2,…) {
    函数体
    函数返回值
}
```

函数名称作为具有此名称的对象存储在 R 环境中,参数是一个占位符,是可选的。当函数被调用时,传递一个值到参数。函数体包含定义函数的功能的语句集合。函数的返回值是要评估的函数体中的最后一个表达式。

在编写函数时一定要写上 function 这个关键词,它会告诉 R 这个新的数据对象是函数。函数根据实际情况可以有不同的参数设置,当然也可以没有参数。函数体和函数的返回值是整个函数的主要部分,默认返回函数体的最后一个表达式的结果。

编写 R 语言程序需要遵从从上而下的设计思路,将一个大的程序拆分为几个小块,每一块写成单独的函数。另外,在完整的数据集上运行程序时,可先选取样本数据集进行测试,进一步优化程序。

这里用自编函数的方法计算样本数据的偏度系数、峰度系数,并同时输出其他相关描述性统计量。

随机调查了某小学 25 名新生儿的身高和体重,如表 1-7 所示,数据文件保存为 student.sav 和 student.txt。

表 1-7  25 名新生儿的身高和体重

| 序　　号 | height/cm | weight/kg | gender |
|---|---|---|---|
| 1 | 119.8 | 22.6 | M |
| 2 | 121.7 | 21.5 | M |

续表

| 序　号 | height/cm | weight/kg | gender |
|---|---|---|---|
| 3 | 121.4 | 19.1 | M |
| 4 | 124.4 | 21.8 | M |
| 5 | 120.0 | 21.4 | M |
| 6 | 117.0 | 20.1 | M |
| 7 | 118.1 | 18.8 | M |
| 8 | 118.8 | 22.0 | M |
| 9 | 124.2 | 21.3 | M |
| 10 | 124.9 | 24.0 | M |
| 11 | 124.7 | 23.3 | M |
| 12 | 123.0 | 22.5 | M |
| 13 | 118.3 | 20.4 | F |
| 14 | 121.3 | 20.0 | F |
| 15 | 121.8 | 26.6 | F |
| 16 | 124.2 | 22.1 | F |
| 17 | 123.5 | 23.2 | F |
| 18 | 123.0 | 22.9 | F |
| 19 | 134.9 | 32.3 | F |
| 20 | 123.7 | 22.7 | F |
| 21 | 105.2 | 20.2 | F |
| 22 | 112.2 | 20.8 | F |
| 23 | 118.6 | 21.0 | F |
| 24 | 112.0 | 23.2 | F |
| 25 | 121.5 | 24.0 | F |

在 R 中，读取数据文件 student.csv 的语句如下：

```
w <- read.csv("student.csv", header = T)
```

这里，header＝T 或 header＝TRUE 表示从文件的第一行读取变量名称，为默认选项，可以省略。如果要读取存储于 C 盘根目录下的数据文件 student.txt，则以上语句修改如下：

```
w <- read.table("C:/student.txt", header = T)
```

在 R 中，使用以下语句可以将数据集 w 以 .csv 或 .txt 格式另存于工作目录下，R 的默认工作目录可以在菜单栏"文件"→"改变工作目录"中进行查看和修改。

```
write.csv(w,"stud2.csv"); write.table(w,"stud2.txt")
```

自定义函数的编制方法如代码清单 1-20 所示。

代码清单 1-20

```
myfunc <- function(x){
n <- length(x)
m <- mean(x)
v <- var(x)
s <- sd(x)
```

```
me <- median(x)
cv <- 100 * s/m
R <- max(x) - min(x)
R1 <- quantile(x, 3/4) - quantile(x, 1/4)
sm <- s/sqrt(n)
skew <- n/((n - 1) * (n - 2)) * sum((x - m)^3)/s^3
kurt <- ((n * (n + 1))/((n - 1) * (n - 2) * (n - 3)) * sum((x - m)^4)/s^4
  - (3 * (n - 1)^2)/((n - 2) * (n - 3)))
data.frame(N = n, Mean = m, Var = v, std_dev = s,
Median = me, std_mean = sm, CV = cv, R = R, R1 = R1,
Skewness = skew, Kurtosis = kurt, row.names = 1)
}
```

在上述代码中,myfunc 为计算并输出样本偏度、峰度、四分位差 R1 等统计量的自定义函数。

如果自定义函数的 R 代码以文本形式存储为 .R 文件(如本例中的 myfunc.R),并且保存在 R 的工作目录下,则可以使用 source()函数调用自定义函数。自定义函数的调用方法如代码清单 1-21 所示。

**代码清单 1-21**

```
w <- read.csv("student.csv", header = T
);attch(w)
source("myfunc.R")
# 调用自定义函数 myfunc.R,自定义函数需先保存在 R 工作目录下
myfunc(w[,1]);myfunc(w $ height); myfunc(height)
# 使用自定义函数 myfunc()计算并输出相关描述性统计量,3 个函数相同
N  Mean  Var std_dev  Median  std_mean CV   R   R1  Skewness  Kurtosis
1 25   121   30.3  5.51   122   1.1 4.56  29.7  5.1  - 0.526   3.04
```

如果希望同时计算数据框 w 中 height 和 weight 的上述数字特征,可以使用 sapply( )函数。

```
vars <- c("weight", "height")
sapply(w[vars], myfunc)
# 使用 sapply()函数计算变量 Age、Na、K 的相关描述性统计量
          weight    height
N         25        25
Mean      22.3      121
Var       7.29      30.3
std_dev   2.7       5.51
Median    22        122
std_mean  0.54      1.1
CV        12.1      4.56
R         13.5      29.7
R1        2.4       5.1
Skewness  2.22      - 0.526
Kurtosis  7.33      3.04
```

## 1.10.2 常用的数学函数

数学函数是一种常用的函数,在任何语言中都存在这种函数,接下来介绍 R 语言中常

用的数学函数,如表1-8所示。

表1-8 R中常用的数学函数

| 函　　数 | 作　　用 |
| --- | --- |
| sqrt( ) | 平方根函数 |
| abs( ) | 绝对值函数 |
| ％％ | 求余 |
| ％/％ | 求商(整数) |
| log(x) | 对数函数(自然对数),log10是底为10的对数函数,log2是底为2的对数函数 |
| ceiling(x) | 返回大于或等于所给数字或表达式的最小整数 |
| floor(x) | 不大于 x 的最大整数 |
| round(x, digits＝n) | 将 x 四舍五入为指定位的小数 |
| signif(x, digits＝n) | 将 x 四舍五入为指定的有效数字位数 |
| sin(x)/cos(x) | 正弦函数/余弦函数 |
| asin(x)/acos(x) | 反正弦函数/反余弦函数 |
| tan(x)/atan(x) | 正切函数/反正切函数 |
| sinh(x)/cosh(x) | 双曲正弦函数/双曲余弦函数 |
| tanh(x) | 超越正切函数 |
| trunc(x) | 截取整数部分 |

### 1.10.3　常用的基础统计函数

R 语言编程的本质就是将数据的整理过程、建模和算法步骤等,表述为 R 语句组成的 R 程序。运行 R 程序的过程就是依据 R 程序的控制结构,逐行执行 R 语句的过程。

R 的系统函数存在于 R 包中,由 R 的开发者事先开发好可直接调用的"现成"函数。R 基础包中的函数种类很多,从计算功能上大致分为数学函数、统计函数、概率函数、字符串函数、数据管理函数、文件管理函数等。用户自行编写的函数称为用户自定义函数,这些函数可以提高编程水平,对任何一个用户自定义函数都需要首先定义函数,然后才可以调用该函数。

如表1-9所示为 R 中常用的统计函数。

表1-9 R中常用的统计函数

| 函　　数 | 作　　用 |
| --- | --- |
| mean(x,trim) | 均值,trim 参数的含义是:修剪掉排在首尾的部分数据,其实就是去除异常值以后再进行求均值 |
| mean(x, trim＝0.05, na.rm＝TRUE) | 截尾平均数,即丢弃了最大5％和最小5％的数据和所有缺失值后的算术平均数。na.rm＝TRUE 表示允许数据有缺失 |
| weighted.mean(x,weigth) | 加权平均值,weigth 表示对应权值 |
| median(x) | 中位数 |
| sd(x)/var(x) | 样本标准差/样本方差 |
| cov/cor | 协方差/相关矩阵 |
| quantile(x,probs) | 计算百分位数,x 为待求分位数的数值型向量,probs 设置分位数分位点,probs 是一个由[0,1]的概率值组成的数值型向量 |
| range(x)/sum(x) | 求值域/求和 |

| 函　　数 | 作　　用 |
|---|---|
| min(x)/max(x) | 求最小值/求最大值 |
| scale(x, center＝TRUE,scale＝TRUE) | 以数据对象 x 按列进行中心化或标准化,center＝TRUE 表示数据中心化,scale＝TRUE 表示数据标准化 |
| fivenum(x,na.rm＝TRUE) | 五数概括法,即用下面 5 个数来概括数据:最小值、第 1 四分位数($Q_1$)、中位数($Q_2$)、第 3 四分位数($Q_3$)、最大值 |
| summary() | 描述统计摘要 |
| runif(n, min, max ) | 生成 n 个大于 min、小于 max 的随机数 |
| dnorm(x,mean,sd) | 正态分布的概率密度函数 |
| pnorm(x,mean,sd) | 返回正态分布的分布函数 |
| rnorm(n,mean,sd) | 生成 n 个平均数为 mean,标准差为 sd 的随机数 |
| qnorm() | 下分位点函数 |
| density(data,na.rm＝T) | 概率密度函数 |
| ecdf(data) | 经验分布函数 |
| cbind | 根据列进行合并,前提是所有数据行数相等 |
| rbind | 根据行进行合并,要求所有数据列数是相同的 |
| rownames()/colnames() | 修改行数据框行变量名/修改行数据框列变量名 |
| lm(formula＝x～y, data, subset) | 回归分析函数,x 是因变量(响应变量),y 是自变量(指示变量),formular＝y～x 是公式,subset 为可选择向量,表示观察值的子集 |
| predict(lm(y～x)) | 用原模型的自变量做预测,生成估计值 |

一般情况下,R 中如[x][function]的函数,其中 x 表示分布的某一方面,function 表示分布名称的缩写。例如,d 开头的函数表示密度函数(density);p 开头的函数表示分布函数;q 开头的函数表示分位数函数;r 开头的函数表示生成随机数函数。

### 1.10.4　常用的数据挖掘函数

数据挖掘主要分为 4 类,即预测、分类、聚类和关联,根据不同的挖掘目的选择相应的算法。如表 1-10 所示为 R 语言中连续因变量的预测 R 包做一个汇总。

表 1-10　连续因变量的预测 R 包

| 包　　名 | 函　　数 | 功　　能 |
|---|---|---|
| stats 包 | lm 函数 | 多元线性回归 |
| stats 包 | glm 函数 | 广义线性回归 |
| stats 包 | nls 函数 | 非线性最小二乘回归 |
| rpart 包 | rpart 函数 | 基于 CART 算法的分类回归树模型 |
| RWeka 包 | M5P 函数 | 模型树算法 |
| adabag 包 | bagging 函数 | 基于 rpart 算法的集成算法 |
| adabag 包 | boosting 函数 | 基于 rpart 算法的集成算法 |
| randomForest 包 | randomForest 函数 | 基于 rpart 算法的集成算法 |
| e1071 包 | svm 函数 | 支持向量机算法 |
| nnet 包 | nnet 函数 | 单隐藏层的神经网络算法 |
| neuralnet 包 | neuralnet 函数 | 多隐藏层多节点的神经网络算法 |
| RSNNS 包 | mlp 函数 | 多层感知器神经网络 |
| RSNNS 包 | rbf 函数 | 基于径向基函数的神经网络 |

如表 1-11 所示为离散因变量的分类 R 包。

表 1-11 离散因变量的分类 R 包

| 包 名 | 函 数 | 功 能 |
|---|---|---|
| stats 包 | glm 函数 | 实现 Logistic 回归 |
| stats 包 | knn 函数 | k 最近邻算法 |
| kknn 包 | kknn 函数 | 加权的 k 最近邻算法 |
| rpart 包 | rpart 函数 | 基于 CART 算法的分类回归树模型 |
| party 包 | ctree 函数 | 条件分类树算法 |
| RWeka 包 | OneR 函数 | 一维的学习规则算法 |
| RWeka 包 | JPip 函数 | 多维的学习规则算法 |
| e1071 包 | svm 函数 | 支持向量机算法 |
| kernlab 包 | ksvm 函数 | 基于核函数的支持向量机 |
| MASS 包 | lda 函数 | 线性判别分析 |
| nnet 包 | nnet 函数 | 单隐藏层的神经网络算法 |
| RSNNS 包 | mlp 函数 | 多层感知器神经网络 |
| RSNNS 包 | rbf 函数 | 基于径向基函数的神经网络 |

如表 1-12 所示为聚类分析和关联规则的 R 包。

表 1-12 聚类分析和关联规则的 R 包

| 包 名 | 函 数 | 功 能 |
|---|---|---|
| Nbclust 包 | Nbclust 函数 | 确定应该聚为几类 |
| stats 包 | kmeans 函数 | k 均值聚类算法 |
| cluster 包 | pam 函数 | k 中心点聚类算法 |
| stats 包 | hclust 函数 | 层次聚类算法 |
| fpc 包 | dbscan 函数 | 密度聚类算法 |
| arules 包 | apriori 函数 | Apriori 关联规则算法 |

## 1.11 R 的趣味应用

可以使用 R 来解决生活中的一些问题,举例说明如下。

**例 1-1** 小明有 5 瓶酒,超市规定 4 个瓶盖换一瓶酒,2 个空瓶换一瓶酒,小明一共可以得到多少瓶酒?

下面编写函数实现本问题的求解。

```
jiupingproblem <- function (x) {
    a = x;b = a;c = a  #用a表示酒瓶,用b表示瓶盖,用c表示空瓶
#规则是规定4个瓶盖换一瓶酒,2个空瓶换一瓶酒
    while (b >= 4 | c >= 2) {
        if (b >= 4) {
            b1 = b - b%%4
            a = a + b1/4
            b = b - b1 + b1/4
            c = c + b1/4
```

53

```
        } else {
            if ( c > = 2 ){
                c1 = c - c % % 2
                a = a + c1/2
                b = b + c1/2
                c = c - c1 + c1/2
            } else {
                a = a
                b = b
                c = c
            }
        }
    }
    return(data.frame('酒瓶' = a,'瓶盖' = b,'空瓶' = c))
    # return(c(a,b,c))
}
jiupingproblem(5)  # 小明有 5 瓶酒
```

运行结果表明：小明可以拥有的酒瓶、瓶盖和空瓶分别为 15 瓶、3 个 和 1 个。

**例 1-2**　电影《少年班》主要讲述了 5 位"天才少年"被神秘导师选中,组成"世界数学大赛"攻关小组,从此早于同龄人开始苦乐交织的大学生涯。《少年班》中两次出现过这样一道题：

$$x^{2}+\left(y-\sqrt[3]{x^{2}}\right)^{2}=1$$

可以用 R 编写代码求解,具体代码如代码清单 1-22 所示。

**代码清单 1-22**

```
heart < - data.frame()
for(i in 1:4000)
{
    x = i * 0.0005 - 1
    y = (x^2)^(1/3) + (1 - x^2)^(1/2)
    heart < - rbind(heart,c(x,y))
    y = (x^2)^(1/3) - (1 - x^2)^(1/2)
    heart < - rbind(heart,c(x,y))
}
colnames(heart)< - c('x','y')
plot(heart $ y~heart $ x,main = 'HEART',col = 'red')
```

运行 R 程序,得出的结果如图 1-18 所示。

除此之外,R 语言还可以绘制部分重叠的心形图,具体代码如代码清单 1-23 所示。

**代码清单 1-23**

```
rm(list = ls())
library(grid)
heart < - function(lcolor){
    t = seq(0, 2 * pi, by = 0.1)
    x = 16 * sin(t)^3
    y = 13 * cos(t) - 5 * cos(2 * t) - 2 * cos(3 * t) - cos(4 * t)
    a = (x - min(x))/(max(x) - min(x))
    b = (y - min(y))/(max(y) - min(y))
```

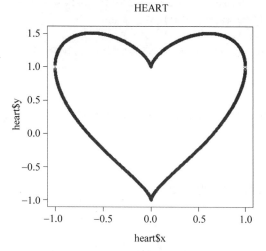

HEART

图 1-18    电影《少年班》方程的答案

```
    grid.lines(a,b,gp = gpar(col = lcolor,lty = "solid",lwd = 3))
}

vp <- viewport(.10, .15, w = .3, h = .6)
grid.newpage()
vp1 <- viewport(.4, .5, w = .5, h = .5,angle = 15)
pushViewport(vp1)
heart("red")
vp2 <- viewport(0.9, .27, w = .7, h = .7,angle = -30)
pushViewport(vp2)
heart("hotpink")
grid.text("想跟你分享的图案", x = 0.2,y = 1.2, just = c("center", "bottom"),
          gp = gpar(fontsize = 20), vp = vp)
```

上述代码运行后绘制的图形如图 1-19 所示。

图 1-19    搭配文字的两颗心形图

R 语言还可以绘制各种旋转心形图，具体代码如代码清单 1-24 所示。

**代码清单 1-24**

```
library(grid)
heart <- function(lcolor){
    t <- seq(0,2 * pi,by = 0.1)
    x <- 16 * sin(t)^3
```

```
    y <- 13 * cos(t) - 5 * cos(2 * t) - 2 * cos(3 * t) - cos(4 * t)
    a <- (x - min(x))/(max(x) - min(x))
    b <- (y - min(y))/(max(y) - min(y))
    grid.lines(a, b, gp = gpar(col = lcolor, lty = "solid", lwd = 3))
}
grid.newpage()
for(j in 1:30){
    vp <- viewport(0.5, 0.5, w = 0.9, h = 0.9, angle = 15)
    pushViewport(vp)
    heart("hotpink")
}
```

上述代码运行后绘制出的图形如图 1-20 所示。

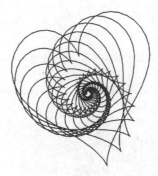

图 1-20　旋转心形图

**例 1-3**　R 中还有一个有趣的包,fun 包,集合了几款游戏及有趣的 demo,其中一款游戏是扫雷——mine_sweeper(),这是 Windows 系统下的经典游戏,fun 包中的 mine_sweeper()可以在 R 语言中玩扫雷游戏,具体代码如代码清单 1-25 所示。

**代码清单 1-25**

```
library(fun)
if(.Platform $ OS.type == "windows") x11() else x11(type = "Xlib")
mine_sweeper()
```

fun 包中的扫雷游戏如图 1-21 所示。

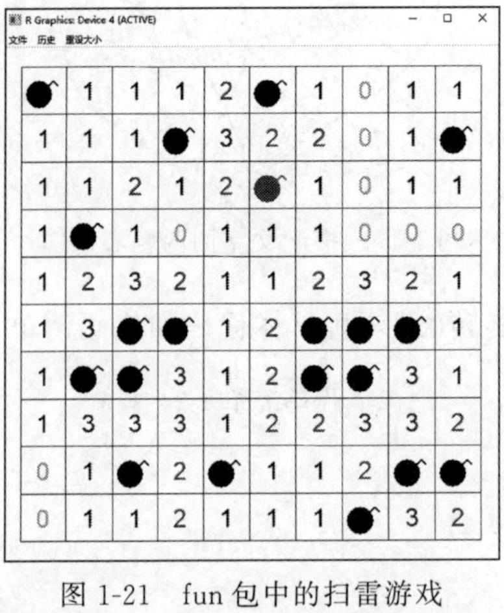

图 1-21　fun 包中的扫雷游戏

除游戏外,fun 包中还有几个有趣的功能,如关闭计算机(Windows 系统)和生成随机密码。关闭计算机(Windows 系统)的命令如下:

```
library(fun)
shutdown(wait = 5)
```

上述代码的作用是:5s 后,计算机将关机。关机时间的具体参数设置可以自定义。

**例 1-4** 有时候账号要更换新密码,又怕设置的新密码一段时间后会忘记,random_password()函数正好解决了这个问题,random_password()函数默认生成长度为 12、ASCII 字符的密码。

```
set.seed(1949) ♯ 为了保证每次生成的随机数都是一样的
random_password(length = 6,replace = FALSE,extended = FALSE)
[1] "vKc6jP"
```

这样,就不需要记住各种各样的密码了,只需使用 R 语言编程并记住设定密码的种子数即可。

## 本章小结

本章都是关于熟悉 R 环境的内容。首先,介绍了 R 的安装和使用入门,了解了 R 作为开源的一些优点。其次,介绍了 R 的启动顺序和配置文件。然后,介绍了 R 中数据的读取和保存方法。再次,从程序的安装角度出发,介绍了数据包的安装和加载从而增强 R 的功能。最后,介绍了数据分析和挖掘中常用的 R 包。

## 思考与练习

1. 如何获取函数 lm()的在线帮助?

2. R 的启动顺序是怎样的?

3. 点文件.Rprofile 中的.First 函数如何设置使每次打开 R 软件,都自动显示"Welcome at 当前系统的时间"?

4. 如何安装 wordcloud2 词云包?

5. 使用 letterCloud()函数,生成效果为"数据挖掘"的词云图,背景颜色要求设置为白色。

# 第2章 数据分析和挖掘的初步认识：R的数据结构

## 本章学习目标

- 明确数据对象是 R 存储组织数据的基本方式，掌握不同 R 数据对象的特点。
- 掌握各种 R 对象的创建、访问和索引的操作方法。
- 调用 R 的系统函数实现简单程序的设计。
- 掌握用户自定义函数和程序流程控制的方法。

本章首先介绍了 R 的对象和属性，创建和访问 R 中数据对象的方法，以及查看和管理 R 数据对象结构的方法；然后介绍了如何用 R 的向量组织数据，向量包含的元素可以是数值型、字符串型或逻辑型，对应的向量依次称为数值型向量、字符串型向量或逻辑型向量；最后从存储角度和结构角度对 R 的对象进行了分类，并介绍了 R 的基本数据类型——数值型、字符型、逻辑型，以及向量(vector)、矩阵(matrix)、数组(array)、数据框(dataframe)、因子(factor)、列表(list)、时间序列(time series)对象的创建和使用技巧。

## 2.1 R 的对象与属性

R 是一种基于对象(object)的语言。R 没有提供直接访问计算机内存的方法，但提供了对象。对象是 R 中存储数据的数据结构，存储在内存中，通过名称或符号访问。在 R 语言中看到的一切事物都是对象，向量是对象，函数是对象，数据是对象，图形是对象，结果是对象。对象的名称区分大小写，必须以字母开头，不能用数字开头，中间可以包含数字(0～9)、字母、点号(.)和下画线(_)，点号(.)被视为没有特殊含义的单字符。在命名自己的对象时，不能与下面这些对象重名：break、else、for、function、if、TRUE、in、next、repeat、return、while 和 FALSE。使用 objects()函数，还可查看目前存在的对象名。

如表 2-1 所示为变量名、合法性及其原因。

表 2-1　变量名、合法性及其原因

| 变 量 名 | 合 法 性 | 原 因 |
|---|---|---|
| var_name2. | 有效 | 字母、数字、点和下画线命名 |
| VAR_NAME% | 无效 | 有字符%，只有点(.)和下画线允许的 |
| 2var_name | 无效 | 以数字开头 |
| .var_name，var.name | 有效 | 可以用一个点(.) |
| .2var_name | 无效 | 起始点(.后面是数字使其无效) |
| _var_name | 无效 | 开头使用下画线是无效的 |

使用 R 进行数据分析和数据挖掘工作之前的任务是组织数据。组成数据的对象是 R 所进行操作的实体，数据对象是 R 存储和管理数据的方式。

对象除了可以用名称和内容来描述，还可以用数据类型即属性来描述。如果把整个 R 看成一个储存室，则它是由内在不同的储存盒(对象)组成的，每个盒子有不同的属性 (attribute)，对象都有两个内在属性：类型(mode)和长度(length)。长度是指对象中元素的数目。数据对象的模式/类型使用 mode()查看，包括 numeri、ccomplex、character、 logical、list、function、expression 等。对象的长度使用 length()查看。

从存储角度来看，对象具有的基本类型有 4 种，分别是数值型(numeric)、逻辑型 (logical)、字符型(character)、复数型(complex)。在此基础上，从结构角度来看，复合型的类有矩阵、数组、因子、数据框、列表。

使用函数 is.character、is.complex 可以判断对象是字符型还是复数型。在允许的情况下，对象的类型也可以强制转换，函数 as.character()可以将其他类型转换为字符型。例如，d<-as.character(z)，将数值向量 z<-(0:9)转化为字符向量 c("0"，"1"，"2"，…，"9")。 as.integer(d)将 d 转化为数值向量。R 还可以改变对象的长度。

如表 2-2 所示为数据对象及其类型。

表 2-2　数据对象及其类型

| 对　象 | 类　型 | 是否允许同一对象中存在多种类型 |
|---|---|---|
| 向量 | 数值型、字符型、复数型、逻辑型 | 否 |
| 因子 | 数值型、字符型 | 否 |
| 数组 | 数值型、字符型、复数型、逻辑型 | 否 |
| 矩阵 | 数值型、字符型、复数型、逻辑型 | 否 |
| 数据框 | 数值型、字符型、复数型、逻辑型 | 是 |
| 列表 | 数值型、字符型、复数型、逻辑型、函数、表达式…… | 是 |

所有对象都存储在 R 的工作空间中，查看现存的对象列表可以使用 ls()，删除其中某个对象使用 rm(对象名列表)或 remove(对象名)。rm(list=ls())表示删除所有变量。

变量用于临时存储数据。在 R 语言中,变量无法被声明,且不需要声明,直接赋值即可。变量名是大小写敏感的,使用<-为变量赋值。R 语言中所有的变量都属于特定的类(class),类用于表示变量的类型(type),可认为类和类型相同,用户可以通过 class(variable)函数查看变量的类型。常用的通用类是数值,包括 integer、numeric;字符,包括 character,使用单引号或双引号;日期和时间,包括日期的类型是 Date,时间的类型是 POSIXct、POSIXt;逻辑,包括 logical,有效值是 TRUE 和 FALSE。

变量可存储任何数据类型,也可存储任何数据对象,如函数、结果、图形。单个变量在某时刻取值为一个数字,而后可被赋值为字符,还可取值为其他数据类型。

R 语言中没有标量。标量以单元素向量的形式出现,如 a<-3、b<-"HAO"和 c<-FALSE,用于保存常量。标量可以是数字、字符、逻辑值等。标量的使用举例说明,如代码清单 2-1 所示。

**代码清单 2-1**

```
x <- "my first R script"
y <- 1
z <- TRUE
x
[1] "my first R script"
y
[1] 1
z
[1] TRUE
```

NULL 是个特殊值,表示未知值,NA 表示缺失值。NULL 和 NA 之间最大的区别是,NA 是一个标量值,长度为 1;而 NULL 不会占用任何空间,长度为零。

在 R 语言中,创建变量会占用系统的存储空间,而删除变量会释放存储空间。为了确保存储空间的及时释放,可以使用 gc 函数强制系统回收垃圾,释放操作系统中不再使用的存储空间,R 也会自动周期性地执行垃圾回收。使用 rm() 函数是为了把变量从当前的作用域中删除。

从结构角度来看,对象复合型的类有矩阵、数组、因子、数据框、列表。这些类的数据类型如表 2-3 所示。

**表 2-3　R 对象的数据类型**

| 对　　象 | 数　据　类　型 |
| --- | --- |
| 因子 | 一个因子只能有一种数据类型 |
| 矩阵 | 一个矩阵只能有一种数据类型 |
| 数组 | 一个数组中的每个元素只能有一种数据类型,不同元素的数据类型可以不同 |
| 列表 | 允许不同的数据类型 |
| 数据框 | 不同的列的数据类型允许不同 |

R 中的数据结构如图 2-1 所示。

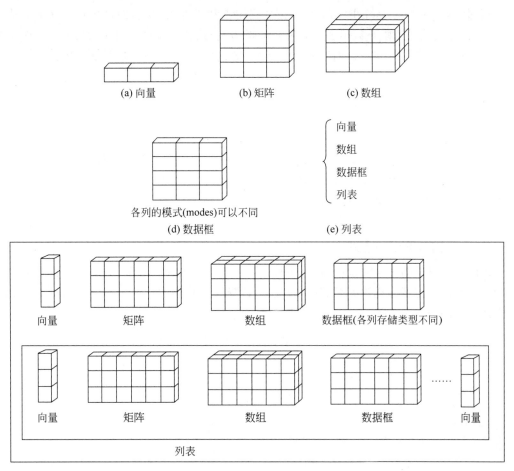

图 2-1  R 中的数据结构

## 2.2 向量对象

向量是 R 语言中最基本的数据结构,向量(vector,也叫矢量)是数据的有序序列。R 是向量化的语言,最突出的特点是对向量的运算不需要显式编写循环语句,它会自动地应用于向量的每一个元素。向量没有维数,这意味着没有列向量或行向量之分。向量是有序的数据序列,序列中的每一个数据项叫作向量的一个元素,向量的元素可以是数值、字符、逻辑值等。

创建只包含一个元素的向量的方法是对象名<-R 常量,还可以创建包含多个元素的向量,如使用 c( )函数、rep( )重复函数、seq( )序列函数,使用 scan 键盘数据读入函数,vector 创建向量函数。其中,c( )函数把一系列的数据拼接起来,创建一个向量。也可以通过 c( )函数和冒号操作符创建向量,例如:

```
> c(1,2,3,4,5)
[1] 1 2 3 4 5
> c(1:6)
[1] 1 2 3 4 5 6
```

通过 vector(class,length)函数可以创建指定类和长度的向量,向量的每个元素的值是指定类型的默认值,对于数值是 0,对于逻辑类是 FALSE,对于字符类是空字符串或 NULL。每个类型都对应一个创建向量的函数,格式是 class_name(length),例如:

```
> character(3)
[1] "" "" ""
> numeric(4)
[1] 0 0 0 0
```

向量的主要性质包括:①向量是同质的,即向量中的所有元素具有相同的模式,同一个向量元素的数据类型必须是相同的,同一个向量中无法混杂多种不同类型的元素;②向量可以按照位置索引;③向量可以按照多重位置索引,返回一个子向量;④向量的元素可以被命名。

### 2.2.1 向量的索引方式

R 语言向量中第一个元素的索引(下标)为 1,而非某些编程语言中的 0。根据元素在向量中的位置使用方括号选出元素,如 x[3]表示选择 x 向量中的第 3 个元素。向量索引的主要方式如代码清单 2-2 所示。

**代码清单 2-2**

```
#下标方式索引
vector < - c(1,2,3,4,5,6,7)
vector[1]
vector[c(1:6)]
#按名称索引
names(vector)< - c("one","two","three","four")
vector[c("one","two")]
#which 方式索引
which(vector == 1)
which(vector == c(1,5))
which.max(vector)
#subset 方式索引
subset(vector,vector > 2&vector < 8)
# % in % 方式索引
c(1,5) % in % vector
```

向量中包含一系列的数据,选择向量中符合条件的元素可通过多种方式来索引向量的元素。通常情况下,通过下标和[]的组合来访问向量中特定位置的元素,索引向量的格式是 v[n],n 称作向量的下标,下标是向量元素的位置,第一个元素的位置是 1,依次加 1。如果知道符合条件的元素的位置,那么 R 语言就可以使用位置来索引向量的元素值。如果超出向量的长度范围,不会导致错误,但是向量会返回缺失值(NA);如果不设置任何下标,那么将返回整个向量的值,R 语言会按照元素在向量中的位置,顺序打印出向量的元素值。除下标和[]外,R 语言还提供其他方式来访问向量的元素:元素名称、逻辑向量。

向量索引和向量编辑举例说明如下:

```
> a < - 1:5 * 2 - 1
> a
```

```
[1] 1 3 5 7 9
> a[a < = 5]
[1] 1 3 5
> a[3]
[1] 5
> a[ - 3]            ♯删除a中的第3个元素
[1] 1 3 7 9
> a[2:4]
[1] 3 5 7
> a[ - (2:4)]
[1] 1 9
> a[1,2,3]           ♯不能这样访问向量中的元素,此命令语句存在错误
Error in a[1, 2, 3] : incorrect number of dimensions
> a[c(1,2,3)]
[1] 1 3 5
> a[a < = 3 | a > = 7]
[1] 1 3 7 9
> a[a > = 3 & a < = 7]
[1] 3 5 7
> a[a[2]]
[1] 5
> m < - c(11,11,12,14,18)
> c(11,15) % in % m
[1] TRUE FALSE
```

R语言可以为向量的各个元素命名。元素的命名有两种模式,第1种模式是在创建向量时为元素命名,第2种模式是通过names函数为元素命名,具体代码如下:

```
> (v < - c(a = 1,b = 2,d = 4))
a b d
1 2 4
> names(v) < - c('va','vb','vc')
va vb vc
1 2 3
```

输出的结果中没有[1],这说明,无名的向量是按照序列的顺序输出的。names()函数也能获得向量元素的名称,如果向量中没有一个元素有名称,那么names()函数返回NULL。R语言使用位置来索引向量的元素值,主要用到which函数,which函数用于返回逻辑向量中元素值为TRUE的位置。

```
> v < - c(1,3,7,2)
> v < 3
[1] TRUE FALSE FALSE TRUE
> which(v > 2)
[1] 2 3
> v[which(v > 3)]
[1] 7
```

### 2.2.2　向量的排序和排名

向量正排序可使用 sort 函数对向量进行排序,格式是 sort(x,decreasing＝FALSE,na.last＝TRUE…),也可以使用 rev()函数对向量进行倒排序。

order 函数返回元素在排序之后的位置,v[order(v)]返回和 sort(v)相同的结果。

```
> v <- c(1,3,5,2,4)
> sort(v)
[1] 1 2 3 4 5
> order(v)
[1] 1 4 2 5 3
> v[order(v)]
[1] 1 2 3 4 5
```

向量去重可以使用 unique()函数来实现,如 a＜－c(1,2,1,4,2,5,5,1),运行 unique(a)的结果是 1 2 4 5。

向量的排名:rank 函数为数据框中的每个元素进行排名,不过 rank 函数只能作用于向量,只能返回向量元素的排名:

```
rank(x, na.last = TRUE, ties.method = c("average", "first", "last", "random", "max", "min"))
```

### 2.2.3　向量的运算

在算术表达式中使用向量将会对该向量的每个元素都进行同样的算术运算。如果运算的两个向量长度不一致(较长的向量必须是较短向量的整数倍),则会报错。使用 length()可以获得向量的长度。

基本的算术运算符就是常用的加(＋)、减(－)、乘(＊)、除(/)和幂运算(^)。另外,还包括常用的数学函数,如 log、exp、sin、cos、tan、sqrt 等。max 和 min 分别给出一个向量的最大值和最小值,sum(x)是给出 x 中元素的累加和,prod(x)是给出 x 中元素的乘积。

R 语言含有一系列操作符,对应的含义如表 2-4 所示。

表 2-4　R 语言中的操作符及其含义

| R 语言操作符 | 名称及含义 |
| --- | --- |
| － | 减号,一元操作符或二元操作符 |
| ＋ | 加号,一元操作符或二元操作符 |
| ！ | 一元否操作符 |
| ～ | 波浪号,用于模型公式,可以是一元操作符,也可以是二元操作符 |
| ？ | 帮助 |
| ： | 序列,二元操作符(在模型公式中,表示交互效应) |
| ＊ | 乘法,二元操作符 |
| / | 除法,二元操作符 |
| ^ | 幂运算符,二元操作符 |
| ％x％ | 特殊二元操作符,x 可以被任意合法的名称替换 |
| ％％ | 求模,二元操作符 |
| ％/％ | 整除,二元操作符 |

| R 语言操作符 | 名称及含义 |
|---|---|
| ％＊％ | 矩阵相乘，二元操作符 |
| ％o％ | 外积，二元操作符 |
| ％in％ | 匹配操作，二元操作符(在模型公式中，表示嵌套) |
| ＜ | 小于，二元操作符 |
| ＞ | 大于，二元操作符 |
| ＝＝ | 等于，二元操作符 |
| ＞＝ | 大于或等于，二元操作符 |
| ＜＝ | 小于或等于，二元操作符 |
| ＆ | 与操作，二元操作符，向量模式 |
| ＆＆ | 与操作，二元操作符，不是向量模式 |
| \| | 或操作，二元操作符，向量模式 |
| \|\| | 或操作，二元操作符，不是向量模式 |
| ＜－ | 左赋值，二元操作符 |
| －＞ | 右赋值，二元操作符 |
| ＄ | 列表子集，二元操作符 |

除了语法上，操作符的使用和函数调用没有差异。x＋y 和"＋"(x,y)是等价的。注意：＋不是一个标准的函数名称，就需要被引号括起来。在 R 表达式中，冒号的优先级最高，比算术运算符＋、－、＊、/和幂运算^都要高。

下面说明向量的编辑(追加、删除和更新)。

可以向向量中追加元素，如向矢量的末尾追加一个元素：

```
> r <- c(1,3,4)
> r[4] <- 5
> r
[1] 1 3 4 5
```

向量不能直接删除特定位置的元素，可通过为向量重新赋值的方式来删除向量中的某一元素。例如：

```
> r <- r[r!= 4]
> r
[1] 1 3 5
```

更新向量特定位置的元素值，只需要为向量的指定元素赋予新值：

```
> r[3] <- 4
> r
[1] 1 3 4
```

函数 seq()是数列生成中最常用的工具。等差数列建立的基本形式如下：

```
seq(from = 1, to = 1, by = ((to - from)/length.out - 1),length.out = NULL,…)
```

重复数列的建立的基本形式如下：

```
rep(x,times = 1,length.out = NA,each = 1)
```

举例说明 seq()函数和 rep()函数的使用,具体代码如下:

```
> seq(0, 1, length.out = 11)
[1] 0.0 0.1 0.2 0.3 0.4 0.5 0.6 0.7 0.8 0.9 1.0
> seq(stats::rnorm(20))              #指定使用 stas 包里的 rnorm 函数,因为有可能同时多个包里
                                     #有 rnorm 函数
[1] 1 2 3 4 5 6 7 8 9 10 11 12 13 14 15 16 17 18 19 20
> seq(1, 9, by = 2)                  #步长为2
[1] 1 3 5 7 9
> seq(1, 9, by = pi)                 #步长为 pi
[1] 1.000000 4.141593 7.283185
> seq(1, 6, by = 3)
[1] 1 4
> seq(1.575, 5.125, by = 0.05)
> seq(17)                            #seq(17)命令的作用和 1:17 是一样的
[1] 1 2 3 4 5 6 7 8 9 10 11 12 13 14 15 16 17
> example(rep)
> rep(1:4, 2)
[1] 1 2 3 4 1 2 3 4
> rep(1:4, each = 2)                 #和 rep(1:4,2)命令的作用是不同的
[1] 1 1 2 2 3 3 4 4
> rep(1:4, c(2,2,2,2))               #每个元素重复两遍
[1] 1 1 2 2 3 3 4 4
> rep(1:4, c(2,1,2,1))
[1] 1 1 2 3 3 4
> rep(1:4, each = 2, len = 4)        #长度为4,每个元素重复两次
[1] 1 1 2 2
> rep(1:4, each = 2, times = 3)      #长度为24,3次完整重复
[1] 1 1 2 2 3 3 4 4 1 1 2 2 3 3 4 4 1 1 2 2 3 3 4 4
```

## 2.3　数组与矩阵对象

如果说向量是一个变量,因子是一个分类变量,那么数组是一个 k 维的数据表,矩阵是数组的一个特例,矩阵的维数 k=2。

### 2.3.1　矩阵的建立

矩阵是一个二维数组,只是每个元素都拥有相同的数据类型(数值型、字符型或逻辑型)。注意与数据框的差别,数据框不同列的数据类型可以不同。矩阵可通过函数 matrix()创建。一般使用格式如下:

```
matrix(vector, nrow = number_of_rows, ncol = number_of_columns,byrow = logical_value,
       dimnames = list(char_vector_rownames, char_vector_colnames))
```

其中,vector 包含了矩阵的元素。nrow 和 ncol 用以指定矩阵的行和列的维数,nrow 与 ncol 的乘积需等于 vector 向量的长度。dimnames 包含了可选的且以字符型向量表示的行名和列名,默认值为空,以输入包含行名、列名的一个 list 对数值行名、列名进行命名。选项

byrow 可设置矩阵按行填充(byrow＝TRUE)还是按列填充(byrow＝FALSE),默认情况是 FALSE。

数组或矩阵中的所有元素都必须是同一种类型的。对于一个向量来说,使用向量的类型和长度就足够描述清楚数据了; 而对其他的对象来说,则还需要由外在的属性给出的额外信息。例如,表示对象维数的 dim,一个 2 行 2 列的矩阵的 dim 是一对数值[2,2],但其长度是 4。

举例说明 matrix 函数的用法:

```
x <- c(1:9)
a <- matrix(x,nrow = 5,ncol = 2,byrow = FAlSE,
dimnames = list(c("r1","r2","r3","r4","r5"),c("c1","c2")))
```

矩阵的运算主要包括下面函数: colSums()实现对矩阵的各列求和,rowSums()实现对矩阵的各行求和,colMeans()实现对矩阵各列求均值,rowMeans()实现对矩阵各行求均值,t()实现矩阵的行列转换,det()实现求解矩阵的行列式,crossprod()实现求解两个矩阵的内积,outer()实现求解矩阵的外积,% ∗ %实现矩阵乘法,diag()实现对矩阵取对角元素,solve()实现对矩阵求解逆矩阵,eigen()实现对矩阵求解特征值和特征向量。

矩阵编辑主要是矩阵的合并和删除操作,具体用法如代码清单 2-3 所示。

**代码清单 2-3**
```
♯矩阵合并可以用 rbind 和 cbind 函数进行合并
a1 <- rbind(a1,c(31,32,33))      ♯将向量按行合并到矩阵 a1 中
a1 <- cbind(a1,c(44,45))         ♯将向量按列合并到矩阵 a1 中
♯ 删除矩阵中的第一行
a5 <- a[-1,]
♯删除第 2 列
a1 <- a1[,-2]
♯删除矩阵的第 1 行及第 2 列
a2 <- a2[-1,-2]
```

当矩阵进行合并或删除操作时,如果给出的向量元素不足则循环使用,同样当元素个数不足时,其提供的元素个数应能被对应的行维或列维除尽,即列数或行数需是所提供的元素个数的整数倍。

修改矩阵元素的值,基本是基于如下的一个矩阵:

```
a1 <- matrix(c(1:6), nrow = 2, ncol = 3, dimnames = list(c("r1", "r2"), c("c1", "c2", "c3")))
```

## 2.3.2　矩阵元素值的修改

在 R 语言中,主要通过以下几种形式来修改矩阵中的元素值。

### 1. 修改单个值

```
a1[1,2] = 12              ♯将矩阵 a1 中第 1 行第 2 个元素的值修改为 12
a1["r2","c2"] = 22       ♯将矩阵 a1 中行名称为 r2 与列名称 c2 交叉处的元素值修改为 22
```

### 2. 修改某一行的数据

```
a1[2,] = c(21,22,23)     ♯将矩阵第 2 行的数据修改为 21,22,23
```

```
a1["r1",] = c(11:13)        #将矩阵名称为 r1 的行的数据修改为 11,12,13
a1[1, ] = 0                 #将矩阵 a1 的第一行的数据都修改为 0
```

### 3. 修改某一列的数据

```
a1[, 1] = c(11,21)          #将矩阵的第一列数据修改为 11,21
a1[, "c2"] = c(221,222)     #将矩阵中名为 c2 的列数据修改为 221,222
a1[,3 ] = 333               #将矩阵第 3 列的数据都修改为 333
```

注意下面这种情况：

```
ma <- (1:16, nr = 4)        #创建名为 ma 的矩阵,共 4 行 4 列
```

输出

```
[,1] [,2] [,3] [,4]
[1,] 1 5 9 13
[2,] 2 6 10 14
[3,] 3 7 11 15
[4,] 4 8 12 16
```

如果修改第 2 列的数据：

```
ma[,2] = c(12,22)
```

这样,向量的数据可以重复以补齐到与矩阵 ma 的行数相同,即第 2 列的数据变为 12 22 12 22。但是,如果向量中提供的元素个数不能被替换对象的维数整除的话,则会报错。也就是说这里要替换的列元素有 4 个,提供了 2 个,2 能被 4 整除,则其通过重复循环向量 2 次可以将矩阵列元素补齐,但如提供的向量元素有 3 个的话,则会给出"被替换的项目不是替换值长度的倍数"的错误。也就是说,对于 ma 矩阵,其行或列给出替换的元素个数只能是 1 或 2 或 4,其余会报错。

### 2.3.3 数组的建立

数组是以三维方式来组织数据的,是矩阵的扩展形式。数组可看作是多个二维表格组合成的长方体,行数和列数分别对应长方体的长和宽,表格的张数则对应长方体的高。数组包含的元素可以是数值型、字符串型或逻辑型,对应的数组依次称为数值型数组、字符串型数组或逻辑型数组。数组可通过 array 函数创建,形式如下：

```
myarray <- array(vector, dimensions, dimnames)
```

其中,vector 包含了数组中的数据。dimensions 是一个数值型向量,给出各个维度下标的最大值。而 dimnames 是可选的、各维度名称标签的列表。代码清单 2-17 给出了一个创建三维(2×3×4)数值型数组的示例。

```
> c
, , C1
    B1  B2  B3
A1  1   3   5
A2  2   4   6
, , C2
```

```
      B1  B2  B3
A1   7   9   11
A2   8   10  12
, , C3
      B1  B2  B3
A1   13  15  17
A2   14  16  18
, , C4
      B1  B2  B3
A1   19  21  23
A2   20  22  24
```

数组是矩阵的推广,数组中的数据也只能拥有一种模式。从数组中选取元素的方式与矩阵相同。

### 2.3.4　矩阵和数组的索引方式

多维结构的子集操作通常和将每个索引变量作一维索引的规则一样,只是 dimnames 分量替换了 names。但也有一些特殊的规则可以使用。

一般情况下,用对应维度的数字索引访问该结构。在可以忽略 dim 和 dimnames 属性或 c(m)[i] 的结果已经充分的情况下,依然可能用单个索引。注意 a[1] 常常和 a[1，] 或 a[，1] 不同。可以用一个整数矩阵作为索引。此时,矩阵的列数对应结构的维度,返回的结果将是一个长度和索引矩阵行数一致的向量。

矩阵的索引方式主要有以下几种:

```
#根据位置索引
a[2,1]
#根据行和列的名称索引
a["r2","c2"]
#使用一维下标索引
a[,2]
#使用数值型向量索引
a[c(3:5),2]
```

数组的索引方式有以下几种:

```
#按下标索引
a[2,4,2]
#按维度名称索
a["A2","B3","C1"]
#查看数组的维度
dim(a)
```

负索引不允许用在索引矩阵中。但 NA 和零值是允许的:在一个索引矩阵中,如果一行中含有零,那么该行会被忽略,如果某一行含有 NA,那么结果对应的元素将是 NA。

无论使用单个的索引还是矩阵索引,names 属性在存在的情况下都会被使用。这里假定结构是一维的。如果一个索引操作只想得到结构的一个区域,就像在一个三维矩阵里面用 m[2，，] 选择一个切面,则结果中对应的维度属性会被去掉。如果是一个一维结构的结果,将会得到一个向量。有时,这不是用户想要的,那么可以通过在索引操作中加入参数

drop=FALSE 来关闭。注意,这是函数的一个额外参数,和索引计数无关。因此在一个矩阵中以 1×n 的形式选中第一行的正确做法是 m[1,,drop=FALSE]。没有关闭维度去除特性通常是在长度偶尔为 1 的索引中导致失败的原因。这个规则同样可用于一维数组,其中任何子集操作都返回一个向量,除非使用 drop=FALSE。

注意,向量之所以能区分一维数组,是因为后者有 dim 和 dimnames 属性(二者都是长度为 1)。一维数组不容易通过子集操作得到但它们可以显式创建并通过 table 返回。有时,这种用法非常有用,因为 dimnames 列表的元素有时候本身就被命名了。而 names 属性可能不行。

一些操作如 m[FALSE,]会产生一个维度扩展为零的结构。R 一般可以敏感地处理这些结构。

## 2.4 数据框对象

数据框是 R 中用于存储数据的一种结构,数据框是一个二维表格。统计学意义上,列表示变量,行表示观测,计算机上分别称为记录和域。变量名的对应称谓是域名,变量值对应域值。在同一个数据框中可以存储不同类型(如数值型、字符型)的变量。数据框将是用来存储数据集的主要数据结构。

由于不同的列可以包含不同模式的数据(数值型、字符型等),数据框的概念较矩阵来说更为一般。由于数据有多种模式,无法将此数据集放入一个矩阵。在这种情况下,使用数据框是最佳选择。数据框将是 R 中最常处理的数据结构。数据框通常是通过函数 data.frame()创建:

```
mydata <- data.frame(col1, col2, col3, …)
```

其中,列向量 col1、col2、col3 等可为任何类型(如字符型、数值型或逻辑型)。每一列的名称可由函数 names 指定。向量和矩阵也可以组成数据框,代码清单 2-4 清晰地展示了相应用法。

代码清单 2-4

```
#向量组成数据框
data_iris <- data.frame(s.length = c(1,1,1,1),s.width = c(2,2,2,2),
w.length = c(3,3,3,3),w.width = c(4,4,4,4))
#矩阵组成数据框
data_matrix <- matrix(c(1:8),c(4,2))
data_iris2 <- data.frame(data_matrix)
```

数据框的编辑:

```
#增加新的样本数据
data_iris <- rbind(data_iris,list(9,9,9,9))
#增加数据集的新属性变量
data_iris <- rbind(data_iris,Species = rep(7,5))
#数据框列名的编辑
names(data_iris)
```

代码清单 2-5 创建的是一个关于病人信息的数据框。

**代码清单 2-5**

```
patientID <- c(1, 2, 3, 4)
age <- c(25, 34, 28, 52)
diabetes <- c("Type1", "Type2", "Type1", "Type1")
status <- c("Poor", "Improved", "Excellent", "Poor")
patientdata <- data.frame(patientID, age, diabetes, status)
patientdata
patientID age diabetes status
1 1 25 Type1 Poor
2 2 34 Type2 Improved
3 3 28 Type1 Excellent
4 4 52 Type1 Poor
```

数据框中每列数据的模式必须唯一,不过却可以将多个模式的不同列放到一起组成数据框。由于数据框与分析人员通常设想的数据集的形态较为接近,在讨论数据框时将交替使用列和变量。选取数据框中元素的方式有若干种。数据分析人员可以使用前述(如矩阵中的)下标记号,也可以直接指定列名。代码清单 2-6 给出了数据框的索引方式。

**代码清单 2-6**

```
#列索引
data_iris[,1]
data_iris$s.length
data_iris["s,length"]
#行索引
data_iris[1,]
data_iris[1:3,]
#元素索引
data_iris[1,1]
data_iris$s.length[1]
data_iris["s,length"][1]
# subset 索引
subset(data_iris, s.length = 1)
#sqldf 函数索引
library(sqldf) newdf <- sqldf("select * from mtcars where
carb = 1 order by mpg", row.names = TRUE)
```

上述代码中,使用数据框索引选取数据框中的元素时,新出现了一个记号 $,这是被用来选取一个给定数据框中的某个特定变量。例如,如果想生成糖尿病类型变量 diabetes 和病情变量 status 的列联表,使用以下代码即可。

```
# diamante > table(patientdata$diabetes, patientdata$status)
Excellent Improved Poor
Type1 1 0 2
Type2 0 1 0
```

在每个变量名前都输入一次 patientdata $ 可能会让人生厌,所以不妨走一些捷径。可以联合使用函数 attach() 和 detach() 或单独使用函数 with() 来简化代码。

函数 attach() 可以将数据框添加到 R 的搜索路径中。R 在遇到一个变量名后,将检查搜索路径中的数据框。以 R 自带的 mtcars 数据框为例,可以使用以下代码获取每加仑行

驶英里数(mpg)变量的描述性统计量,并分别绘制此变量与发动机排量(disp)和车身重量(wt)的散点图:

```
summary(mtcars $ mpg)
plot(mtcars $ mpg, mtcars $ disp)
plot(mtcars $ mpg, mtcars $ wt)
```

以上代码也可写成:

```
attach(mtcars)
summary(mpg)
plot(mpg, disp)
plot(mpg, wt)
detach(mtcars)
```

函数 detach()将数据框从搜索路径中移除。值得注意的是,detach()并不会对数据框本身做任何处理。这句是可以省略的,但其实它应当被例行地放入代码中,因为这是一个好的编程习惯(接下来的几章中,为了保持代码片段的简约和简短,笔者可能会不时地忽略这条良训)。当名称相同的对象不止一个时,这种方法的局限性就很明显了。考虑以下代码:

```
> mpg <- c(25, 36, 47)
> attach(mtcars)
The following object(s) are masked _by_ '.GlobalEnv': mpg
> plot(mpg, wt)
Error in xy.coords(x, y, xlabel, ylabel, log) :
'x' and 'y' lengths differ
> mpg
[1] 25 36 47
```

这里,在数据框 mtcars 被绑定(attach)之前,环境中已经有了一个名为 mpg 的对象了。

在这种情况下,原始对象将取得优先权,这与数据分析人员想要的结果有所出入。由于 mpg 中有 3 个元素而 disp 中有 32 个元素,故 plot 语句出错。函数 attach()和 detach()最好在分析一个单独的数据框,并且不太可能有多个同名对象时使用。任何情况下,都要当心那些告知某个对象已被屏蔽(masked)的警告。除此之外,另一种方式是使用函数 with()。可以这样重写上例:

```
with(mtcars, {
print(summary(mpg))
plot(mpg, disp)
plot(mpg, wt)
})
```

在这种情况下,花括号({})之间的语句都针对数据框 mtcars 执行,这样就无须担心名称冲突了。如果仅有一条语句(如 summary(mpg)),那么花括号{}可以省略。函数 with()的局限性在于,赋值仅在此函数的括号内生效。考虑以下代码:

```
> with(mtcars, {
stats <- summary(mpg)
```

```
stats
})
Min. 1st Qu. Median Mean 3rd Qu. Max.
10.40 15.43 19.20 20.09 22.80 33.90
> stats
Error: object 'stats' not found
```

如果需要创建在 with() 结构以外存在的对象,使用特殊赋值符(<<-)替代标准赋值符(<-)即可,它可将对象保存到 with() 之外的全局环境中。这一点可通过以下代码阐明:

```
> with(mtcars, {
nokeepstats <- summary(mpg)
keepstats <<- summary(mpg)
})
> nokeepstats
Error: object 'nokeepstats' not found
> keepstats
Min. 1st Qu. Median Mean 3rd Qu. Max.
10.40 15.43 19.20 20.09 22.80 33.90
```

相对于 attach() 来说,多数的 R 书籍中更推荐使用 with()。选择哪一个函数是自己的偏好问题,并且应当根据目的和对于这两个函数含义的理解而定,本书会交替使用这两个函数。

## 2.5　因子对象

因子可用于描述数目有限值(性别、社会阶层等)的条目。因子有一个 levels 属性和 factor 类。另外,因子还拥有可选的 contrasts 属性,用于控制模型构建函数中的参数设置。因子可能是完全无序的或有序的分类。因子为处理分类数据提供了一种有效办法,一个因子只能有一种数据类型。在统计学中,按照变量值是否连续把变量分为连续变量与离散变量两种。分类变量是说明事物类别的一个名称,其取值是分类数据。变量值是定性的,表现为互不相容的类别或属性。因子就是一类分类离散变量。因子是带有水平(level)的向量。因子的建立使用 factor() 函数,一般形式如下:

factor(x, levels = sort(unique(x), na. last = TRUE), labels, exclude = NA, ordered = FALSE)

其中,x 是向量。levels 是水平,可自行制定各离散取值,默认取 x 的不同水平值。labels 用来指定各水平的标签,默认用各离散取值的对应字符串。exclude 参数用来指定要转化为缺失值(NA)的元素值集合,如果指定了 levels,则当因子的第 i 个元素等于水平中的第 j 个元素时,元素值取"j",如果它的值没有出现在 levels 中,则对应因子元素取 NA。ordered 取值为真(TRUE)时,表示因子水平是有次序的(按编码次序),否则(默认值)是无次序的。使用 is. factor() 检验对象是不是因子,使用 as. factor() 把一个向量转化为一个因子。

创建因子序列的方法有以下几种:

#将 statistics 分解成因子型变量,水平为 26 个小写字母(ff <- factor(substring("statistics"), 1:

```
10,1:10,levels = letters))
♯去除没有包含在向量中的水平
f <- factor(ff)
♯创建因子型向量,水平名称为 letter
factor(letters[1:20],labels = "letter")
♯创建有序的因子序列
z <- factor(LETTERS[1:4],ordered = TRUE)
gl(2,3,labels = c("T","F"))
```

通过 gl()函数可以创建因子序列,函数一般形式如下:

```
gl(n,k,length = n * k,labels = seq_len(n),ordered = TRUE)
```

其中,n 表示水平个数。k 表示每个水平的重复次数。length 表示产生的因子长度,默认是 n * k。labels 是一个 n 维向量,表示因子水平数。ordered 是逻辑变量,为 TRUE 表示有序因子,为 FALSE 则表示无序因子,默认值为 FALSE。

```
> gl(4,2)  ♯产生水平数为 1:4,每个水平数重复 2 次
[1] 1 1 2 2 3 3 4 4
Levels: 1 2 3 4
```

table()函数对应的是统计学中的列联表,是一种记录频数的方法。对于因子向量,可用函数 table()来统计各类数据的频率。table()的结果是返回一个带元素名的向量,元素名为因子水平,元素值为该水平的出现频率。

tapply()是对向量中的数据进行分组处理,而非对整体数据进行处理。tapply()函数一般形式如下:

```
tapply(X, INDEX, FUN = NULL, …, default = NA, simplify = TRUE)
```

其中,X 是一个对象,通常是一个向量。INDEX 是与 X 有同样长度的因子,表示按 INDEX 中的值分组,把相同值对应下标的 X (array)中的元素形成一个集合,应用到需要计算的函数 FUN。如果 FUN 返回的是一个值,tapply 返回向量(vector);若 FUN 返回多个值,tapply 返回列表(list)。vector 或 list 的长度和 INDEX 的长度相等。simplify 是逻辑变量,取为 TRUE(默认)时 tapply 返回 vector,FALSE 时返回 list。当 FUN 为 NULL 时,返回一个长度和 X 中元素个数相等的 vector,指示分组的结果,vector 中相等的元素所对应的下标属于同一组。

下面是关于查看因子存储类型的案例:

```
> status <- c("Poor","Improved","Excellent","Poor")
> class(status)            ♯查看向量的类型
[1] "character"
> s <- factor(status,ordered = TRUE)
> s
[1] Poor Improved Excellent Poor
Levels: Excellent < Improved < Poor
> class(s)
[1] "ordered" "factor"    ♯查看数据的类型
> storage.mode(s)           ♯查看存储类型,因子是按整数存储的
```

```
[1] "integer"
> as.numeric(s)              #转换为数值型向量
[1] 3 2 1 3
> levels(s)                  #查看因子的水平
[1] "Excellent" "Improved" "Poor"
```

## 2.6 列表对象

列表是 R 的数据类型中最为复杂的一种。列表是对象的集合。一般来说,列表就是一些对象(或成分,component)的有序集合,可包含向量、矩阵、数组、数据框甚至列表等,其中的每个对象称为列表的一个成分,且均有一个成分名。列表允许整合若干(可能无关的)对象到单个对象名下。例如,某个列表中可能是若干向量、矩阵、数据框,甚至其他列表的组合。可以使用函数 list()创建列表:

```
mylist <- list(object1, object2, …)
```

其中的对象可以是目前为止讲到的任何结构。还可以为列表中的对象命名:

```
mylist <- list(name1 = object1, name2 = object2, …)
```

列表索引:

```
#列索引
data[[1]]
data $ a
data[["a"]]
#元素索引
data[[1]][1]
```

## 2.7 时间序列对象

时间序列是一系列有序的数据点,通常是等时间间隔的采样数据。如果不是等间隔,则一般会标注每个数据点的时间刻度,主要包括 decompose(分析数据的各个成分,如趋势、周期性)、prediction(预测未来的值)、classification(对有序数据序列的 feature 提取与分类)、clustering(相似数列聚类)等。例如,股票在某一天的不同时间点的股票价格,一个地区在一年中不同月份的降雨量。

R 语言可以使用许多函数来创建、操作和绘制时间序列数据。时间序列的数据存储在称为时间序列对象的 R 对象中。建立时间序列,必须有日期作为数据框的一列。R 语言建立时间序列的两个函数是 ts()和 as.xts()。

### 1. ts()函数

R 语言中基本的时间序列对象为 ts,在 stats 基本包中定义,由同名构造函数 ts()产生。ts()函数的使用方法是:

```
library(stats)       #stats 软件包是 R 语言环境启动的软件包之一
ts(data = NA, start = 1, end = numeric(0), frequency = 1, deltat = 1, ts.eps = getOption("ts.
```

eps"),class = ,names = )

参数说明:data 即时间序列中的观测值,可以是向量或矩阵,或者转换为向量或矩阵的数据类型(如 data.frame),默认为 NA。frequency 和 start 是 R 中 ts()函数产生时间序列对象需要的两个基本参数。frequency 是一个时间周期中的间隔频率,如果设置为 365,表明时间单位是年,每一个时间单位中有 365 个日期观察值。若样本容量 T<365,则可用 frequency=T 表示。如果设为 12,那么时间序列将自动识别为 12 个自然月;如果设置为 4,表明时间单位是年,每一个时间单位中有 4 个季节观察值。start 和 end 开始时间和结束时间,长度为 1 或 2。如果长度为 2 则说明第二个值设定的是周期中的具体值,从 1 开始,不大于 frequency。

start 的用法:stat=c(1975,1)表示开始时间为 1975 年 1 月。若使用 ts(gm,frequency=365,start=c(2019,1,1))命令建立时间序列是可以的。但是,若用命令 ts(gm,frequency=365,start=c(2019,1,1),end(2019,12,31)),则两者结果是不同的。若用命令 ts(gm,frequency=1,start=c(2019,1,1)),则创建的时间序列 start 和 end 不同,将 1 年的时间单位用 1 天表示。

举例说明,ts(gm,frequency=12,start=c(2020,1)),frequency=12 表明时间单位为年,而且在每一个时间单位中有 12 个均匀间隔的观察值。其中,gm 是月数据,start=c(2018,1)表示开始时间为 2020 年 1 月。

```
> gm <- sample(1:100, 24)
> ts(gm, freq = 12, start = 2018)
      Jan  Feb  Mar  Apr  May  Jun  Jul  Aug  Sep  Oct  Nov  Dec
2018   40   56   29   78   20   88   27   90   51   37   76   65
2019   25    5   21    7   98   53   18   42   33   48   52   19
> ts(dt, freq = 4, start = 2018)
      Qtr1  Qtr2  Qtr3  Qtr4
2018    40    56    29    78
2019    20    88    27    90
2020    51    37    76    65
2021    25     5    21     7
2022    98    53    18    42
2023    33    48    52    19
> ts(dt, freq = 1, start = 2018)
time Series:
start = 2018
end = 2041
frequency = 1
 [1] 40  56  29  78  20  88  27  90  51  37  76  65  25   5  21   7  98  53  18  42
33  48  52  19
> ts(dt, freq = 12, start = c(2018, 3))
      Jan  Feb  Mar  Apr  May  Jun  Jul  Aug  Sep  Oct  Nov  Dec
2018            40   56   29   78   20   88   27   90   51   37
2019   76   65   25    5   21    7   98   53   18   42   33   48
2020   52   19
```

frequency=1、4、12 时,表示用来存储规则时间序列数据,而年度、季度和月度数据是最常用的。frequency 取值为其他周期数据时,显示结果不理想。例如,以 7 天为周期的统计数据,现想获得一个日历表应该怎么做呢?

```
dd <- weekdays(as.Date("2018 - 03 - 08") + 0:6)
nn <- which(weekdays(as.Date("2018 - 03 - 01")) == dd)
print(ts(1:31, freq = 7, start = c(1, nn)), calendar = T)
```

这里需要注意,不同年的不同月份的天数是不一样的,有可能是 30、31、28 天等。

每个 ts 对象都有特定的 start、end 和 frequency,这三者合起来称为时间序列属性,即 tsp(time series properties),可以用 tsp() 函数获取。关于对象子集的提取用到一个 window() 函数,即窗口函数,用法如下:

```
window(x, start = NULL, end = NULL, frequency = NULL, deltat = NULL, extend = FALSE, … )
```

### 2. as.xts() 函数

xts 是对时间序列数据(zoo)的一种扩展实现,目的是统一时间序列的操作接口。实际上,xts 类型继承了 zoo 类型,丰富了时间序列数据处理的函数,API 定义更贴近使用者,更实用。as.xts() 函数与 ts() 函数是不同的,as.xts() 函数要求行名是日期。因此,数据框中的日期必须赋值到行名,而且删除日期所在的列。xts 的数据结构由 3 部分组成,分别是索引部分、数据部分和属性部分。安装 xts 包的命令是 install.packages("xts"),举例说明构建 xts 的代码如下:

```
library(xts)
dates <- seq(as.Date("2016 - 01 - 01"),length = 5,by = "days")
dates
data <- rnorm(5)            ♯随机生成 5 个数字
smith <- xts(x = data,order.by = dates)
```

## 2.8　R 语言中对象间的相互转换

在 R 语言中,向量是最基本的原子类型,不能通过 $ 表达式获取相关属性,否则会报错。不同存储类型之间可以进行互相转换。首先,需要判断数据对象的存储类型,一般使用 is.存储类型名(数据对象名),typeof(数据对象名)。然后,进行数据对象存储类型的转换。一般情况下,可以使用 as.存储类型名(数据对象名)实现不同结构类型之间的转换,主要有以下几种转换方式。

### 1. 向量和矩阵之间的互相转换

向量和矩阵之间的互相转换通常使用 as.matrix(向量名)和 as.vector(矩阵名)。

```
♯再声明一个向量
ys <- c(5, 7, 8, 3, 2, 1, 10)
♯将多个向量合并为矩阵
♯首先合并向量
y4 <- c(as.vector(xs), ys)
♯设置行与列
dim(y4) <- c(7, 2)
♯输出 y4
```

```
> y4
     [,1] [,2]
[1,] "一" "5"
[2,] "二" "7"
[3,] "三" "8"
[4,] "四" "3"
[5,] "五" "2"
[6,] "六" "1"
[7,] "日" "10"
#提取矩阵中的某一列向量
#提取第一列
> y4[1:7]
#提取第二列
> y4[8:14]
#获取矩阵动态信息
#获取矩阵总长度
> length(y4)
[1] 14
#获取矩阵列数
> length(dim(y4))
[1] 2
```

## 2. 向量转换为因子

因子是一种特殊形式的向量。由于一个向量可视为一个变量,如果该变量的计量类型为分类型,将对应的向量转换为因子,更利于后续的数据分析。具体的判断和转换命令可以使用 is.factor(数据对象名)、as.factor(向量名)、levels(因子名)、nlevels(因子名)、factor(向量名,order=TURE/FALSE,levels=c(类别值列表))、factor(向量名,levels=c(类别值列表),labels=c(类别值列表))、weekdays <- c('星期一', '星期二', '星期三', '星期四', '星期五', '星期六', '星期日'。

向量转换为因子,举例说明如下:

```
xs <- factor(weekdays, levels = c('星期一', '星期二', '星期三', '星期四', '星期五','星期六', '星期日'))
```

因子转换为向量举例说明如下:

```
#直接转换
> c(xs)
[1] 1 2 3 4 5 6 7
#通过转换函数切换
> as.vector(xs)
#返回原始因子信息
[1] "星期一" "星期二" "星期三" "星期四" "星期五" "星期六" "星期日"
```

## 3. 用索引提取 List

```
#结果为 List
salary <- read.table('graph/weekday.csv', header = TRUE, sep = ',', quote = '\"')
#利用索引提取 List 信息
```

```
xSeries <- salary["日期"]
ySeries <- salary["事件数量"]
> attributes(salary)
 $ names
[1] "日期" "事件数量" "浪费金额"
 $ class
[1] "data.frame"
 $ row.names
[1] 1 2 3 4 5 6 7
```

## 本章小结

　　本章介绍了 R 语言的对象和属性，创建和访问 R 语言中数据对象的方法，查看和管理 R 语言数据对象结构的方法，用 R 的向量组织数据的方法。本章概述了 R 语言中用于存储数据的多种数据结构，本书将在后续各章中反复地使用向量、数组与矩阵、数据框、因子和列表、时间序列对象的概念。

## 思考与练习

1. 从存储角度和结构角度来看，R 语言中的对象分为哪些类型？
2. 矩阵的索引方式有哪几种？
3. 列出包 MASS 中可用的数据集的 R 命令。
4. 列出所有可用软件包中可用的数据集的 R 命令。
5. 如何获得矩阵在 R 语言中的转置？
6. R 语言 unif(4) 的输出是什么？

# 第3章　参数估计

## 本章学习目标

- 掌握参数估计的原理。
- 理解总体方差、总体比例的区间估计。
- 掌握统计量的分布：$\chi^2$ 分布、$t$ 分布和 $F$ 分布。
- 能运用参数估计的区间估计进行 R 编程计算。
- 学会进行 Shapiro-Wilk 检验。

　　根据样本统计量来推断所关心的总体参数是非常必要的。本章重点介绍参数估计，这是推断统计的重要内容之一。通过统计描述，可以对样本数据的情况进行详细了解，但是引进统计量的真正目的是对感兴趣的问题进行统计推断，而在实际中，人们感兴趣的问题往往是与未知参数有关的。考察样本所代表的总体情况如何，也就是说，根据样本提供的信息来推断总体的特征才是研究的重点所在，涉及以下两个问题：

　　问题 1：不同情况下如何根据样本统计量来估计总体的参数？

　　问题 2：如何确定参数估计问题的样本量？

## 3.1　统计量的分布

### 3.1.1　总体与样本

　　样本是从总体中抽出的部分单位的集合，这个集合中所包含的单位个数称为样本容量，一般用 $n$ 表示。所研究对象的全体称为总体。研究只有一个特征的总体时，总体的这个指标（变量）可以看作一维随机变量。例如，生产线上生产的零件的直径、某年某专业考生的成绩等。

　　只要反映总体特征的变量的取值满足以下 3 个条件，就是一个随机变量。

　　（1）在同一条件下可无限次重复的取值。

(2) 取值的可能结果有多个,且不确定。

(3) 事前不知取值结果。

满足上述 3 条,其实就是一个随机实验。反映总体特征的随机变量的取值的全体,也称为总体。这个总体,其实就是样本空间。反映总体特征的随机变量的概率分布,称为总体分布。

随机变量是表征一个随机试验结果的变量,其数值由一次试验结果所决定,但是在试验之前是不确定的(取值随机而定)。随机变量的所有可能取值就是所有基本事件对应的值("值"不一定是数值,可以是字符串),通常用英文大写字母或希腊字母表示,随机变量又分为连续型和离散型随机变量。分位数是统计推断中常用的一类数字特征,也称为分位点,主要用于连续型随机变量。给定 $0<\alpha<1$ 和随机变量 $X$ 的概率密度函数 $f(x)$,显然有: $\int_{-\infty}^{+\infty} f(x)\mathrm{d}x = 1$。若从某个值开始,$f(x)$ 与 $x$ 轴之间的面积等于 $\alpha$,这个值就是**分位数** $F_\alpha$。

常用的分位数有上侧分位数和双侧分位数。对于给定的 $\alpha(0<\alpha<1)$,满足 $\int_{F_\alpha}^{\infty} f(x)\mathrm{d}x = \alpha$ 的 $F_\alpha$ 称为该分布的 $\alpha$ 水平上侧分位数。$\int_{F_\alpha}^{\infty} f(x)\mathrm{d}x = \alpha$ 等价于 $P(X>F_\alpha)=\alpha$。

样本个数又称样本可能数目,它指从一个总体中可能抽取的多少个样本。

### 3.1.2 统计量的分布

正态分布是特别重要的连续型分布。一般说来,若某一数量指标受到很多相互独立的随机因素的影响,而每个因素所起的作用都很微小,则这个数量指标近似服从正态分布。许多自然现象和社会现象可用正态分布来描述。传统的统计理论主要建立在正态分布基础上。由正态分布出发,导出了一系列重要的抽样分布,如 $t$ 分布、$\chi^2$ 分布、$F$ 分布等。

若随机变量 $X$ 的概率密度为 $f(x)=\dfrac{1}{\sqrt{2\pi}\sigma}\exp\left\{-\dfrac{1}{2}\left(\dfrac{x-\mu}{\sigma}\right)^2\right\}(-\infty<x<\infty)$,则称 $X$ 服从正态分布,记作:$X\sim N(\mu,\sigma^2)$。特别地,标准正态分布 $N(0,1)$ 的概率密度函数为 $f(x)=\dfrac{1}{\sqrt{2\pi}}\exp\left(-\dfrac{x^2}{2}\right)(-\infty<x<\infty)$。

由标准正态分布的随机样本所引出的重要的统计量的分布有 $\chi^2$ 分布、$t$ 分布和 $F$ 分布。

#### 1. $\chi^2(n)$ 分布

设随机变量 $X$ 服从 $N(0,1)$ 分布,$X_1,X_2,\cdots,X_n$ 为 $X$ 的样本,则 $\chi^2=X_1^2+X_2^2+\cdots+X_n^2$ 服从自由度为 $n$ 的 $\chi^2$ 分布。记为 $\chi^2\sim\chi^2(n)$。

若 $X\sim\chi^2(n)$,则 $E(X)=n$,$\mathrm{Var}(X)=2n$。

统计学上的**自由度**是指当以样本的统计量来估计总体的参数时,样本中独立或能自由变化的资料的个数,称为该统计量的自由度。$\chi^2(n)$ 分布的形状随自由度 $n$ 的变化而变化,当 $n$ 较小时,分布不对称;当 $n$ 增大时,分布逐渐趋向于正态分布。

例如,在估计总体的平均数时,样本中的个数全部加起来,其中任何一个数都和其他资料相独立,从其中抽出任何一个数都不影响其他资料(这也是随机抽样所要求的)。因此一组资料中每一个资料都是独立的,所以自由度就是估计总体参数时独立资料的数目,而平均数是根据独立资料来估计的,因此自由度为 $n$。

**2. $t$ 分布**

若 $X \sim N(0,1)$,$Y \sim \chi^2(n)$,且 $X$ 与 $Y$ 相互独立,则 $t$ 服从自由度为 $n$ 的分布,$t = \dfrac{X}{\sqrt{Y/n}} \sim t(n)$。

若 $X \sim t(n)$,则 $E(X) = 0$,$\mathrm{Var}(X) = \dfrac{n}{n-2}$。$t(n)$ 分布的形状关于 $x = 0$ 对称,当自由度 $n$ 很大时,$t$ 分布趋向于标准正态分布。

**3. $F$ 分布**

若 $X \sim \chi^2(n)$,$Y \sim \chi^2(m)$ 且相互独立,则 $F = \dfrac{X/n}{Y/m} \sim F(n,m)$。若 $X \sim F(n,m)$,则 $E(X) = \dfrac{m}{m-2}$。$F$ 分布的曲线是右偏型的。并且随着 $n$、$m$ 取值的变小,曲线的偏斜程度越来越大。

1) 由一般正态分布的随机样本所构成的若干重要统计量的分布

如果 $X_1, X_2, \cdots, X_n$ 是正态总体 $N(\mu, \sigma^2)$ 的一个随机样本,则样本均值函数与样本方差函数,满足如下性质。

(1) $\overline{X}$ 服从 $N\left(\mu, \dfrac{\sigma^2}{n}\right)$ 分布。

(2) $z = \dfrac{\overline{X} - \mu}{\sigma/\sqrt{n}}$ 服从 $N(0,1)$ 分布。

(3) $\dfrac{(n-1)S^2}{\sigma^2}$ 服从 $\chi^2(n-1)$ 分布。

(4) $t = \dfrac{\overline{X} - \mu}{S/\sqrt{n}}$ 服从 $t(n-1)$ 分布。

(5) $F = \dfrac{S_1^2/\sigma_1^2}{S_2^2/\sigma_2^2}$ 服从 $F(n_1-1, n_2-1)$ 分布。

其中,$S_1^2$ 是容量为 $n_1$ 的 $X$ 的样本方差,$S_2^2$ 是容量为 $n_2$ 的 $Y$ 的样本方差。

2) 大样本均值函数的分布:中心极限定理

设随机变量 $X$ 服从任何均值为 $\mu$、标准差为 $\sigma$ 的分布,$\overline{X}$ 是随机样本 $X_1, X_2, \cdots, X_n$ 的均值函数。

中心极限定理:当 $n$ 充分大时,$\overline{X}$ 近似地服从均值为 $\mu$、标准差为 $\dfrac{\sigma}{\sqrt{n}}$ 的正态分布。

中心极限定理要求 $n$ 充分大,那么多大才叫充分大呢?这与总体的分布形状有关,总体偏离总体越远,则要求 $n$ 越大。然而在实际应用中,总体的分布是未知的。本书约定 $n \geqslant 30$ 表示大样本,$n < 30$ 表示小样本。这只是一种经验说法。顺便指出,大样本、小样本之间并不是以样本量大小来区分的。中心极限定理的另一种表述是,当 $n$ 充分大时,$\dfrac{\overline{X} - \mu}{\sigma/\sqrt{n}}$ 近似地服从标准正态分布。

## 3.2 参数估计的基本原理

### 3.2.1 估计量与估计值

参数估计就是根据样本构造适当的统计量来估计总体的参数。在参数估计中,用来估计总体参数的统计量称为估计量,如样本均值、样本比例、样本方差等。样本均值就是总体均值的一个估计量。根据一个具体的样本计算出来的估计量的数值称为估计值。

在实际中,用什么样的估计量来估计参数呢? 实际上没有硬性限制。任何统计量,只要人们觉得合适就可以当成估计量。最常用的估计量是样本均值、样本标准差和 Bernoulli 实验的成功比例(即样本百分比);用它们来分别估计总体均值、总体标准差和 Bernoulli 实验的成功概率(或总体百分比),而且分别是相应总体参数的"好"的估计量。

### 3.2.2 点估计与区间估计

参数估计的方法有点估计和区间估计两种。

**1. 点估计**

点估计就是选择一个适当的样本统计量值作为总体参数的估计值,即用样本统计量的某一个取值 $\hat{\theta}$ 直接作为总体参数 $\theta$ 的估计值。

用于估计总体参数 $\theta$ 的估计量有很多,那么具体选用样本的哪种估计量作为总体参数的估计呢? 就需要制定评价估计量的标准,统计学家给出了无偏性、有效性、一致性共 3 个原则。

(1) 无偏性:设 $\hat{\theta}$ 是未知参数 $\theta$ 的估计,有 $E(\hat{\theta}) = \theta$,则称 $\hat{\theta}$ 为 $\theta$ 的无偏估计,否则称有偏估计。因为 $E(\overline{X}) = E(X)$,总体样本均值 $\overline{X}$ 是总体均值 $E(X)$ 的无偏估计。因 $E(S^2) = D(X)$,总体样本方差 $S^2$ 是总体方差 $D(X)$ 的无偏估计。

(2) 有效性:一个方差较小的无偏估计量称为一个更有效的估计量。如果 $\hat{\theta}_1$ 和 $\hat{\theta}_2$ 都是 $\theta$ 的无偏估计,若 $D(\hat{\theta}_1) < D(\hat{\theta}_2)$,则称 $\hat{\theta}_1$ 较 $\hat{\theta}_2$ 有效。

(3) 一致性(相容性):被认为是对估计的一个最基本的要求,是指随着样本容量的增大,估计量越来越接近被估计的总体参数。如果一个估计量在样本量不断增大时,它都不能把被估参数估计到任意指定的精度,那么这个估计值是很值得怀疑的。通常,不满足一致性要求的估计一般不予考虑。

【点估计的实例:点估计在战争中的一个经典实例】

在第二次世界大战期间,盟军非常想知道德军总共制造了多少辆坦克。德国人在制造坦克时是墨守成规的,他们把坦克从 1 开始进行了连续编号。在战争过程中,盟军缴获了一些敌军坦克,并记录了它们的生产编号。那么怎样利用这些号码来估计坦克总数呢? 在这个问题中,总体参数是未知的坦克总数 $N$,而缴获坦克的编号则是样本。

假设盟军手下的一位统计人员负责解决这个问题。针对该调查数据,得知制造出来的坦克总数肯定大于或等于记录的最大编号。为了找到它比最大编号大多少,先找到被缴获坦克编号的平均值,并认为这个值是全部编号的中点。因此样本均值乘以 2 就是总数的一个估计;当然要特别假设缴获的坦克代表了所有坦克的一个随机样本。这种估计 $N$ 的公式的缺点是,不能保证均值的 2 倍一定大于记录中的最大编号。N 的另一个点估计公式是,用观测到的最大编号乘以因子 $1+1/n$,其中 $n$ 是被缴获的坦克个数。假如缴获了 10 辆坦克,其中最大编号是 50,那么坦克总数的一个估计是 $(1+1/10)50=55$。此处认为坦克的实际数略大于最大编号。

从战后发现的德军记录来看,盟军的估计值非常接近所生产的坦克的真实值。记录仍然表明统计估计比通常通过其他情报方式做出估计要大大接近于真实数目。

参数的点估计给出了一个具体的数值,方便计算和使用,但是无法给出估计值接近总体参数程度的信息。由于样本是随机的,抽出一个具体的样本得到的估计值很可能不同于总体真值。一个点估计量的可靠性是由它的抽样标准误差来衡量的,这表明一个具体的点估计值无法给出估计的可靠性的度量。

实际问题中,度量一个点估计的精度的最直观的方法就是给出未知参数的一个区间,这便产生了区间估计的概念。

**2. 区间估计**

当描述一个人的体重时,一般可能不会说这个人是 76.35kg。人们会说这个人是七八十千克,或者是在 70~80kg。这个范围就是区间估计的例子。

区间估计是在点估计的基础上,给出总体参数估计的一个区间范围,该区间通常是由样本统计量加减估计误差得到的。在区间估计中,由样本统计量所构造的总体参数的估计区间称为置信区间,其中区间的最小值称为置信下限,最大值称为置信上限。置信度是表示区间估计的可靠程度或把握程度,即所估计的区间包含总体参数真实值的可能性大小,一般以 $1-\alpha$ 表示,含义是,在同样的方法得到的所有置信区间中,有 $(1-\alpha)\%$ 的区间包含总体参数。其中,$\alpha$ 表示显著性水平,即参数不落在区间内的概率。如图 3-1 所示为区间估计示意图。

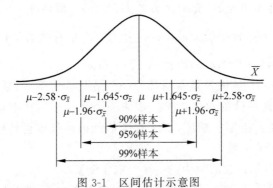

图 3-1　区间估计示意图

## 3.3　总体的区间估计

### 3.3.1　用 R 进行总体均值的区间估计

由于在 R 软件中没有求方差已知条件下均值置信区间的内置函数,于是需要编写函数。

z.test()函数的定义如代码清单 3-1 所示。

**代码清单 3-1**

```
z.test <- function(x, n, sigma, alpha, u0 = 0, alternative = "two.sided"){
    options(digits = 4)
    result <- list()
    mean <- mean(x)
    z <- (mean - u0)/(sigma/sqrt(n))
    p <- pnorm(z, lower.tail = FALSE)
    result $ mean <- mean
    result $ z <- z
    result $ p.value <- p
    if(alternative == "two.sided")
        result $ p.value <- 2 * pnorm(abs(z), lower.tail = FALSE)
        else if (alternative == "greater")
            result $ p.value <- pnorn(z)
        result $ conf.int <- c(
            mean - sigma * qnorm(1 - alpha/2, mean = 0, sd = 1,
                                 lower.tail = TRUE)/sqrt(n),
            mean + sigma * qnorm(1 - alpha/2, mean = 0, sd = 1,
                                 lower.tail = TRUE)/sqrt(n))
        result
}
```

利用上述程序就可以求出总体均值的置信区间。上述 t.test() 函数的定义同时完成了区间估计和假设检验,这是为了与 R 中的 $t$ 检验函数相对应。如果从上述程序中抽取出区间估计的部分,则得到代码清单 3-2 中求置信区间的程序。

**代码清单 3-2**

```
conf.int <- function(x, n, sigma, alpha){
options(digits = 4)
mean <- mean(x)
c(mean - sigma * qnorm(1 - alpha/2, mean = 0, sd = 1,
                       lower.tail = TRUE)/sqrt(n),
    mean + sigma * qnorm(1 - alpha/2, mean = 0, sd = 1,
                       lower.tail = TRUE)/sqrt(n))
}
```

下面举例说明如何用 R 软件求解置信水平为 $1-\alpha$ 的置信区间。

**例 3-1**　一个人 10 次称自己的体重(单位:斤(1 斤 = 500g)),得到的数值分别为 175、176、173、175、174、173、173、176、173、179。现在需要估计一下他的体重,假设此人的体重服从正态分布,标准差为 1.5,要求体重的置信水平为 95% 的置信区间。

**解**:根据上述函数 z.test() 编写 R 程序如下。

```
> x <- c(175,176,173,175,174,173,173,176,173,179)
> result <- z.test(x,10,1.5,0.05)
> result $ conf.int
```

输出结果如下:

```
[1] 173.8 175.6
```

因此,这里得到体重的置信水平为95%的置信区间为[173.8,175.6]。

**注意**:R语言中的赋值符号一般是由一个尖括号与一个负号组成的箭头形标志,该符号可以是从左到右的方向,也可以相反。赋值也可以用函数assign()实现,还可以用"="实现,但它们很少使用。

如果运行如下代码:

```
> z.test(x,10,1.5,0.05)
```

将同时获得假设检验的结果:

```
$ mean
[1] 174.7
$ z
[1] 368.3
$ p.value
[1] 0
$ conf.int
[1] 173.8 175.6
```

方括号中的数字1表示从mean等变量的第一个元素开始显示。其实该命令的功能在这里与函数print()相似,输出结果与print(mean)相同。而上面的程序仅提供了区间估计的部分,这相当于执行了如下代码:

```
> x <- c(175,176,173,175,174,173,173,176,173,179)
> conf.int(x,10,1.5,0.05)
```

方差未知时,可直接利用R语言的t.test()函数来求置信区间。t.test()的调用格式如下:

```
t.test(x,y = NULL,
        alternative = c("two.sided", "less", "greater"),
        mu = 0, paired = FALSE, var.equal = FALSE,
        conf.level = 0.95, …)
```

说明:若仅出现数据x,则进行单样本t检验;若出现数据x和y,则进行二样本的t检验;alternative=c("two.sided", "less", "greater")用于指定所求置信区间的类型;alternative="two.sided"是默认值,表示求置信区间;alternative="less"表示求置信上限;alternative="greater"表示求置信下限。mu表示均值,它仅在假设检验中起作用,默认值为零。

在上例中如果不知道方差,就需要使用函数t.test()来求置信区间,下面看一下在R中是如何实现的。

R程序如下:

```
> x <- c(175 , 176 , 173 , 175 ,174 ,173 , 173, 176 , 173,179 )
> t.test(x)
```

运行结果如下:

```
One Sample t - test
```

```
data: x
t = 280, df = 9, p-value < 2e-16
alternative hypothesis: true mean is not equal to 0
95 percent confidence interval:
173.3 176.1
sample estimates:
mean of x
    174.7
```

可以看到置信水平为 0.95 的置信区间为(173.3076，176.0924)。

由于只需要置信区间的结果,因此 R 程序如下:

```
> t.test(x)$conf.int
```

提取出置信区间的部分,结果如下:

```
[1] 173.3 176.1
attr(,"conf.level")
[1] 0.95
```

**例 3-2**   下面是某市某类 12 个微型企业的销售收入数据(单位:元)把下面的数据保存到文件 income.txt 中。

```
283192.80   232700.00   51000.00   181827.00   16281.17   449066.00
152450.00   673669.50   200275.20   315000.00   293515.10   331624.00
```

现要根据这个样本对这类企业销售收入的总体均值做出区间估计,置信度取 95%。

假定该总体服从正态分布,根据样本数据,利用统计软件得到置信区间。

求置信区间的 R 程序如下:

```
One Sample t-test
data: x
t = 5.2114, df = 11, p-value = 0.0002893
alternative hypothesis: true mean is not equal to 0
95 percent confidence interval:
    153108.1 376992.0
sample estimates:
mean of x
    265050.1
```

下面绘制自由度为 $n-1$ 的 $t$ 分布密度函数图。

R 软件读取数据的语句如下:

```
readLines("income.txt")
♯读取 income.txt 为数据集
y = scan("income.txt")
t.test(y,con = 0.95)$con
```

如图 3-2 所示为相应于例 3-2 的自由度为 $n-1$ 的 $t$ 分布密度函数图。

图 3-2 中标明了 $t_{0.025}$ 和 $-t_{0.025}$ 及中间阴影部分($1-\alpha=0.95$)的面积。

图 3-2 是由下面的 R 语句得到的:

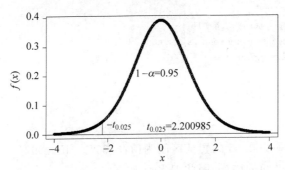

图 3-2  $t$ 分布密度函数图

```
x = c(seq( - 4,4,length = 1000))
r1 = qt(0.025,11);
r2 = r1
x2 = c(r1,r1,x[x < r2&x > r1],r2,r2)
y2 = c(0,dt(c(r1,x[x < r2&x > r1],r2),11),0)
y = dt(x,11)
plot(x,y,ylab = "f(x)");
abline(0,0)
polygon(x2,y2,col = "yellow")
title("Density of t(11)")
text(locator(1),expression(t[0.025] == 2.200985))
♯在图表上的任务位置单击,文字就出来了
text(locator(1),expression( - t[0.025]))
text(locator(1),expression(1 - alpha == 0.95))
```

### 3.3.2  总体方差的区间估计

在 R 中也没有直接求 $\sigma^2$ 的置信区间的函数,需要编写自己需要的函数,下面的函数 chisq.var.test()可用来求 $\sigma^2$ 的置信区间,具体实现代码如代码清单 3-3 所示。

**代码清单 3-3**

```
chisq.var.test <- function (x,var,alpha,alternative = "two.sided"){
    options(digits = 4)
    result <- list( )
    n <- length(x)
    v <- var(x)
    result $ var <- v
    chi2 <- (n - 1) * v/var
    result $ chi2 <- chi2
    p <- pchisq(chi2,n - 1)
    if(alternative == "less"|alternative == "greater"){
        result $ p.value <- p
    } else if (alternative == "two.sided") {
        if(p >.5)
            p <- 1 - p
        p <- 2 * p
        result $ p.value <- p
    } else return("your input is wrong")
```

```
result $ conf.int <- c(
    (n-1) * v/qchisq(alpha/2, df = n-1, lower.tail = F),
    (n-1) * v/qchisq(alpha/2, df = n-1, lower.tail = T))
result
}
```

将此函数用到例 3-1,对应的 R 语句如下:

```
x <- c(175,176,173,175,174,173,173,176,173,179)
chisq.var.test(x,1.5,0.05)
```

运行显示 $\sigma^2$ 的 0.95 置信区间为 $[1.793, 12.628]$。

运行结果如下:

```
$ var
[1] 3.789
$ chi2
[1] 22.73
$ p.value
[1] 0.01365
$ conf.int
[1] 1.793 12.628
```

### 3.3.3 总体比例的区间估计

在 R 中,可直利用函数 prop.test() 对 $p$ 进行估计与检验,其调用格式如下:

```
prop.test(x, n, p = NULL,
          alternative = c("two.sided", "less", "greater"),
          conf.level = 0.95, correct = TRUE)
```

说明:$x$ 为样本中具有某种特性的样本数量;$n$ 为样本容量;correct 选项为是否做连续性校正。根据抽样理论,$p$ 的 $1-\alpha$ 的近似置信区间为

$$p \pm z_{\alpha/2} \sqrt{\frac{(1-f)p(1-p)}{n-1} - \frac{1}{2n}}$$

其中,$f$ 为抽样比。由于假设样本容量很大,因此修正后 $p$ 的置信度为 $1-\alpha$ 的置信区间近似地为

$$p \pm z_{\alpha/2} \sqrt{\frac{p(1-p)}{n} - \frac{1}{2n}}$$

它与刚才用中心极限定理推出的结论相比,区间长了 $\frac{1}{n}$,这是由于用连续分布去近似离散分布(超几何分布)引起的。

**例 3-3** 从一份共有 3042 人的人名录中随机抽 200 人,发现 38 人的地址已变动,试以 95% 的置信度估计这份名录中需要修改地址的比例。

**解**:在 R 中输入如下语句:

```
> prop.test(38,200,correct = TRUE)
```

得到如下的结果:

```
1 - sample proportions test with continuity correction
data: 38 out of 200, null probability 0.5
X - squared = 75.645, df = 1, p - value < 2.2e - 16
alternative hypothesis: true p is not equal to 0.5
95 percent confidence interval:
    0.1394851 0.2527281
sample estimates:
    p
0.19
```

所以,以 95% 的置信水平认为这份名录中需要修改地址的比例 $p$ 落在(0.1395,0.2527)中,其点估计为 0.19。

如果不进行校正,相应的 R 语句如下:

```
> prop.test(38,200,correct = FALSE)
```

输出的结果如下:

```
1 - sample proportions test without continuity correction
data: 38 out of 200, null probability 0.5
X - squared = 76.88, df = 1, p - value < 2.2e - 16
alternative hypothesis: true p is not equal to 0.5
95 percent confidence interval:
    0.1416717 0.2500124
sample estimates:
    p
0.19
```

此时,$p$ 的 95% 置信区间为(0.1417,0.2500),其长度比修正的缩短了。

### 3.3.4　两个总体均值之差的区间估计

在 R 语言中可以编写函数求置信区间,函数 two.sample.ci()的定义如下:

```
two.sample.ci <- function(x, y, conf.level = 0.95, sigma1, sigma2 ){
    options(digits = 4)
    m = length(x); n = length(y)
    xbar = mean(x) - mean(y)
    alpha = 1 - conf.level
    zstar = qnorm(1 - alpha/2) * (sigma1/m + sigma2/n)^(1/2)
    # 函数 qnorm()的返回值是给定概率 p 后的下分位点
    xbar + c( - zstar, + zstar)
}
```

在 R 中各种概率函数都有统一的形式,即一套统一的前缀＋分布函数名:

d——表示密度函数;p——表示累积分布函数;q——表示分位数函数,能够返回特定分布的分位数;r——表示随机函数,生成特定分布的随机数。

一共提供了 4 类有关统计分布的函数(密度函数、累计分布函数、分位函数、随机数函数)。

(1) 正态分布的函数是 norm,使用命令 dnorm(0)即可获得正态分布的密度函数在 0

处的值为 0.3989(默认为标准正态分布)。

(2) 同理,pnorm(0)是 0.5,就是正态分布的累计密度函数在 0 处的值。

(3) 而 qnorm(0.5)则得到的是 0,即标准正态分布在 0.5 处的分位数是 0(比较常用的 qnorm(0.975),就是估计中经常用到的 1.96)。

(4) 最后一个 rnorm(n),则是按正态分布随机产生 n 个数据。

**例 3-4** 为比较两个小麦品种的产量,选择 18 块条件相似的试验田,采用相同的耕作方法做实验,结果播种甲品种的 8 块实验田的单位面积产量和播种乙品种的 10 块实验田的单位面积产量分别为甲品种,628、583、510、554、612、523、530、615;乙品种,535、433、398、470、567、480、498、560、503、426。

假定每个品种的单位面积产量均服从正态分布,甲品种产量的方差为 2140,乙品种产量的方差为 3250,试求这两个品种平均面积产量差的置信区间(取 $\alpha = 0.05$)。

用 R 语言进行两个总体均值的区间估计直接利用上面编写的函数 two.sample.ci():

```
x < - c(628,583,510,554,612,523,530,615)
y < - c(535,433,398,470,567,480,498,560,503,426)
sigma1 < - 2140
sigma2 < - 3250
two.sample.ci(x,y,conf.level = 0.95, sigma1,sigma2)
```

结果显示如下:

```
[1]  34.67  130.08
```

所以,这两个品种平均面积产量差的置信水平 0.95 的置信区间为(34.67,130.08)。

小样本估计的 R 语言如下:

```
x < - c(28.3,30.1,29.0,37.6,32.1,28.8,36.0,37.2,38.5,34.4,28.0,30.0)
y < - c(27.6,22.2,31.0,33.8,20.0,30.2,31.7,26.0,32.0,31.2,33.4,26.5)
t.test(x, y, var.equal = TRUE)
# 如果不知道两种品种产量的方差但已知两者相等,此时需在 t.test( )中指定 # 选项 var.equal =
TRUE.
```

运行结果如下:

```
Two Sample t - test
data: x and y
t = 2.2, df = 22, p - value = 0.04
alternative hypothesis: true difference in means is not equal to 0
95 percent confidence interval:
     0.1403  7.2597
sample estimates:
mean of x mean of y
     32.5  28.8
```

**例 3-5** 现有两种方法可以组装产品。假定第一种方法随机安排 12 个工人,第二种方法随机安排 8 个工人,即 $n_1 = 12$、$n_2 = 8$,组装产品所需时间的具体数据如表 3-1 所示。

表 3-1　两种方法组装产品所需的时间　　　　　　　　单位：min

| 方法 1 | 方法 2 | 方法 1 | 方法 2 |
|---|---|---|---|
| 28.3 | 27.6 | 36.0 | 31.7 |
| 30.1 | 22.2 | 37.2 | 26.5 |
| 29.0 | 31.0 | 38.5 | — |
| 37.6 | 33.8 | 34.4 | — |
| 32.1 | 20.0 | 28.0 | — |
| 28.8 | 30.2 | 30.0 | — |

R 程序如下：

```
x < - c(28.3,30.1,29.0,37.6,32.1,28.8,36.0,37.2,38.5,34.4,28.0,30.0)
y < - c(27.6,22.2,31.0,33.8,20.0,30.2,31.7,26.5)
t.test(x,y,var.equal = FALSE)
```

运行结果如下：

```
Welch Two Sample t - test
data: x and y
t = 2.3, df = 13, p - value = 0.04
alternative hypothesis: true difference in means is not equal to 0
95 percent confidence interval:
     0.1989  9.0511
sample estimates:
mean of x mean of y
     32.50   27.88
```

**例 3-6**　甲、乙两台机床分别加工某种轴承，轴承的直径分别服从正态分布 $N(\mu_1,\sigma_1^2)$ 和 $N(\mu_2,\sigma_2^2)$，从各自加工的轴承中分别抽取若干个轴承测其直径，结果如表 3-2 所示。试求两台机床加工的轴承直径的方差比 $\sigma_1^2/\sigma_2^2$ 的 0.95 置信区间。

表 3-2　机床加工的轴的直径数据

| 总　　体 | 样 本 量 | 直径/mm |
|---|---|---|
| X（机床甲） | 8 | 20.5　19.8　19.7　20.4　20.1　20.0　19.0　19.9 |
| Y（机床乙） | 7 | 20.7　19.8　19.5　20.8　20.4　19.6　20.2 |

R 程序如下：

```
> x < - c(20.5,19.8,19.7,20.4,20.1,20.0,19.0,19.9)
> y < - c(20.7,19.8,19.5,20.8,20.4,19.6,20.2)
> var.test(x,y)
```

运行结果如下：

```
F test to compare two variances
data: x and y
F = 0.79, num df = 7, denom df = 6, p - value = 0.8
alternative hypothesis: true ratio of variances is not equal to 1
95 percent confidence interval:
```

```
      0.1393 4.0600
sample estimates:
ratio of variances
            0.7932
```

可见,两台机床加工的轴承的直径的方差比 $\sigma_1^2/\sigma_2^2$ 的 0.95 置信区间为 $(0.1393, 4.0600)$。结果中 sample estimates 给出的是方差比 $\sigma_1^2/\sigma_2^2$ 的矩估计值 0.7932。

### 3.3.5　两个总体比例之差的区间估计

**例 3-7**　据一项市场调查,在 A 地区被调查的 1000 人中有 478 人喜欢品牌 K,在 B 地区被调查的 750 人中有 246 人喜欢品牌 K,试估计两地区人们喜欢品牌 K 比例差的 95% 置信区间。

**解**:可以利用 R 中的内置函数 prop.test() 求两总体的比例差的置信区间,在 R 中运行如下代码。

```
> like < - c(478, 246)
> people < - c(1000, 750)
> prop.test(like, people)
```

得到的结果如下:

```
2 - sample test for equality of proportions with continuity correction
data: like out of people
X - squared = 39, df = 1, p - value = 4e - 10
alternative hypothesis: two.sided
95 percent confidence interval:
     0.1031 0.1969
sample estimates:
prop 1 prop 2
     0.478 0.328
```

可以看出 A 地区喜欢品牌 K 的人更多,且 A、B 两地区喜欢品牌 K 的比例之差的 95% 的置信区间为 $(0.1031, 0.1969)$。

**注意**:例 3-7 的结果实际上是经过连续性修改后得到的。

根据 prop.test() 函数也可以自己编写没有修正的两比例之间的区间估计函数 ratio.ci():

```
ratio.ci < - function(x, y, n1, n2, conf.level = 0.95){
    xbar1 = x/n1;
    xbar2 = y/n2;
    xbar = xbar1 - xbar2;
    alpha = 1 - conf.level;
    zstar = qnorm(1 - alpha/2) * (xbar1 * (1 - xbar1)/n1 + xbar2 * (1 - xbar2)/n2)^(1/2);
    xbar + c( - zstar, + zstar)
}
```

将 ratio.ci() 函数用到例 3-7 中,运行如下代码:

```
ratio.ci(478,246,1000,750,conf.level = 0.95)
```

得到结果如下：

```
[1] 0.1043 0.1957
```

这时,两比例之差的95%的置信区间为(0.1043,0.1957),长度修正的结果略小了些。

## 3.4 估计总体均值时样本量的确定

在R中可以定义如下函数 size. norm1()求样本容量。

```
size.norm1 < - function(d,var,conf.level) {
    alpha = 1 - conf.level
    ((qnorm(1 - alpha/2) * var^(1/2))/d)^2
}
```

在R中可以通过循环确定样本容量,size. norm2()的定义如下:

```
size.norm2 < - function(s,alpha,d,m){
    t0 < - qt(alpha/2,m,lower.tail = FALSE)
    n0 < - (t0 * s/d)^2
    t1 < - qt(alpha/2,n0,lower.tail = FALSE)
    n1 < - (t1 * s/d)^2
    while(abs(n1 - n0)> 0.5){
        n0 < - (qt(alpha/2,n1,lower.tail = FALSE) * s/d)^2
        n1 < - (qt(alpha/2,n0,lower.tail = FALSE) * s/d)^2
    }
    n1
}
```

说明: $m$ 是事先给定的一个很大的数。

**例 3-8** 某公司生产了一批新产品,产品总体服从正态分布,现要估计这批产品的平均质量,最大允许误差为2,样本标准差 $S=10$,试问 $\alpha=0.01$ 下要抽取多少样本。

**解**: 在R中运行如下程序。

```
> size.norm2(10,0.01,2,100)
```

运行结果如下:

```
[1] 169.7
```

也就是说,在最大允许误差为2时,应抽取170个样本。

**例 3-9** 抽查用克矽平质量的矽肺病患者10人,得到他们治疗前后的血红蛋白差(单位: g)如下: $2.7, -1.2, -1.0, 0, 0.7, 2.0, 3.7, -0.6, 0.8, -0.3$。现要检验治疗前后血红蛋白差是否服从正态分布($\alpha=0.05$)。

**解**: 把观测值按非降序排列成 $-1.2, -1.0, -0.6, -0.3, 0, 0.7, 0.8, 2.0, 2.7, 3.7$。 $n=10, \alpha=0.05, W_{1-0.05}=0.842$,所以拒绝域为 $\{W \leqslant 0.842\}$。

将排列后的数据填表,其中 $a_i(W)$ 这一列的值是由 GB/T 4882—2001(《数据的统计处理和解释正态性检验》)根据 $n$ 的值查得的。为了计算统计量,列出如表 3-3 所示的计算表。

表 3-3　矽肺病患者的相关数据

| $i$ | $x_{(i)}$ | $x_{(n+1-i)}$ | $x_{(n+1-i)} - x_{(i)}$ | $a_i(W)$ |
|---|---|---|---|---|
| 1 | $-1.2$ | 3.7 | 4.9 | 0.5739 |
| 2 | $-1.0$ | 2.7 | 3.7 | 0.3291 |
| 3 | $-0.6$ | 2.0 | 2.6 | 0.2141 |
| 4 | $-0.3$ | 0.8 | 1.1 | 0.1224 |
| 5 | 0 | 0.7 | 0.7 | 0.0399 |

其中,$x_{(i)}$ 为观察值的前一半按照升序排列,$x_{(n+1-i)}$ 为大的一半按照降序排列,计算出:

$$\sum_{i=1}^{10} x_{(i)} = 6.8, \quad \sum_{i=1}^{10} x_{(i)}^2 = 29, \quad \sum_{i=1}^{10} (x_{(i)} - \overline{X})^2 = 24.376,$$

$$\sum_{i=1}^{5} a_i(W)[x_{(n+1-i)} - x_{(i)}] = 4.749\,01,$$

$$W = \frac{4.74901^2}{24.376} = 0.9252$$

对于显著性水平 $\alpha = 0.05$,查表知,$n = 10$ 时,$p_{0.05} = 0.842$。由于 $0.9252 > 0.842$,所以不拒绝正态性的原假设。

## 3.5　R 语言中的 Shapiro-Wilk 检验

shapiro.test(x) 函数只有一个参数,即数据集 $x$。$x$ 可以是数值型向量,但是非丢失数据需要在 3~5000 范围内。

**例 3-10**　现有 11 个随机抽取的样本的体重数据为 148、154、158、160、161、162、166、170、182、195、236。

编写 R 语言如下:

```
> k <- c(148 ,154, 158, 160, 161, 162, 166, 170, 182, 195, 236)
> shapiro.test(k)
     Shapiro - Wilk normality test
data:k
W = 0.7888, p - value = 0.006704
```

结果中 $W$ 统计量为 0.7888,非常接近于 0,但是其 $P$ 值小于 0.05,因此可以拒绝原假设,即该数据不符合正态分布。因此,在这个例子中也可以发现较大的 $W$ 统计量的情况下,依然可能拒绝其符合正态分布。

```
> shapiro.test(rnorm(100, mean = 5, sd = 3))
     Shapiro - Wilk normality test
data: rnorm(100, mean = 5, sd = 3)
W = 0.9926, p - value = 0.863
> shapiro.test(runif(100, min = 2, max = 4))
     Shapiro - Wilk normality test
data: runif(100, min = 2, max = 4)
W = 0.9561, p - value = 0.00214
```

在这个例子中,第一个命令是检验一个随机生产的 100 个数据,该数据集符合均值为 5、标准差为 3 的正态分布,其 W 统计量接近 1,P 值显著大于 0.05,不能拒绝其符合正态分布。第二个命令检验一个随机产生的 100 个数据,但是该数据是符合最小值为 2、最大值为 4 的均匀分布,其 W 统计量也是接近 1,但是其 P 值小于 0.05,所以有足够理由拒绝其符合正态分布的说法。

## 本章小结

本章都是关于参数估计的内容。首先,介绍了参数估计的原理,总体方差、总体比例的区间估计,统计量的分布($\chi^2$ 分布、$t$ 分布和 $F$ 分布);其次,介绍了如何运用参数估计的区间估计进行 R 编程计算;最后,介绍了 Shapiro-Wilk 检验的 R 语言编程。

## 思考与练习

1. 为了解居民用于服装消费的支出情况,随机抽取 90 户居民组成一个简单的随机样本,计算得到样本均值为 810 元,样本标准差为 85 元,试建立该地区每户居民平均用于服装消费支出的 95% 的置信区间。

2. 某市为了解居民住房情况,抽查了 $n = 2000$ 户家庭,其中人均不足 $5m^2$ 困难户有 $x = 214$ 个,通过样本信息计算该市困难户比率 $P$ 的置信区间(置信度为 0.95)。

3. 从一份共有 3062 人的人名名录中随机抽取 300 人,发现 42 人的地址已变动,试以 95% 的置信度估计这份名录中需要修改地址的比例。

# 第4章 假设检验

## 本章学习目标

- 掌握假设检验的思想。
- 理解总体方差、总体比例的假设检验。
- 学会对方差齐性假设的统计推断。
- 能用 R 编程实现总体比率或百分比的假设检验。

假设检验和参数估计是统计推断的两个组成部分,它们都是利用样本对总体进行某种推断。假设检验也称为显著性检验,是事先做出一个关于总体参数的假设,然后利用样本信息来判断原假设是否合理,即判断样本信息与原假设是否有显著差异,从而决定应接受或否定原假设的统计推断方法。对总体做出的统计假设进行检验的方法的依据是概率论中的"小概率事件实际不可能发生"原理。参数估计是用样本统计量估计总体参数的方法,总体参数在估计之前是未知的。假设检验则是先对总体提出一个假设,然后利用样本信息去检验这个假设是否成立。本章讨论的内容是如何利用样本信息,对假设成立与否做出判断的一套程序。

## 4.1 假设检验的基本问题

现实生活中有很多实际问题,需要通过部分信息量对某种看法进行判定或估计,这些问题可以归结为假设检验的问题。

**例 4-1** 剑鱼的身体可以吸收水银,而水银含量超过 $1.00$ppm(百万分之一)的剑鱼在被人类食用时对人体有害。有以下 28 条剑鱼的水银含量样本:$0.07, 0.24, 0.39, 0.54, 0.61, 0.72, 0.81, 0.82, 0.84, 0.91,$ $0.95, 0.98, 1.02, 1.08, 1.14, 1.20, 1.20, 1.26, 1.29, 1.31, 1.37, 1.40,$ $1.44, 1.58, 1.62, 1.68, 1.85, 2.10$。根据以上样本数据构造总体平均水银浓度(均值)的 $95\%$ 置信区间,如何解释这个置信区间呢?

**解**：假设剑鱼的水银含量为 $X \sim N(\mu, \sigma^2)$，$\dfrac{\overline{X} - \mu}{S/\sqrt{n}} \sim t(n-1)$，根据样本数据可计算出样本均值 $\overline{X} = 1.09$，样本方差 $S = 0.48$，样本容量 $n = 28$。

根据 $P\left(-t_{\frac{a}{2}}(n-1) \leqslant \dfrac{\overline{X} - \mu}{S/\sqrt{n}} \leqslant t_{\frac{a}{2}}(n-1)\right) = 1 - \alpha$，可知

$$\mu \in \left[\overline{X} - t_{\frac{a}{2}}(n-1)\frac{S}{\sqrt{n}}, \overline{X} + t_{\frac{a}{2}}(n-1)\frac{S}{\sqrt{n}}\right]$$

代入已知数据得 $t_{0.025}(27) = 2.05$。

所以，总体平均水银含量的 95% 置信区间是 $[0.90, 1.27]$。

但是，剑鱼的水银含量是否超标？这样构造的 $1 - \alpha$ 置信区间的长度是否最短？这些问题还值得进一步探讨。

实际生活中的假设检验问题都是事先做出关于总体参数、分布形式、相互关系等的命题(关于总体的某个假设)，然后通过样本信息来判断该命题是否成立(样本的信息检验)。例如，产品自动生产线工作是否正常？某种新生产方法是否会降低产品成本？治疗某疾病的新药是否比旧药疗效更高？厂商声称产品质量符合标准，是否可信？这些问题都是典型的假设检验问题。

利用假设检验进行推断的基本原理是，小概率事件在一次试验中几乎不会发生。如果对总体的某种假设是真实的(如学生上课平均出勤率≥95%)，那么不利于或不能支持这一假设的事件 A(小概率事件，如样本出勤率=55%)在一次试验中几乎不可能发生；要是在一次试验中 A 竟然发生了(样本出勤率=55%)，就有理由怀疑该假设的真实性，拒绝提出的假设。总之，假设检验有助于确定差异是确实存在的还是偶然发生的。

### 4.1.1 原假设与备择假设

原假设通常是研究者想收集证据予以反对的假设，用 $H_0$ 表示。例如，$H_0$ 表示 $\mu = 1$，原假设的下标用 0 表示，也称为零假设。原假设总是包含等于(=)、大于或等于(≥)、小于或等于(≤)。

备择假设通常是研究者想收集证据予以支持的假设，与原假设对立。用 $H_1$ 表示，如：$H_1: \mu \neq 1$，总是包含不等于(≠)、大于(>)、小于(<)。

例 4-1 中的原假设是剑鱼总体平均的平均水银含量等于 1ppm，即总体均值等于 1。形式上写作 $H_0$ 表示 $\mu = 1$。备择假设是原假设的逻辑上的反面假设。形式上写作 $H_1$ 表示 $\mu \neq 1$，通常是被认为可能比原假设更符合数据所代表的现实。至于是否显著，依检验结果而定。因此，假设检验也被称为显著性检验。

原假设和备择假设是互斥的，它们中仅有一个正确，等于必须出现在原假设中。检验以"假定原假设为真"开始，如果得到矛盾说明备择假设正确。

假设检验最常见的 3 种情况分别是双侧检验、左侧检验和右侧检验，如表 4-1 所示。

表 4-1 假设检验最常用的有 3 种情况

| 假 设 检 验 | 双 侧 检 验 | 左 侧 检 验 | 右 侧 检 验 |
|---|---|---|---|
| $H_0$ | $\mu = \mu_0$ | $\mu \geqslant \mu_0$ | $\mu \leqslant \mu_0$ |
| $H_1$ | $\mu \neq \mu_0$ | $\mu < \mu_0$ | $\mu > \mu_0$ |

参数估计的目的是找出参数取值等于多少,或者找出参数的取值范围,并给出其置信水平。假设检验的兴趣则是,了解参数是否等于某个特别感兴趣的取值。对于例 4-1,读者感兴趣的是,样本所代表的剑鱼总体的平均水银浓度是否确实大于或等于 1。假设检验方法通常假定总体的未知参数等于某个取值,然后根据统计原理推断该假设是否成立(反证法)。

在实际应用中,一般是先给定了显著性水平,这样就可以由有关的概率分布表查到临界值 $Z_\alpha$,从而确定 $H_0$ 的接受域和拒绝域。对于不同形式的假设,$H_0$ 的接受域和拒绝域也有所不同。

双侧检验的拒绝域位于统计量分布曲线的两侧,左侧检验的拒绝域位于统计量分布曲线的左侧,右侧检验的拒绝域位于统计量分布曲线的右侧。

### 4.1.2 两类错误

对于原假设提出的命题,需要做出判断,这种判断可以用"原假设正确"或"原假设错误"来表述。当然,这是依据样本提供的信息进行判断的,也就是由部分来推断总体。当然不能从绝对意义上判断,而只能从统计意义上来判断。对总体做出的统计假设进行检验的方法的依据是概率论中的小概率原理。

小概率原理是指发生概率很小的随机事件在一次试验中是几乎不可能发生的。但是,小概率事件并不等于绝对不发生! 因此,判断有可能正确,也有可能不正确。也就是说,可能面临着犯错误。所犯的错误有两种类型,第 I 类错误是原假设为真却被拒绝了,犯这种错误的概率用 $\alpha$ 表示,所以也称为 $\alpha$ 错误,或弃真错误。也就是说,$\alpha$ 错误表示原假设本来是对的,但是却错误地拒绝了原假设。第 II 类错误是原假设为伪,但却没有被拒绝,犯这种错误的概率用 $\beta$ 表示,所以也称为 $\beta$ 错误或取伪错误。也就是说,$\beta$ 错误指本来是备选假设正确,但是没有拒绝原假设。原假设和备选假设哪一个正确,是确定性的,没有概率可言。而可能犯错误的是人。负责任的态度是无论做出什么决策,都应该给出该决策可能犯错误的概率。

那么,$\alpha$ 错误和 $\beta$ 错误分别意味着什么呢?

$\alpha$ 错误:原假设 $H_0$ 表示 $\mu=1$ 是正确的,即剑鱼总体平均的平均水银含量等于 1ppm,但做出了错误的判断,认为 $H_0$ 表示 $\mu \neq 1$,即在假设检验中拒绝了本来是正确的原假设,这时犯了弃真错误。

$\beta$ 错误:原假设 $H_0$ 表示 $\mu=1$ 是错误的,即剑鱼总体平均的平均水银含量不是等于 1ppm,但做出了错误的判断,认为 $H_0$ 表示 $\mu=1$,即在假设检验中没有拒绝本来是错误的原假设,这时犯了取伪错误。

对一定的样本量 $n$,不能同时减小犯这两种错误的概率。如果减小 $\alpha$ 错误,则会增大 $\beta$ 错误的机会;如果减小 $\beta$ 错误,则会增大 $\alpha$ 错误的概率。

图 4-1 是假设检验中两类错误的示意图。

图 4-1(a)显示,如果原假设 $H_0$ 表示 $\mu=\mu_0$ 为真,样本的观察结果应当在 $\mu_0$ 附近,落入阴影中的概率为 $\alpha$,这里根据样本的观察结果做出判断决策,如果观察结果落入图 4-1(a)中的阴影部分,便拒绝原假设,这时便犯了弃真错误,尽管犯这个错误的概率比较小,但这种错误是不可避免的。图 4-1(b)显示,如果原假设为伪,被检验的参数 $\mu>\mu_0$,那么当样本观

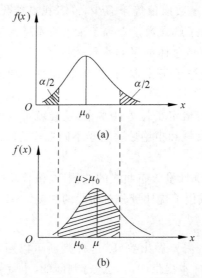

图 4-1　假设检验中两类错误的示意图

察结果落入阴影 $\beta$ 中时,这里还是把 $\mu$ 看成 $\mu_0$,而没有拒绝,这时便犯了取伪错误,其概率为 $\beta$。还可以看出,如果临界点沿水平方向两侧移动,$\alpha$ 将变小而 $\beta$ 将变大;如果向中间移动,$\alpha$ 将变大而 $\beta$ 将变小。这也说明了在假设检验中 $\alpha$ 和 $\beta$ 此消彼长的关系。

### 4.1.3　假设检验的步骤

一个完整的假设检验问题,通常包括以下 5 个步骤。

第 1 步,根据问题要求提出原假设和备择假设。

第 2 步,确定适当的检验统计量及相应的抽样分布。

检验统计量是根据样本观测结果计算得到的,据已对原假设和备择假设做出决策的某个统计量,不同的总体参数适用的检验统计量不同。在具体问题中,选择什么统计量,需要考虑:总体方差是已知还是未知,样本是大样本还是小样本。假设检验中用到的检验统计量,都是标准化检验统计量,反映了点估计量与假设的总体参数相比相差多少个标准差。

第 3 步,选取显著性水平,确定原假设的接受域和拒绝域。

第 4 步,计算检验统计量的值。

第 5 步,做出统计决策。

上述 5 个步骤中,选择合适的假设是前提,而构造合适的统计量是关键。值得注意的是,进行假设检验用的统计量与参数估计用的随机变量在形式上是一致的,每个区间估计都对应一个假设检验法。

### 4.1.4　区间估计与假设检验

区间估计与假设检验既存在区别又存在联系。两者的主要区别体现在以下两方面。

(1) 区间估计通常求得的是以样本估计值为中心的双侧置信区间,而假设检验以假设总体参数值为基准,不仅有双侧检验也有单侧检验。

(2) 区间估计立足于大概率,通常以较大的把握程度(置信水平)$1-\alpha$ 保证总体参数的置信区间。而假设检验立足于小概率,通常是给定很小的显著性水平 $\alpha$ 检验对总体参数的先验假设是否成立。

区间估计与假设检验的共同点包括以下两方面。

(1)两者都是根据样本信息对总体参数进行推断的,都是以抽样分布为理论依据,都是建立在概率基础上的推断,推断结果都有一定的可信程度或风险。

(2)对同一问题的参数进行推断,二者使用的是同一样本、同一统计量、同一分布,因而二者可以相互转换。区间估计问题可以转换成假设检验问题,假设检验问题也可转换成区间估计问题。区间估计中的置信区间对应于假设检验中的接受域,置信区间以外的区域就是假设检验中的拒绝域。

### 4.1.5 利用 $P$ 值进行决策

$P$ 值是指在一个假设检验问题中,由检验统计量的样本观察值得出的原假设可被拒绝的最小显著性水平。若 $\alpha \geqslant P$ 值,则拒绝原假设;若 $\alpha < P$ 值,则接受原假设。

$P$ 值是用于确定是否拒绝原假设的一个重要工具,它有效地补充了提供的关于检验结果可靠性的有限信息。为了便于理解,本书统一使用符号 $z$ 表示检验统计量,$z_c$ 表示根据样本数据计算得到的检验统计量值。

对于假设检验的 3 种基本形式,$P$ 值的一般表达式如下。

(1)双侧检验:原假设 $H_0$ 表示 $\mu = \mu_0$;备择假设 $H_1$ 表示 $\mu \neq \mu_0$。

$P$ 值是当 $\mu = \mu_0$ 时,检验统计量的绝对值大于或等于根据实际观测样本数据计算得到的统计量观测值的绝对值的概率,即 $P$ 值 $= P(|z| \geqslant |z_c| \mid \mu = \mu_0)$。

(2)左单侧检验:原假设 $H_0$ 表示 $\mu \geqslant \mu_0$;备择假设 $H_1$ 表示 $\mu < \mu_0$。

$P$ 值是当 $\mu = \mu_0$ 时,检验统计量小于或等于根据实际观测样本数据计算得到的统计量观测值的绝对值的概率,即 $P$ 值 $= P(z \leqslant z_c \mid \mu = \mu_0)$。

(3)右单侧检验:原假设 $H_0$ 表示 $\mu \leqslant \mu_0$;备择假设 $H_1$ 表示 $\mu > \mu_0$。

$P$ 值是当 $\mu = \mu_0$ 时,检验统计量大于或等于根据实际观测样本数据计算得到的统计量观测值的绝对值的概率,即 $P$ 值 $= P(z \geqslant z_c \mid \mu = \mu_0)$。

## 4.2 一个总体参数的检验

### 4.2.1 总体均值的假设检验

4.1 节介绍了假设检验的基本原理和步骤,本节主要通过实例介绍对总体均值进行假设检验方法的应用。在实际检验时,与进行区间估计类似,通常要依据研究问题的不同而采用不同的处理方法,具体包括大样本情况下对单一总体均值的假设检验、小样本情况下对单一总体均值的假设检验等几种情况。

根据假设检验的不同内容和进行检验的不同条件,需要采用不同的检验统计量,在一个总体参数的检验中,用到的检验统计量有 3 个:$z$ 统计量、$t$ 统计量和 $\chi^2$ 统计量。

在对总体均值进行假设检验时,需要考虑总体是否为正态分布,总体方差是否已知,用于构造统计量的样本是大样本(通常要求 $n \geqslant 30$)还是小样本($n < 30$)等几种不同情况。

**1. 正态总体、方差已知,或非正态总体、大样本**

1) 方差($\sigma^2$)已知

当总体服从正态分布且方差($\sigma^2$)已知,或者总体不是正态分布但为大样本时,样本均值的抽样分布均为正态分布,其数学期望为总体均值 $\mu$,方差为 $\sigma^2/n$。而样本均值经过标准化以后的随机变量服从标准正态分布,即

$$z = \frac{\overline{X} - \mu}{\sigma/\sqrt{n}}$$

针对不同的实际情况,需要分 3 种情况进行求解。

(1) 双侧检验的求解步骤:首先,确定原假设 $H_0$ 表示 $\mu = \mu_0$;备择假设 $H_1$ 表示 $\mu \neq \mu_0$。其次,构造并计算检验统计量 $z = \frac{\overline{X} - \mu_0}{\sigma/\sqrt{n}}$;规定显著性水平 $\alpha$,查表得临界值 $z_{\alpha/2}$;进行决策。若样本统计量 $|z| \geq |z_{\alpha/2}|$,则拒绝 $H_0$;否则接受 $H_0$。

(2) 左单侧检验:首先,确定原假设 $H_0$ 表示 $\mu \geq \mu_0$;备择假设 $H_1$ 表示 $\mu < \mu_0$。其次,构造并计算检验统计量 $z = \frac{\overline{X} - \mu_0}{\sigma/\sqrt{n}}$;规定显著性水平 $\alpha$,查表得临界值 $z_\alpha$;进行决策。若样本统计量 $z \leq z_\alpha$,则拒绝 $H_0$,否则接受 $H_0$。

(3) 右单侧检验:首先,确定原假设 $H_0$ 表示 $\mu \leq \mu_0$;备择假设 $H_1$ 表示 $\mu > \mu_0$。其次,构造并计算检验统计量 $z = \frac{\overline{X} - \mu_0}{\sigma/\sqrt{n}}$;规定显著性水平 $\alpha$,查表得临界值 $z_\alpha$;进行决策。若样本统计量 $z \geq z_\alpha$,则拒绝 $H_0$;否则接受 $H_0$。

**例 4-2** 已知某型号手机的使用寿命服从正态分布,根据历史数据,其平均使用寿命为 8000 小时,标准差为 370 小时。现采用价位较低的新设备进行生产,随机抽取了 100 个产品进行检测,得到样本均值为 7920 小时。在 5% 的显著性水平下,新的手机性能是否比原来下降?

这是一个左单侧检验问题,抽样是为了检测新机器生产的产品使用寿命是否达到标准,这里关心的是使用寿命的下限。如果新产品的使用寿命与过去相比没有明显降低,则说明所使用的新机器合格;反之,则说明新机器不合格。检验过程如下。

首先,提出假设,原假设 $H_0$ 表示 $\mu \geq 8000$,备择假设 $H_1$ 表示 $\mu < 8000$。

已知总体标准差 $\sigma$,此问题是一个大样本抽样问题,所以选用 $z$ 统计量。

在显著性水平 $\alpha = 0.05$ 下,进行单侧检验,查表可以得知临界值为 $z_\alpha = 1.645$。

计算统计量 $z$ 的值:

$$z = \frac{\overline{X} - \mu_0}{\sigma/\sqrt{n}} = \frac{7920 - 8000}{370/\sqrt{100}} = -2.16$$

最后,进行验证判断。由于 $|z| > |z_\alpha|$,落在拒绝域;故拒绝原假设 $H_0$,即认为该型号手机的使用寿命明显降低,新机器不合格。

2) 方差($\sigma^2$)未知、大样本

如果总体服从正态分布但方差($\sigma^2$)未知,或总体并不服从正态分布,只要是在大样本条

件下,公式中的总体方差可用样本方差 $S^2$ 代替,这时总体均值在 $1-\alpha$ 置信水平下的置信区间可以写为

$$z = \frac{\overline{X} - \mu}{S/\sqrt{n}}$$

**2. 正态总体、方差未知、小样本**

如果总体服从正态分布,则无论样本量如何,样本均值的抽样分布都服从正态分布。这时,如果总体方差 $\sigma^2$ 未知,而且是在小样本情况下,则需要用样本方差 $S^2$ 代替总体方差 $\sigma^2$。

由于 $\frac{\overline{X}-\mu}{\sigma/\sqrt{n}} : N(0,1)$,$\frac{(n-1)S^2}{\sigma^2} : \chi^2(n-1)$,且两者独立,因此样本均值经过标准化以后的随机变量则服从自由度为 $(n-1)$ 的 $t$ 分布,即

$$t = \frac{\overline{X} - \mu}{S/\sqrt{n}} : t(n-1)$$

**例 4-3** 对蜂蜜产品进行抽样检查,每罐蜂蜜的标准质量是 496g,现随机抽取 10 罐产品,测得每罐质量数据如下(单位:g):496,499,481,499,489,492,491,495,502(质量服从正态分布)。试以 5% 的显著性水平判断这批产品的质量是否合格。

**解**:根据前面的分析,本题为双侧检验问题。检验过程如下。

首先,提出假设。原假设为 $H_0$:$\mu=496$;备择假设为 $H_1$:$\mu \neq 496$。

总体标准差 $\sigma$ 是已知的,本题目为小样本抽样,所以选用 $t$ 统计量。

当显著性水平为时,自由度为 $n-1=9$,根据双侧检验,查表可以得出临界值:$t_{\alpha/2}(9)=2.262$;计算得 $\overline{X}=493$,$S=6.01$。

计算统计量 $t$ 的值:

$$t = \frac{\overline{X}-\mu}{S/\sqrt{n}} = \frac{493.8-496}{6.01/\sqrt{10}} = -1.16$$

最后,进行检验判断。由于 $|t|=1.16$,$|t| < t_{\alpha/2}(9)=2.262$,落在接受域;因此不能拒绝原假设 $H_0$,即不能说明这批产品不符合质量标准。

表 4-2 对总体均值的假设检验统计量做一个总结。

**表 4-2 不同情况下总体均值的假设检验统计量的选择**

| 总 体 分 布 | 样 本 量 | $\sigma$ 已知 | $\sigma$ 未知 |
|---|---|---|---|
| 正态分布 | 大样本($n \geq 30$) | $z = \frac{\overline{X}-\mu}{\sigma/\sqrt{n}}$ | $z = \frac{\overline{X}-\mu}{S/\sqrt{n}}$ |
| | 小样本($n < 30$) | $z = \frac{\overline{X}-\mu}{\sigma/\sqrt{n}}$ | $t = \frac{\overline{X}-\mu}{S/\sqrt{n}}$ |
| 非正态分布 | 大样本($n \geq 30$) | $z = \frac{\overline{X}-\mu}{\sigma/\sqrt{n}}$ | $z = \frac{\overline{X}-\mu}{S/\sqrt{n}}$ |

表 4-3 对总体均值的假设检验方法做一个总结。

表 4-3 总体均值的检验方法

| 检测方法 | 双侧检验 | 左单侧检验 | 右单侧检验 |
|---|---|---|---|
| 检验形式 | $H_0: \mu = \mu_0$ <br> $H_1: \mu \neq \mu_0$ | $H_0: \mu \geq \mu_0$ <br> $H_1: \mu < \mu_0$ | $H_0: \mu \leq \mu_0$ <br> $H_1: \mu > \mu_0$ |
| 检验统计量 | $\sigma$ 已知：$z = \dfrac{\overline{X} - \mu}{\sigma/\sqrt{n}}$; <br><br> 大样本 $\sigma$ 未知：$z = \dfrac{\overline{X} - \mu}{S/\sqrt{n}}$; <br><br> 小样本 $\sigma$ 未知：$t = \dfrac{\overline{X} - \mu}{S/\sqrt{n}}$ | | |
| $\alpha$ 与拒绝域 | $\sigma$ 已知：$\|z\| \geq \|z_{\alpha/2}\|$; <br> 大样本 $\sigma$ 未知：<br> $\|z\| \geq \|z_{\alpha/2}\|$; <br> 小样本 $\sigma$ 未知：<br> $\|t\| \geq \|t_{\alpha/2}\|$ | $\sigma$ 已知：$z \leq z_{\alpha}$; <br> 大样本 $\sigma$ 未知：$z \leq z_{\alpha}$; <br> 小样本 $\sigma$ 未知：$t \leq t_{\alpha/2}$ | $\sigma$ 已知：$z \geq z_{\alpha}$; <br> 大样本 $\sigma$ 未知：$z \geq z_{\alpha}$; <br> 小样本 $\sigma$ 未知：$t \geq t_{\alpha/2}$ |
| $P$ 值决策准则 | $P < \alpha$，拒绝 $H_0$ | | |

### 4.2.2 正态总体比例的假设检验

这里只讨论大样本情况下的总体比例的检验问题。由样本比例 $p$ 的抽样分布可知，当样本量足够大时，比例 $p$ 的抽样分布可用正态分布近似。$p$ 的数学期望为 $E(p) = \pi$；$p$ 的方差为 $\sigma_p^2 = \dfrac{\pi(1-\pi)}{n}$。而样本比例经过标准化后的随机变量则服从标准正态分布，$z$ 统计量的计算公式为

$$z = \frac{p - \pi}{\sqrt{\dfrac{\pi(1-\pi)}{n}}} \sim N(0,1)$$

其中，$p$ 为样本比例，$\pi$ 为总体比例。

**例 4-4** 一项统计结果声称，某市下岗职工中女性所占的比重为 $14.7\%$，该市为了检验该项统计是否可靠，随机抽选了 400 名下岗职工，发现其中有 57 人为女性。调查结果是否支持该市下岗职工中女性比例为 $14.7\%$ 的看法？($\alpha = 0.05$)

**解**：已知 $n = 400$；原假设为 $H_0: \pi = 14.7\%$；备择假设 $H_1: \pi \neq 14.7\%$；$\alpha = 0.05$；样本比例 $p = 0.1425$。

$$z = \frac{p - \pi}{\sqrt{\dfrac{\pi(1-\pi)}{n}}} = \frac{0.1425 - 0.147}{\sqrt{\dfrac{0.147 \times (1 - 0.147)}{400}}} = -0.254$$

$z$ 在 $\alpha = 0.05$ 的水平上，由于 $|z| < |z_{\alpha/2}|$，$z_{\alpha/2} = 1.96$，即 $z$ 的值落入接受域，故不能拒绝 $H_0$，即认为该市下岗职工中女性比例为 $14.7\%$。

### 4.2.3 正态总体方差的假设检验

**1. 对方差齐性假设的统计推断**

如果希望推断两个总体的方差是否相等,可以使用 var. test()函数。var. test()函数的调用方法为 var. test(x,y),其中 x 和 y 为要检验的两个总体的观测变量。

表 4-4 中,如果希望检验男同学和女同学体重的方差是否相等,即检验 $H_o : \sigma_M^2/\sigma_F^2 = 1 \Leftrightarrow H_a : \sigma_M^2/\sigma_F^2 \neq 1$,则可以使用以下的 R 语句:

```
var.test(weight~gender,w)
        F test to compare two variances
data: weight by gender
F = 4.5303, num df = 12, denom df = 11, p-value = 0.01782
alternative hypothesis: true ratio of variances is not equal to 1
95 percent confidence interval:
    1.32095  15.04747
sample estimates:
ratio of variances
        4.530349
```

**表 4-4 某小学 25 名新生的身高和体重数据**

| 序 号 | 身高/cm | 体重/kg | 性 别 |
|---|---|---|---|
| 1 | 119.8 | 22.6 | M |
| 2 | 121.7 | 21.5 | M |
| 3 | 121.4 | 19.1 | M |
| 4 | 124.4 | 21.8 | M |
| 5 | 120.0 | 21.4 | M |
| 6 | 117.0 | 20.1 | M |
| 7 | 118.1 | 18.8 | M |
| 8 | 118.8 | 22.0 | M |
| 9 | 124.2 | 21.3 | M |
| 10 | 124.9 | 24.0 | M |
| 11 | 124.7 | 23.3 | M |
| 12 | 123.0 | 22.5 | M |
| 13 | 118.3 | 20.4 | F |
| 14 | 121.3 | 20.0 | F |
| 15 | 121.8 | 26.6 | F |
| 16 | 124.2 | 22.1 | F |
| 17 | 123.5 | 23.2 | F |
| 18 | 123.0 | 22.9 | F |
| 19 | 134.9 | 32.3 | F |
| 20 | 123.7 | 22.7 | F |
| 21 | 105.2 | 20.2 | F |
| 22 | 112.2 | 20.8 | F |
| 23 | 118.6 | 21.0 | F |
| 24 | 112.0 | 23.2 | F |
| 25 | 121.5 | 24.0 | F |

var. test()函数默认输出两个总体方差比的置信区间。本例中,男生和女生总体方差比的 95% 置信区间为[1.32,15.05],说明男生体重和女生体重的方差有显著性差异。因此,在独立样本均值检验中,应在 t. test()中添加方差不相等的 var=F 选项。

对方差进行检验的步骤与均值检验、比例检验是一样的,主要区别在于所使用的检验统计量不同。方差检验使用的是统计量 $\chi^2 = \dfrac{(n-1)S^2}{\sigma^2}$。

**例 4-5** 一台自动机床加工零件的长度服从 $N(\mu,\sigma^2)$,原来加工精度为 $\sigma_0^2$ 不大于 0.18,经过一段时间后,要检验这一车床生产是否保持原来的加工精度,抽取此车床所加工的 $n=31$ 个零件,测得零件长度分别为 10.1,10.3,10.6,11.2,11.5,11.8,12.0,对应的频数分别为 1,3,7,10,6,3,1。要求在显著性水平 $\alpha=0.05$ 下检验加工精度是否下降。

**解:** 提出假设 $H_0$ 表示 $\sigma^2 \leqslant 0.18$,$H_1$ 表示 $\sigma^2 > 0.18$,统计量为 $\chi^2 = \dfrac{(n-1)S^2}{\sigma_0^2} \sim \chi^2(n-1)$,求得 $\chi^2=44.5$。而由 $\alpha=0.05$,查 $\chi^2$ 分布表得 $\chi_\alpha^2(n-1)=\chi_{0.05}^2(30)=43.8$,可见 $\chi^2=44.5 > 43.8 = \chi_{0.05}^2(30)$。拒绝原假设 $H_0$,说明自动机床工作一段时间后精度变差。

**2. 单样本正态总体均值 $\mu$ 的置信区间与假设检验**

在 R 语言中,t. test()函数可以用于对单样本正态总体均值的统计推断。

现随机调查了某小学 25 名新生的身高和体重,数据文件如表 4-4 所示,保存为 student. sav。

对于表 4-4 中的样本数据,假设体重服从正态分布,如果希望检验所有学生的体重是否等于 20kg($H_0$ 表示 $\mu=20 \Leftrightarrow H_a$ 表示 $\mu \neq 20$),该假设检验的方法示例如下:

```
> t. test(weight,m = 20)
        One Sample t - test
data: weight
t = 4.2816, df = 24, p - value = 0.0002581
alternative hypothesis: true mean is not equal to 20
95 percent confidence interval:
    21.19754 23.42646
sample estimates:
mean of x
    22.312
```

根据 t. test()函数输出结果,因为 $P$ 值 = 0.0002581 < 0.05,所以在 0.05 显著水平下拒绝原假设,即全体同学的体重与 20kg 有显著差异。

t. test()函数还默认会输出总体均值 $\mu$ 的置信区间。在本例中,总体均值 $\mu$ 的 95% 置信区间为[21.2,23.4]。如果希望 t. test()函数输出假设检验的 $P$ 值,而不输出置信区间估计,则使用的 R 语句为 t. test(weight,m=20) $ p. value。如果希望 t. test()函数输出总体均值的 97.5% 置信区间估计,则使用的 R 语句为 t. test(weight,m=20,con=.975) $ con。

t. test()函数也可以进行单侧假设检验。$H_0$ 表示 $\mu=20 \Leftrightarrow H_a$ 表示 $\mu > 20$ 的检验方法示例如下:

```
> t. test(weight,m = 20,alt = "greater")
        One Sample t - test
```

data: weight

t = 4.2816, df = 24, p - value = 0.000129

alternative hypothesis: true mean is greater than 20

如果希望检验 $H_0$ 表示 $\mu = 20 \Leftrightarrow H_a$ 表示 $\mu < 20$，则使用 t. test(weight, m = 20, alt = "less")。

### 3. 独立样本正态总体均值差异 $\mu_1 - \mu_2$ 的置信区间与假设检验

在 R 语句中，两个正态分布总体均值差异的显著性检验也使用 t. test() 函数。

对于表 4-4 中的样本数据，如果希望检验男生体重和女生体重是否有显著性差异，即检验 $H_0$ 表示 $\mu_M = \mu_F \Leftrightarrow H_a$ 表示 $\mu_M \neq \mu_F$，检验方法及结果输出如下：

```
x < - w[w[,3] == "M",2]; x
#将数据框 w 的第 3 列变量 weight 取值为 M 的数据定义为 x;输出 x
[1] 22.6 21.5 19.1 21.8 21.4 20.1 18.8 22.0 21.3 24.0 23.3 22.5
y < - w[w $ gender == "F",2]; y
[1] 20.4 20.0 26.6 22.1 23.2 22.9 32.3 22.7 20.2 20.8 21.0 23.2 24.0
t.test(x,y)
        Welch Two Sample t - test
data: x and y
t = - 1.4522, df = 17.343, p - value = 0.1643
alternative hypothesis: true difference in means is not equal to 0
95 percent confidence interval:
    - 3.6697550    0.6748832
sample estimates:
mean of x    mean of y
    21.53333    23.03077
```

上述独立样本的 $t$ 检验事实上假定两个总体的方差相等。如果两个总体方差不相等，则使用以下语句(var＝F 表示两个总体方差不相等，var＝T 为默认选项)：

```
t.test(x,y,var = F)
        Welch Two Sample t - test
data:    x and y
t = - 1.4522, df = 17.343, p - value = 0.1643
alternative hypothesis: true difference in means is not equal to 0
95 percent confidence interval:
 - 3.6697550    0.6748832
sample estimates:
mean of x    mean of y
21.53333    23.03077
```

上述先定义 x 和 y，然后使用 t. test(x, y) 函数检验独立样本总体均值差异显著性的 3 个 R 语句，等价于如下语句：

```
t.test(weight[gender == "F"],weight[gender == "M"])
```

如果未使用 attach(w) 连接数据框，则可以先用 attach(w) 连接数据框 w；或者使用以下的语句：

```
with(w,t.test(weight[gender == "F"],weight[gender == "M"]))
```

上述独立样本均值差异显著性检验的更简洁的 R 语句示例如下：

```
t.test(weight ~ group, data = w)
        Welch Two Sample t-test
data: weight by gender
t = 1.4522, df = 17.343, p-value = 0.1643
alternative hypothesis: true difference in means is not equal to 0
95 percent confidence interval:
    -0.6748832       3.6697550
sample estimates:
mean in group F    mean in group M
    23.03077         21.53333
```

若两个总体的方差不相等,则使用 t.test(weight~gender,var=F,data=w)语句。

### 4.2.4　正态性检验

因为很多统计方法都是基于正态假设而产生的,长期以来正态性检验一直是统计学领域重要的研究课题。假设 $x_1,x_2,\cdots,x_n$ 是来自总体 $X$ 的一个样本,根据实践经验,可对总体的分布提出如下假设: $H_0$ 表示 $X$ 的分布为 $F(x)=F_0(x)$,其中 $F_0(x)$ 可能是一个完全已知的分布,也可能是含有若干未知参数的已知分布,这类检验问题统称为分布的检验问题。

正态性检验是一种特殊的假设检验,其原假设 $H_0$ 总体为正态分布。正态性检验即检验一批观测值(或对观测值进行函数变换后的数据)或一批随机数是否来自正态总体。这是当基于正态性假定进行统计分析时,如果怀疑总体分布的正态性,应进行正态性检验。但当有充分理论依据或根据以往的信息可确认总体为正态分布时,不必进行正态性检验。当在备择假设中仅指总体的偏度偏离正态分布的峰度,并且有明确的偏离方向时,检验称为有方向的检验。特别当总体的偏度和峰度都偏离正态分布的偏度和峰度时,检验称为多方向的检验。当备择假设为 $H_1$,总体不服从正态分布时,检验为无方向的检验。当不存在关于正态分布偏离的形式的实质性信息时,推荐使用无方向检验。由于有方向检验在实际检验中使用较少,故在此不进行详细的介绍。

正态性检验是用于判断总体分布是否为正态分布的检验。在这种检验中,"样本来自正态分布"是原假设 $H_0$,在 $H_0$ 为真的情况下,根据正态分布的特性和特定的统计思想可以构造一个统计量或一种特定方法,观察其是否偏离正态性。若偏离到一定程度就拒绝 $H_0$,否则就接受 $H_0$。所以,正态性检验是指偏离正态性检验。正态性检验的方法有多种,如 P-P 图法、Q-Q 图法和 $W$ 检验、$D$ 检验、$\chi^2$ 检验等。

图示法相对于其他方法而言,比较直观,方法简单,从图中可以直接判断,无须计算,但这种方法效率不是很高,它所提供的信息只是正态性检验的重要补充。国际标准化组织统计标准分委员会组织统计学家比较了多种正态检验方法,一致认为有两种基于次序统计量的正态检验方法是最好的,即两个无方向检验: Shapiro-Wilk 检验(简称为 $W$ 检验,小样本)和 Epps-Pulley 检验(简称为 EP 检验,样本个数 $n \geqslant 8$,小样本 $(n<8)$ 对偏离正态分布的检验不太有效),这两种方法犯取伪错误的概率是最小的。我国把这两个正态性检验列为

国家标准,编号为 GB/T 4882—2001。对应于 SPSS 软件中,Shapiro-Wilk 的 $W$ 检验如果指定的是非整数权重,则在加权样本大小位于 3～50 时,计算 Shapiro-Wilk 统计量。对于无权重或整数权重,在加权样本大小位于 3～5000 时,计算该统计量。利用两个独立样本对样本来自的两个总体的分布是否存在显著差异进行检验则是两独立样本分布差异的非参数检验,常见方法有 Wilcoxon 秩和检验、Kolmogorov-Smirnov 检验。Kolmogorov-Smirnov 正态性检验是将样本数据的经验累积分布函数与假设数据呈正态分布时期的分布进行比较。如果实测差异足够大,该检验将否定总体呈正态分布的原假设。

### 4.2.5 W 检验

$W$ 检验中原假设 $H_0$ 为总体服从正态分布,备择假设 $H_1$ 为总体不服从正态分布。

$W$ 检验用来检验数据是否符合正态分布,类似于线性回归的方法。线性回归的方法是检验其回归曲线的残差。$W$ 检验是一种基于相关性的算法。计算可得到一个相关系数,它越接近 1,数据和正态分布拟合得越好。该方法推荐在样本量很小时使用,如样本个数为 3～50。接下来叙述 $W$ 检验产生的思想和使用方法。

假设 $x_1, x_2, \cdots, x_n$ 是来自正态总体 $N(\mu, \sigma^2)$ 的一个样本,则 $x_{(1)}, x_{(2)}, \cdots, x_{(n)}$ 为其次序统计量。令 $u_{(i)} = \dfrac{x_{(i)} - \mu}{\sigma}$,则 $u_{(1)}, u_{(2)}, \cdots, u_{(n)}$ 为来自标准正态分布的次序统计量,且有如下关系:

$$x_{(i)} = \mu + \sigma u_{(i)}, \quad i = 1, 2, \cdots, n$$

$W$ 是 $n$ 个数对 $(x_{(1)}, a_1), (x_{(2)}, a_2), \cdots, (x_{(n)}, a_n)$ 之间的相关系数的平方,$W$ 取值范围为 $[0, 1]$。其中,$a' = (a_1, a_2, \cdots, a_n)$,并且具有如下性质:$a_i = -a_{n+1-i}$;$a_1 + a_2 + \cdots + a_n = 0$;$a'a = \sum\limits_{i=1}^{n} a_i^2 = 1$。对于不同的 $n$,系数 $a_1, a_2, \cdots, a_n$ 已经制成表格供查用。在原假设为真时,$W$ 的取值应该接近于 1。

正态性检验的步骤如下。

(1) 将观测值按照非降次序排列成 $x_{(1)} \leqslant x_{(2)} \leqslant \cdots \leqslant x_{(n)}$。

(2) 检验统计量 $W$ 的表达式为 $W = \dfrac{\left[ \sum\limits_{i=1}^{L} a_i(W)(x_{(n+1-i)} - x_{(i)}) \right]^2}{\sum\limits_{i=1}^{n} (x_{(i)} - \bar{x})^2}$,计算统计量 $W$ 的

数值,其中当 $n$ 为偶数时,$L = \dfrac{n}{2}$;$n$ 为奇数时,$L = \dfrac{n-1}{2}$。

(3) 在显著性水平 $\alpha$ $(0 < \alpha < 1)$ 下,$W$ 检验的拒绝域为 $\{W \leqslant p_\alpha\}$,且有 $P\{W \leqslant p_\alpha\} = \alpha$,其中 $p_\alpha$ 为 $W$ 的 $p$ 分位数。

(4) 进行判断。如果 $W < p_\alpha$,则拒绝原假设;否则不能拒绝原假设。

**例 4-6** 抽查用克矽平治疗的矽肺病患者 10 人,得到他们治疗前后的血红蛋白差(单位:g)如下:2.7,−1.2,−1.0,0,0.7,2.0,3.7,−0.6,0.8,−0.3。现要检验治疗前后血红蛋白差是否服从正态分布($\alpha = 0.05$)。

**解**:把观测值按非降序排列,−1.2,−1.0,−0.6,−0.3,0,0.7,0.8,2.0,2.7,3.7。因为 $n = 10$、$\alpha = 0.05$、$W_{1-0.05} = 0.842$,所以拒绝域为 $\{W \leqslant 0.842\}$。将排列后的数据填表,其

中 $a_i(W)$ 这一列的值是由 GB/T 4882—2001 根据 $n$ 的值查得。为了计算统计量,列出如表 4-5 所示的计算表。

表 4-5　矽肺病患者的数据

| $i$ | $x_{(i)}$ | $x_{(n+1-i)}$ | $x_{(n+1-i)} - x_{(i)}$ | $a_i(W)$ |
|---|---|---|---|---|
| 1 | −1.2 | 3.7 | 4.9 | 0.5739 |
| 2 | −1.0 | 2.7 | 3.7 | 0.3291 |
| 3 | −0.6 | 2.0 | 2.6 | 0.2141 |
| 4 | −0.3 | 0.8 | 1.1 | 0.1224 |
| 5 | 0 | 0.7 | 0.7 | 0.0399 |

其中,$x_{(i)}$ 为观察值的前一半按照升序排列,$x_{(n+1-i)}$ 为大的一半按照降序排列计算出:

$$\sum_{i=1}^{10} x_{(i)} = 6.8, \quad \sum_{i=1}^{10} x_{(i)}^2 = 29, \quad \sum_{i=1}^{10} (x_{(i)} - \bar{x})^2 = 24.376, \quad \sum_{i=1}^{5} a_i(W)\left[x_{(n+1-i)} - x_{(i)}\right] = 4.74901 .$$

$W = \dfrac{4.74901^2}{24.376} = 0.9252$,对于显著性水平 $\alpha = 0.05$,查表知 $n = 10$ 时,$p_{0.05} = 0.842$。由于 $0.9252 > 0.842$,因此不拒绝正态性的原假设。

### 4.2.6　Epps-Pulley 检验

Epps-Pulley 检验简称为 EP 检验,是一个无方向检验。这个检验对于样本容量 $n \geqslant 8$ 都可以使用,它是利用样本的特征函数与正态分布特征函数之差的模的平方产生的一个加权积分形成的。EP 检验的原假设是,$H_0$ 为总体服从正态分布。

假设样本的观察值为 $x_1, x_2, \cdots, x_n$,样本均值为 $\bar{x} = \dfrac{1}{n} \sum_i x_i$,记为

$$m_j = \frac{1}{n} \sum_{i=1}^{n} (x_i - \bar{x})^j, \quad j = 2, 3, 4$$

则检验统计量为

$$T_{EP} = 1 + \frac{n}{\sqrt{3}} + \frac{2}{n} \sum_{k=2}^{n} \sum_{j=1}^{k-1} \exp\left\{-\frac{(x_j - x_k)^2}{2m_2}\right\} - \sqrt{2} \sum_{j=1}^{n} \exp\left\{-\frac{(x_j - \bar{x})^2}{4m_2}\right\}$$

对给定的显著性水平,拒绝域为 $W = \{T_{EP} \geqslant T_{EP, 1-\alpha}(n)\}$,临界值可以查表。由于 $n = 200$ 时,统计量 $T_{EP}$ 的分位数已非常接近 $n \to \infty$ 的分位数。故 $n > 200$ 时,$T_{EP}$ 的分位数可以用 $n' = 200$ 时的分位数代替。

此统计量的计算比较复杂,在大样本时可以通过编写程序来完成,步骤如下。

(1) 存储样本量 $n$ 与样本观察值 $x_1, x_2, \cdots, x_n$。

(2) 计算并存储样本均值 $\bar{x}$ 与样本二阶中心矩 $m_2 = \dfrac{1}{n} \sum_{i=1}^{n} (x_i - \bar{x})^2$。

(3) 计算并存储 $A = \sum_{j=1}^{n} \exp\left\{-\dfrac{(x_j - \bar{x})^2}{4m_2}\right\}$。

(4) 计算并存储 $B = \sum\limits_{k=2}^{n} \sum\limits_{j=1}^{k-1} \exp\left\{ -\dfrac{(x_j - x_k)^2}{2m_2} \right\}$。

(5) 计算并输出 $T_{EP} = 1 + \dfrac{n}{\sqrt{3}} + \dfrac{2}{n}B - \sqrt{2}A$。

最后,将输出的 $T_{EP}$ 与查表所得的 $T_{EP,1-\alpha}(n)$ 进行比较,并给出结论。

**例 4-7** 考察某种人造丝纱线的断裂强度的分布类型,为此进行 25 次实验,获得容量为 25 的如下样本:

147   186   141   183   190   123   155   164   183   150   134   170   144   99

156   176   160   174   153   162   167   179   78   173   168

试问该样本是否来自正态分布;若对该样本数据做 10 对数变换 $\lg(204 - x)$ 之后,是否服从正态分布。

**解:** 进行 EP 检验,计算得 $T_{EP} = 0.612$,这里 $n = 25$,$p = 1 - \alpha = 0.99$ 的 $p$ 分位数等于 0.567。由于拒绝域是 $W = \{T_{EP} \geqslant 0.567\}$,因此在显著性水平 0.01 下拒绝关于诸 $x_j$ 的原假设。

对测量值进行变换之后,计算得出 $T_{EP} = 0.006$,这里 $n = 25$、$p = 1 - \alpha = 0.99$ 的 $p$ 分位数等于 0.567。由于拒绝域是 $W = \{T_{EP} \geqslant 0.567\}$,因此在显著性水平 0.01 下不能拒绝原假设。这个例子说明人造丝纱线的断裂强度服从对数正态分布。

## 4.3 两个总体参数的假设检验

对于两个总体,这里关心的参数主要有两个总体的均值之差 $\mu_1 - \mu_2$、两个总体的比例之差 $\pi_1 - \pi_2$、两个总体的方差之比 $\sigma_1^2 / \sigma_2^2$ 等。两个正态总体参数的检验中,检验统计量的选取如图 4-2 所示。

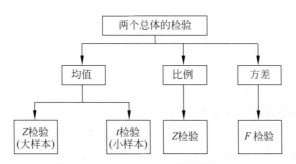

图 4-2 两个总体检验统计量的选取

### 4.3.1 两个总体均值之差的假设检验

假设两个总体的均值分别为 $\mu_1$ 和 $\mu_2$,从两个总体中分别抽取样本量为 $n_1$ 和 $n_2$ 的两个随机样本,其样本均值分别为 $n_1$ 和 $n_2$。两个总体均值之差的估计量显然是两个样本均值之差。

如果两个总体都为正态分布,或两个总体不服从正态分布但两个样本都为大样本($n_1 \geqslant 30$ 和 $n_2 \geqslant 30$),且方差 $\sigma_1^2$ 和 $\sigma_2^2$ 都已知,由于 $\overline{X} \sim N\left(\mu_1, \dfrac{\sigma_1^2}{n_1}\right)$,$\overline{Y} \sim N\left(\mu_2, \dfrac{\sigma_2^2}{n_2}\right)$,且两者独立,根据抽样分布的知识可知:

$$\overline{X} - \overline{Y} \sim N\left(\mu_1 - \mu_2, \frac{\sigma_1^2}{n_1} + \frac{\sigma_2^2}{n_2}\right)$$

所以,

$$z = \frac{(\overline{X} - \overline{Y}) - (\mu_1 - \mu_2)}{\sqrt{\dfrac{\sigma_1^2}{n_1} + \dfrac{\sigma_2^2}{n_2}}} \sim N(0,1)$$

当两个总体的方差 $\sigma_1^2$ 和 $\sigma_2^2$ 都未知时,分两种情况。一种情况是,虽然两个总体方差未知,但是 $\sigma_1^2 = \sigma_2^2$。这时,两个样本均值之差经标准化后服从自由度为 $n_1 + n_2 - 2$ 的 $t$ 分布,即 $t = \dfrac{(\overline{X} - \overline{Y}) - (\mu_1 - \mu_2)}{S_p \sqrt{\dfrac{1}{n_1} + \dfrac{1}{n_2}}} \sim t(n_1 + n_2 - 2)$。检验统计量的计算公式为

$$t = \frac{(\overline{X} - \overline{Y}) - (\mu_1 - \mu_2)}{S_p \sqrt{\dfrac{1}{n_1} + \dfrac{1}{n_2}}}$$

其中,

$$S_p^2 = \frac{(n_1 - 1)S_1^2 + (n_2 - 1)S_2^2}{n_1 + n_2 - 2}$$

另外一种情况是,当两个总体的方差 $\sigma_1^2$ 和 $\sigma_2^2$ 都未知时,无法判定 $\sigma_1^2 = \sigma_2^2$,故认为 $\sigma_1^2 \neq \sigma_2^2$。用两个样本方差 $S_1^2$ 和 $S_2^2$ 来代替,此时抽样分布近似服从自由度为 $v$ 的 $t$ 分布。

$$v = \frac{\left(\dfrac{S_1^2}{n_1} + \dfrac{S_2^2}{n_2}\right)}{\dfrac{\left(\dfrac{S_1^2}{n_1}\right)^2}{n_1 - 1} + \dfrac{\left(\dfrac{S_2^2}{n_2}\right)^2}{n_2 - 1}}$$

这时,检验统计量 $t$ 的计算公式为 $t = \dfrac{(\overline{X} - \overline{Y}) - (\mu_1 - \mu_2)}{\sqrt{\dfrac{S_1^2}{n_1} + \dfrac{S_2^2}{n_2}}}$。

### 4.3.2 两个总体方差之比的区间估计

在实际情况中,经常会遇到比较两个总体的方差的问题。例如,希望比较用两种不同方法生产的产品性能的稳定性,比较不同测量工具的精度等。

由于 $\dfrac{(n_1 - 1)S_1^2}{\sigma_1^2} \sim \chi^2(n_1 - 1)$,$\dfrac{(n_2 - 1)S_2^2}{\sigma_2^2} \sim \chi^2(n_2 - 1)$,且 $S_1^2$ 和 $S_2^2$ 相互独立,因此两个样本的方差比的抽样分布服从 $F$ 分布,$\dfrac{S_1^2}{S_2^2} \cdot \dfrac{\sigma_2^2}{\sigma_1^2} \sim F(n_1 - 1, n_2 - 1)$。

在原假设 $\sigma_1^2 = \sigma_2^2$ 下,检验统计量 $F = \dfrac{S_1^2}{S_2^2}$,此时统计量 $F$ 的两个自由度分别为分子自由度为 $(n_1 - 1)$ 和分母自由度为 $(n_2 - 1)$。

在单侧检验中,一般把较大的 $S^2$ 放在分子 $S_1^2$ 的位置,此时 $F > 1$,拒绝域在 $F$ 分布的右侧,原假设和备择假设分别为 $H_0$ 表示 $\sigma_1^2 \leqslant \sigma_2^2$,$H_1$ 表示 $\sigma_1^2 > \sigma_2^2$。临界点为 $F_a(n_1 - 1,$

$n_2-1$)。在双侧检验中,拒绝域在 $F$ 分布的两侧,两个临界点的位置分别为 $F_{a/2}(n_1-1,n_2-1)$ 和 $F_{1-a/2}(n_1-1,n_2-1)$。

由于 $F$ 分布表中只给出了面积较小的右分位数,此时,可利用下面的关系求得 $F_{1-a/2}$ 的分为数值:

$$F_{1-a/2}(n_1,n_2)=\frac{1}{F_a(n_2,n_1)}$$

其中,$n_1$ 表示分子自由度;$n_2$ 表示分母自由度。

### 4.3.3 两个总体比例之差的检验

根据样本比例的抽样分布可知,从两个二项总体中抽出两个独立的样本,则两个样本比例之差的抽样分布服从正态分布。同样,两个样本的比例之差经标准化后则服从标准正态分布,即

$$z=\frac{(p_1-p_2)-(\pi_1-\pi_2)}{\sqrt{\dfrac{\pi_1(1-\pi_1)}{n_1}+\dfrac{\pi_2(1-\pi_2)}{n_2}}}\sim N(0,1)$$

当两个总体比例 $\pi_1$ 和 $\pi_2$ 未知时,可以用样本比例 $p_1$ 和 $p_2$ 来代替,有以下两种情况。

**1. 检验两个总体比例相等的假设**

该假设的表达式为 $H_0:\pi_1=\pi_2$,在原假设成立的条件下,最佳的方差是 $p(1-p)$,其中 $p$ 是将两个样本合并后得到的比例估计量,即

$$p=\frac{x_1+x_2}{n_1+n_2}=\frac{p_1n_1+p_2n_2}{n_1+n_2}$$

其中,$x_1$ 表示样本 $n_1$ 中具有某种特征的单位数;$x_2$ 表示样本 $n_2$ 中具有某种特征的单位数。

在大样本条件下,统计量 $z$ 的表达式为 $z=\dfrac{p_1-p_2}{\sqrt{p(1-p)\left(\dfrac{1}{n_1}+\dfrac{1}{n_2}\right)}}$。

**2. 检验两个总体比例之差不为零的假设**

这种情况下,就是检验 $\pi_1-\pi_2=d_0(d_0\neq0)$,此时两个样本比例之差 $p_1-p_2$ 近似服从以 $\pi_1-\pi_2$ 为数学期望、$\dfrac{p_1(1-p_1)}{n_1}+\dfrac{p_2(1-p_2)}{n_2}$ 为方差的正态分布,检验统计量

$z=\dfrac{(p_1-p_2)-(\pi_1-\pi_2)}{\sqrt{\dfrac{p_1(1-p_1)}{n_1}+\dfrac{p_2(1-p_2)}{n_2}}}$。

### 4.3.4 总体比率或百分比的检验

对于单样本比率的检验,当样本容量较大时,样本比率的抽样分布近似服从正态分布,可以使用 R 中的 prop.test()进行近似检验;当样本容量较小时,可以使用 binom.test()进行精确检验。

假设某产品的合格率一直保持在 98% 以上。近期随机检测了 20 个产品,合格率为 18,是否可以认为该产品的合格率仍然为 98%?

用 prop.test()进行检验,使用的 R 代码及输出结果示例如下:

```
prop.test(18,20,p=0.98)
        1-sample proportions test with continuity correction
data: 18 out of 20, null probability 0.98
X-squared = 3.0867, df = 1, p-value = 0.07893
alternative hypothesis: true p is not equal to 0.98
95 percent confidence interval:
    0.6687224 0.9824874
sample estimates:
    p
0.9
Warning message:
In prop.test(18, 20, p = 0.98) : Chi-squared approximation may be incorrect
```

因为 $P$ 值=0.079>0.05,所以不能拒绝原假设,认为该产品合格率仍然保持在 98%。由于样本容量较小,R语言输出结果会有警告提示卡方($\chi^2$)近似算法不准确,这时应该使用 binom.test()进行精确检验,示例如下:

```
binom.test(18,20,p=0.98)
        Exact binomial test
data: 18 and 20
number of successes = 18, number of trials = 20, p-value = 0.0599
alternative hypothesis: true probability of success is not equal to 0.98
95 percent confidence interval:
    0.6830173    0.9876515
sample estimates:
probability of success
            0.9
```

对于两个或两个以上样本的比率是否相等,同样可以使用 prop.test()进行检验。假设随机抽查了某高校 130 名女生和 150 名男生,发现分别 50 名女生和 80 名男生喜欢玩网络游戏,男生和女生爱玩网络游戏的比率是否相等? 用 R 语言对该问题进行检验,示例如下:

```
gamer <- c(50,80)
total <- c(130,150)
prop.test(gamer,total)
        2-sample test for equality of proportions with continuity correction
data: gamer out of total
X-squared = 5.6093, df = 1, p-value = 0.01787
alternative hypothesis: two.sided
95 percent confidence interval:
    -0.27151743    -0.02591846
sample estimates:
    prop 1    prop 2
0.3846154    0.5333333
```

因为 $P$ 值=0.018<0.05,所以在 0.05 水平下拒绝原假设,认为男生和女生爱玩网络游戏的比例有显著差异。

## 4.4　本章要点

（1）假设检验是先对总体提出一个假设,然后利用样本信息去检验这个假设是否成立。本章讨论的内容是如何利用样本信息,对假设成立与否做出判断的一套程序。

（2）原假设通常是研究者想收集证据予以反对的假设,用 $H_0$ 表示。例如,$H_0: \mu=1$,原假设的下标用 0 表示,也称为零假设。原假设总是包含＝,≥,≤。备择假设通常是研究者想收集证据予以支持的假设,与原假设对立,用 $H_1$ 表示。例如,$H_1: \mu\neq1$,总是包含≠,＞,＜。

（3）弃真错误是原假设为真却被拒绝了,犯这种错误的概率用 $\alpha$ 表示,所以也称为 $\alpha$ 错误。也就是说,$\alpha$ 错误表示原假设本来是对的,但是却错误地拒绝了原假设。第Ⅱ类错误是原假设为伪,但却没有拒绝,犯这种错误的概率用 $\beta$ 表示,所以也称为 $\beta$ 错误或取伪错误。也就是说,$\beta$ 错误指本来是备选假设正确,但是却没有拒绝原假设。

（4）一个完整的假设检验问题,通常包括以下 5 个步骤。

第 1 步,根据问题要求提出原假设和备择假设。

第 2 步,确定适当的检验统计量及相应的抽样分布。

检验统计量是根据样本观测结果计算得到的,据以对原假设和备择假设做出决策的某个统计量,不同的总体参数适用的检验统计量不同。在具体问题中,选择什么统计量,需要考虑：总体方差已知还是未知,样本是大样本还是小样本。假设检验中用到的检验统计量都是标准化检验统计量,反映了点估计量与假设的总体参数相比,相差多少个标准差。

第 3 步,选取显著性水平,确定原假设的接受域和拒绝域。

第 4 步,计算检验统计量的值。

第 5 步,做出统计决策。

（5）区间估计与假设检验既存在区别又存在联系,两者的主要区别体现在以下两方面。

① 区间估计通常求得的是以样本估计值为中心的双侧置信区间,而假设检验以假设总体参数值为基准,不仅有双侧检验也有单侧检验。

② 区间估计立足于大概率,通常以较大的把握程度（置信水平）$1-\alpha$ 去保证总体参数的置信区间。而假设检验立足于小概率,通常是给定很小的显著性水平 $\alpha$ 去检验对总体参数的先验假设是否成立。

区间估计与假设检验的共同点包括以下两方面。

① 两者都是根据样本信息对总体参数进行推断,都是以抽样分布为理论依据,都是建立在概率基础上的推断,推断结果都有一定的可信程度或风险。

② 对同一问题的参数进行推断,二者使用的是同一样本、同一统计量、同一分布,因而二者可以相互转换。区间估计问题可以转化成假设检验问题,假设检验问题也可转换成区间估计问题。区间估计中的置信区间对应于假设检验中的接受域,置信区间以外的区域就是假设检验中的拒绝域。

（6）$P$ 值是指在一个假设检验问题中,由检验统计量的样本观察值得出的原假设可被拒绝的最小显著性水平。若 $\alpha\geq P$ 值,则拒绝原假设；若 $\alpha<P$ 值,则接受原假设。

$P$ 值是用于确定是否拒绝原假设的一个重要工具,它有效地补充了提供的关于检验结果可靠性的有限信息。对于假设检验的 3 种基本形式,$P$ 值的一般表达式如下。

① 双侧检验:原假设 $H_0$ 表示 $\mu = \mu_0$;备择假设 $H_1$ 表示 $\mu \neq \mu_0$。

$P$ 值是当 $\mu = \mu_0$ 时,检验统计量的绝对值大于或等于根据实际观测样本数据计算得到的统计量观测值的绝对值的概率,即 $P$ 值 $= P(|z| \geqslant |z_c| \,|\, \mu = \mu_0)$。

② 左单侧检验:原假设 $H_0$ 表示 $\mu \geqslant \mu_0$;备择假设 $H_1$ 表示 $\mu < \mu_0$。

$P$ 值是当 $\mu = \mu_0$ 时,检验统计量小于或等于根据实际观测样本数据计算得到的统计量观测值的绝对值的概率,即 $P$ 值 $= P(z \geqslant z_c \,|\, \mu = \mu_0)$。

③ 右单侧检验:原假设 $H_0$ 表示 $\mu \leqslant \mu_0$;备择假设 $H_1$ 表示 $\mu > \mu_0$。

$P$ 值是当 $\mu = \mu_0$ 时,检验统计量大于或等于根据实际观测样本数据计算得到的统计量观测值的绝对值的概率,即 $P$ 值 $= P(z \geqslant z_c \,|\, \mu = \mu_0)$。

(7) 假设 $x_1, x_2, \cdots, x_n$ 是来自总体 $X$ 的一个样本,根据实践经验,可对总体的分布提出如下假设:$H_0$ 表示 $X$ 的分布为 $F(x) = F_0(x)$,其中 $F_0(x)$ 可能是一个完全已知的分布,也可能是含有若干未知参数的已知分布,这类检验问题统称为分布的检验问题。

(8) 正态性检验是一种特殊的假设检验,其原假设 $H_0$ 为总体正态分布。正态性检验即是检验一批观测值(或对观测值进行函数变换后的数据)或一批随机数是否来自正态总体。

(9) 当在备择假设中仅指总体的偏度偏离正态分布的峰度,并且有明确的偏离方向时,检验称为有方向的检验。特别当总体的偏度和峰度都偏离正态分布的偏度和峰度时,检验称为多方向的检验。当备择假设为 $H_1$,总体不服从正态分布时,检验为无方向的检验。

(10) 正态性检验方法有多种,如 P-P 图法、Q-Q 图法和 $W$ 检验、$D$ 检验、$\chi^2$ 检验等。

(11) 有两种基于次序统计量的正态检验方法是最好的,即两个无方向检验:Shapiro-Wilk 检验(简称为 $W$ 检验,小样本)和 Epps-Pulley 检验(简称为 EP 检验,样本个数 $(n \geqslant 8)$,小样本 $(n < 8)$ 对偏离正态分布的检验不太有效),这两种方法犯取伪错误的概率是最小的。我国把这两个正态性检验列为国家标准,编号为 GB/T 4882—2001。

(12) 对总体做出的统计假设进行检验的方法依据的是概率论中的小概率原理。小概率原理是指发生概率很小的随机事件在一次试验中是几乎不可能发生的。但是小概率事件并不等于绝对不发生!

## 本章小结

本章都是关于假设检验的内容。首先,介绍了假设检验的基本知识,原假设与备择假设、两类错误、假设检验的步骤。其次,介绍了关于区间估计与假设检验的内容,以及如何利用 $P$ 值进行决策。接着,介绍了一个总体参数的假设检验和两个总体参数的假设检验,分别从总体均值、总体比例和总体方差 3 方面进行解释。最后,介绍了 $W$ 检验、Epps-Pulley 检验的 R 语言编程实现。

## 思考与练习

1. 假设检验和参数估计的联系和区别分别是什么?
2. 什么是假设检验中的两类错误?
3. 两类错误之间存在什么样的数量关系?

4. 显著性水平与 $P$ 值有何区别？

5. 假设检验依据的基本原理是什么？

6. 在单侧检验和双侧检验中，原假设和备择假设的方向应该如何确定？

7. 某服装品牌主管经理估计会员的平均年龄是 35 岁，研究人员从 2013 年入会的新会员中随机抽取 40 人，调查得到他们的年龄数据如表 4-6 所示。

表 4-6　某服装品牌 2013 年入会的新会员中 40 人的年龄

| 33 | 28 | 32 | 26 | 37 | 35 | 27 | 29 | 33 | 30 |
|---|---|---|---|---|---|---|---|---|---|
| 35 | 29 | 39 | 34 | 27 | 37 | 34 | 36 | 31 | 29 |
| 29 | 26 | 19 | 21 | 36 | 38 | 42 | 39 | 36 | 38 |
| 27 | 22 | 29 | 34 | 36 | 20 | 39 | 37 | 22 | 39 |

试根据调查结果判断主管经理的估计是否准确。

8. 某机器制造出的肥皂厚度为 5cm，服从正态分布，今欲了解机器性能是否良好，随机抽取 10 块肥皂为样本，测得平均厚度为 5.3cm、标准差为 0.3cm，试以 0.05 的显著性水平检验机器性能良好的假设。

9. 某地区小麦的一般生产水平为亩产 260kg，其标准差为 30kg。现用一种化肥进行试验，从 25 个小区抽样，平均产量为 270kg。按照 5％的显著性水平判断这种化肥是否使小麦明显增产。

10. 2005 年某个城市职工平均工资为 32 808 元，标准差为 3820 元。现在随机抽取 200 人进行调查，测定 2006 年样本平均工资为 34 400 元。按照 5％的显著性水平判断该市 2006 年的职工平均工资与 2005 有无显著差异。

11. 某厂商生产出一种新型的饮料装瓶机器，按设计要求，该机器装一瓶一升（1000cm$^3$）的饮料误差上下不超过 1cm$^3$。如果达到设计要求，表明机器的稳定性非常好。现从该机器装完的产品中随机抽取 30 瓶，测得样本方差为 0.826。按照 5％的显著性水平检验该机器的性能是否达到设计要求。

12. 有两种方法可用于制造某种以抗拉强度为重要特征的产品。根据以往的资料得知，第一种方法生产出的产品其抗拉强度的标准差为 8kg，第二种方法的标准差为 10kg。从两种方法生产的产品中各抽取一个随机样本，样本容量分别为 $n_1 = 32$，$n_2 = 40$，测得 $\bar{x}_1 = 50$kg，$\bar{x}_2 = 44$kg。这两种方法生产的产品平均抗拉强度是否有显著差别？（$\alpha = 0.05$）

# 第5章　R的基本数据分析与绘图

## 本章学习目标

- 了解 R 的绘图设备和文件。
- 熟悉 R 的图形组成、参数和边界的设置。
- 能按需要绘制单变量分布特征的图形。
- 能按需要绘制多变量分布特征的图形。
- 能按需要绘制反映变量间相关性的图形。

　　春秋战国时期名医扁鹊发明了中医的"望闻问切"四诊法。用户对数据进行分析时，第一件要做的事情就是"望"，观察数据；第二件事是"闻"，分析数据的分布情况，主要方法就是绘制相应的图形，如直方图、条形图、箱线图、饼图等；第三件事是"问"，分析数据之间的关系；最后是"切"，结合需求进行数据分析。"望"的方法可以认为就是制作数据可视化图表的过程，而数据分布图无疑是能清楚反映数据特征的。R 语言提供了多种图表对数据分布进行描述，本章将逐一进行讲解。

## 5.1　数据的直观印象

### 5.1.1　R 的绘图设备和文件

　　R 的图形是默认输出到一个专用的图窗口，称为 R 的图形设备。图形窗口和图形文件都是图形设备。图形设备可包含多种输出格式，如 PDF、METAFILE、PNG、JPEG、BMP、TIFF、XFIG 和 POSTSCRIPT 等。使用图形设备则输出到文件中，默认设备为窗口设备，输入绘图命令时，默认打开一个绘图窗口，后续绘图均使用该绘图窗口。

　　常用的图形设备管理函数如表 5-1 所示。

**表 5-1　常用的图形设备管理函数**

| 函　　数 | 功　　能 |
|---|---|
| win. graph()或 dev. new() | 打开图形设备窗口 |
| dev. list() | 显示绘图设备信息,显示出有几个图形设备,以及对应的设备号 |
| dev. cur() | 显示当前绘图设备类型及设备号 |
| pdf("文件名. pdf") | 指定某 PDF 格式的文件为当前图形设备 |
| win. metafile("文件名. wmf") | 指定某 WMF 格式的文件为当前图形设备 |
| png("文件名. png") | 指定某 PNG 格式的文件为当前图形设备 |
| jpeg("文件名. jpg") | 指定某 JPEG 格式的文件为当前图形设备 |
| bmp("文件名. bmp") | 指定某 BMP 格式的文件为当前图形设备 |
| postscript("文件名. ps") | 指定某 PS 格式的文件为当前图形设备 |
| dev. set(n) | 指定编号为 n 的图形设备为当前图形设备 |
| dev. off() | 关闭当前的图形设备 |
| dev. off(n) | 关闭指定设备号为 n 的图形设备,可再利用 dev. list()函数查看设备是否被关闭 |
| graphics. off() | 关闭所有的图形设备 |

## 5.1.2　R 的图形组成、参数和边界

R 的图形是由主体、坐标轴、图标题、坐标标题 4 部分组成的。图形的各个组成部分都有默认的或自定义的取值,称为图形参数值。图形主体的参数如表 5-2 所示。

**表 5-2　图形主体的参数**

| 参　　数 | 函　　数 | 描　　述 |
|---|---|---|
| 符号种类 | pch | 指定绘制点时使用的符号 |
| 符号大小 | cex | 指定符号的大小。cex 是一个数值,表示绘图符号相对于默认大小的缩放倍数。默认大小为 1,1.5 表示放大为默认值的 1.5 倍,0.5 表示缩小为默认值的 50%,等等 |
| 符号边界色 | col | 符号 21~25 可以设置 |
| 符号填充色 | bg | 符号 21~25 可以设置 |
| 线条的线型 | lty | 指定线条类型 |
| 线条的宽度 | lwd | 指定线条宽度。lwd 是以默认值的相对大小来表示的(默认值为 1)。例如,lwd=2 将生成一条宽度是默认宽度 2 倍的线条 |
| 颜色 | col | 默认的绘图颜色。某些函数(如 lines()和 pie())可以接受一个含有颜色值的向量并自动循环使用。例如,如果设定 col=c("red", "blue")并需要绘制 3 条线,则第一条线为红色,第二条线为蓝色,第三条线又为红色 |
| 标题内容 | main/sub | main 为主标题内容,sub 为副标题内容 |
| 主标题文字 | col. main/cex. main/font. main | col. main 表示主标题的文字颜色,cex. main 表示主标题的文字大小,font. main 表示主标题的文字字体 |
| 副标题文字 | col. sub/cex. sub /font. sub | col. sub 表示副标题的文字颜色,cex. sub 表示副标题的文字大小,font. sub 表示副标题的文字字体 |
| 文字对齐方式 | adj | 控制关于文字的对齐方式 |
| 图形边框形状 | bty | — |
| 绘图区域类型 | pty | — |

如图 5-1 所示为 R 的绘图符号。

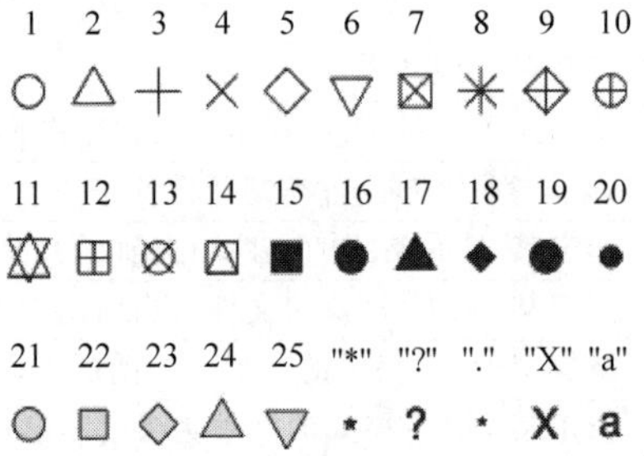

图 5-1　R 的绘图符号

如表 5-3 所示为坐标轴和刻度相关的参数。

表 5-3　坐标轴和刻度相关的参数

| 参　　数 | 函　　数 | 描　　述 |
|---|---|---|
| 刻度 | at/tcl | at 是一个数值型向量,表示需要绘制刻度线的位置;tcl 表示刻度长度和方向 |
| | xaxt/yaxt | 如果 xaxt=n,则 x 轴不显示(会留下框架线,只是去除了刻度);如果 yaxt=n,则 y 轴不显示(会留下框架线,只是去除了刻度) |
| 横/纵坐标范围 | xlim/ylim | — |
| 横/纵坐标标题文字坐标内容 | xlab/ylab | — |
| 坐标标题 | col.lab | col.lab 表示坐标标题的文字颜色,cex.lab 表示坐标标题的文字大小,font.lab 表示坐标标题的文字字体 |
| 刻度文字颜色 | col.axis | 坐标轴刻度文字的颜色 |
| 刻度文字 | label | 坐标轴刻度文字的内容 |
| 刻度文字大小 | cex.axis | 坐标轴刻度文字的大小 |
| 绘图使用的字体样式 | font | 整数。用于指定绘图使用的字体样式。1=常规,2=粗体,3=斜体,4=粗斜体,5=符号字体(以 Adobe 符号编码表示) |
| 刻度线的长度 | tck | 刻度线的长度,以相对于绘图区域大小的分数表示(负值表示在图形外侧,正值表示在图形内侧,0 表示禁用刻度,1 表示绘制网格线),默认值为−0.01 |
| 绘制坐标轴的位置 | side | 一个整数,表示在图形的哪边绘制坐标轴(1=下,2=左,3=上,4=右) |
| 刻度文字字体 | font.axis | 刻度文字字体 |
| 刻度数字标记方向 | las | 坐标轴刻度数字标记方向 |

　　图形尺寸参数用 pin 表示,是一个包含两个元素的向量,计量单位是英寸(英寸用 in 表示,1in=2.54cm=25.4mm),分别设置图形的宽度和高度。图形边界用 mai(计量单位是 in)或 mar(计量单位是英分,1 英寸=8 英分)表示,代表图形四周空白的宽度,均为包含 4 个元素的向量,分别设置图形下边界、左边界、右边界和宽度。

　　par()函数可以自定义图形的字体、颜色、坐标轴、标签等。其设定的参数有点像全局变量,如果后面没有被修改,将会在整个绘图过程中产生作用。绘图完成之后,par(opar)可以恢复原来设置。

```
par(optionname = value,optionname = name, … )
par() ♯生成一个含有当前图形参数设置的列表
par(no. readonly = TRUE)
♯no. readonly = TRUE 可以生成一个可以修改的当前图形参数列表
```

## 5.2  单变量分布特征的直观印象

### 5.2.1  直方图

直方图又称柱状图,是由一系列高度不等的纵条纹或线段表示的数据分布情况。可以使用直方图估计数据的概率分布情况。直方图的横轴为变量区间分隔的取值范围,纵轴表示变量在不同变量区间上的频数。

在 R 语言中,可以使用 hist()函数来绘制直方图。其使用的格式为

```
hist(v,main,xlab,xlim,ylim,breaks,col,border)
```

其中,参数 v 是包含直方图中使用数值的向量;main 表示图表的标题;col 用于设置条的颜色;border 用于设置每个条的边框颜色;xlab 用于描述 x 轴;xlim 指定 x 轴上的值范围;ylim 指定 y 轴上的值范围;breaks 设定条的宽度。

下面举例说明直方图的用法。

例 5-1　创建一个简单的直方图,保存当前 R 语言工作目录中的直方图。

```
v <- c(9,17,26,8,36,22,14,41,37,33,19)
png(file = "histogram1.png")
hist(v,xlab = "Weight",col = "green",border = "red", xlim = c(0,40), ylim = c(0,5),
breaks = 5)
dev.off()
```

上述代码绘制出的直方图如图 5-2 所示。

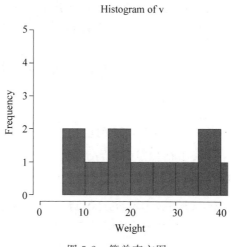

图 5-2　简单直方图

**例 5-2**    绘制 15 名学生身高频率的直方图,如代码清单 5-1 所示。其中,height 是一个向量,表示绘制直方图所需学生的身高数据。

代码清单 5-1

```
height <- c(175,166,168,173,172,169,160,175,161,170, 180,183,165,166,169)
hist(height,col = "lightblue",border = "red",labels = TRUE,ylim = c(0,8))
box(bty = "l")                 ♯设置坐标轴样式
grid(nx = NA,ny = NULL,lty = 1,lwd = 1.5,col = "gray")
♯x轴没有线条,y轴自动计算线条位置
♯设置线条的样式、宽度和颜色
♯ hist(height,col = "lightblue",border = "red",breaks = c(160, 165,170, 175,180,185))
```

15 名学生身高频率的直方图如图 5-3 所示。

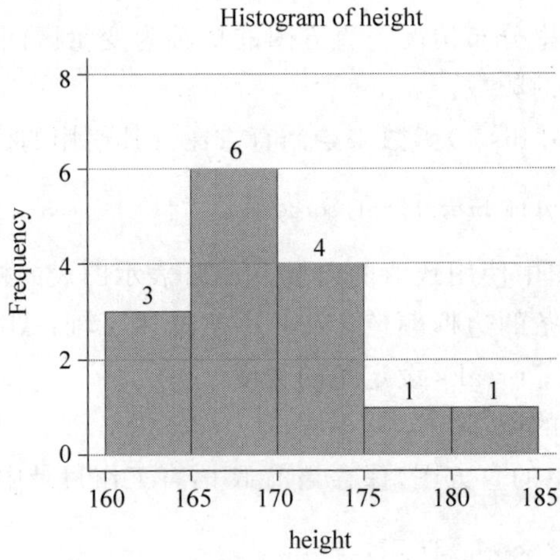

图 5-3    15 名学生的身高频率的直方图

例 5-2 绘制直方图所用到的数据是学生的身高 height,绘图颜色 col 参数为 lightblue,直方图条的边框 border 参数为红色,显示每个条的标签(频数)参数 labels 为 TRUE,y 轴的取值范围 ylim 为 0~8。参数 breaks 的作用是设置直方图的断点,主要有以下几种情况:可能是给出直方图中每个区间的断点的一个向量;用于计算每个断点的向量的一个函数;用于表示区间数的一个数字;用于给出计算区间数所用的算法的一个字符串;也可以是用于计算区间数的一个函数。

下面以默认数据集 mtcars 中的数据 mpg 为例,说明 breaks 取不同值的区别。

```
par(mfrow = c(1,2)) ♯设置布局为一行两列
hist(mtcars $ mpg,breaks = 10)
hist(mtcars $ mpg,breaks = c(8,14,20,26,32,38))
```

如图 5-4 所示为不同 breaks 取值情况下的直方图。

使用 hist()函数绘制直方图时,还涉及一些其他参数。

```
height <- c(175,166,168,173,172,169,160,175,161,170, 180,183,165,166,169)
hist(height,col = "blue",freq = FALSE,density = 10,angle = 45)
```

122

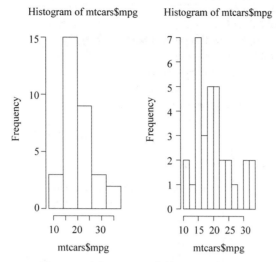

图 5-4　不同 breaks 取值情况下的直方图

如图 5-5 所示为绘制了有阴影线的直方图。

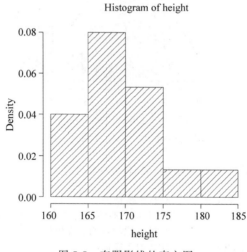

图 5-5　有阴影线的直方图

图 5-5 中，freq 参数是逻辑变量，如果设置为 TRUE，则直方图的数据为频数；若为 FALSE，则为概率密度。仅当 breaks 为等距，且为指定 probability 时，freq 默认为 TRUE。density 参数是指阴影线的密度，即每英寸的线数；默认值为 NULL，表示没有阴影线。angle 参数是设置阴影线的斜度，以逆时针角度给出，默认为 45°。

另外，hist( ) 函数还可以添加轴须线，用 rug(x) 函数重现数据 x，如代码清单 5-2 所示。在作图时将数据点在 x 轴上再现出来就是轴须线。

代码清单 5-2

```
x <- mtcars $ mpg
hist(x,
    breaks = 12,                              #分组个数
```

```
        col = "lightblue",                              # 蓝色
        xlab = "Miles Per Gallon",                      # x 轴标签
        main = "Histogram with normal curve and box"    # 标题
xfit <- seq(min(x), max(x), length = 40)
yfit <- dnorm(xfit, mean = mean(x), sd = sd(x))
yfit <- yfit * diff(h$mids[1:2]) * length(x)
lines(xfit, yfit, col = "blue", lwd = 2)
box()
rug(x)                                                  # 增加轴须线
```

上述代码绘制出的图如图 5-6 所示。

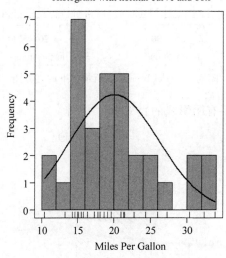

图 5-6  叠加正态曲线的直方图

其他曲线也可以根据需要进行添加,具体命令如下:

```
plot(density(x), col = "yellow")        # 核密度曲线
rug(jitter(x))                          # jitter(x)的作用是计算数据 x 的各个扰动点,用 rug(x)将
                                        # 各个扰动点添加在坐标轴上
curve(dnorm(x, mean(x), sd(x)))         # 增加正态曲线
```

**注意**:底层作图函数如 lines()、points()等会向已有图形中添加元素,顶层作图函数如 plot()、boxplot()、hist()等会生成新的图形。这种情况下只能用 par()中的 mfrow 或 mfcol 参数拆分作图区域,或者用 layout()函数。给直方图拟合正态分布曲线有时候是不适用的,为直方图拟合一条核密度估计曲线是合理的做法,可以近似地描述数据实际的分布。

### 5.2.2  条形图

条形图是常用的可视化图形,用宽度相同的条形的高度或长短来表示数据多少的图形。它主要用来展示不同分类(横轴)下某个数值型变量(纵轴)的取值。条形图可以横置或纵置,纵置时也称为柱形图。条形图主要有简单条形图、组合条形图和堆叠条形图。例如,为了比较双十一期间全国各个省的购买力,可以用省作为横坐标,每个省对应的总消费

金额作为纵坐标绘制条形图,根据条形图的高低比较各省的消费水平。

在 R 语言中,用 barplot()函数来绘制条形图。基本语法格式如下:

```
barplot(height, width = 1, space = NULL, names.arg = NULL, beside = FALSE,
horiz = FALSE, density = NULL, angle = 45,col = NULL, border = par("fg"),
main = NULL, sub = NULL, xlab = NULL, ylab = NULL,
xlim = NULL, ylim = NULL, … )
```

其中,height 代表向量或矩阵,用来构成条形图中各条的数值。width 表示条形宽度的可选矢量。除非指定 xlim,否则指定单个值将没有可见效果。space 表示在每个条之前留下的空间量(作为平均条宽度的一部分),可以用一个数字或一个数字表示。如果 height 是一个矩阵且 abside 为真,则可以用两个数字指定空间,其中第一个数字是同一组中条之间的空间,第二个数字是组之间的空间。如果没有明确给出,且高度是一个矩阵,那么它默认为 c(0,1);如果边是真的,那么它默认为 0.2。names.arg 表示位于条低端的文字标签。beside 表示逻辑值,为 FALSE 时绘制堆叠图,为 TRUE 时绘制分组图。horiz 表示逻辑值,为 FALSE 时,绘制垂直条形图,为 TRUE 时绘制水平条形图。density 表示一个向量值,指定该值时,条是用斜线填充的,表示每英寸斜线的密度。angle 是以逆时针方向给出的阴影线的角度,默认值是 45°。col 是条的填充色。border 是条的边框颜色,值为 TRUE 时,边框颜色将与阴影线颜色相同。main 用于指定绘图的主标题。sub 用于指定绘图的次标题。xlab 和 ylab 分别用于指定 x 轴和 y 轴的标签。xlim 和 ylim 分别用于指定 x 轴和 y 轴的取值范围。

下面举例说明 barplot()函数的具体用法,如代码清单 5-3 和代码清单 5-4 所示。

**代码清单 5-3**

```
math < - c(95, 85, 82, 76, 91)
names < -c("卢俊辰", "兰江涛", "孙晨烨", "谭高策", "温亚斌")
barplot(math,names.arg = names,
        border = "green",main = "成绩",
        col = c("red","orange","lightblue","yellow","lightgreen"))
```

上述代码绘制出的图形如图 5-7 所示。

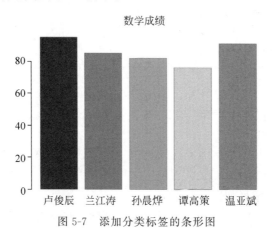

图 5-7　添加分类标签的条形图

**代码清单 5-4**

```
math <- c(95, 85, 82, 76, 91)
names <- c("卢俊辰", "兰江涛", "孙晨烨", "谭高策", "温亚斌")
english <- c(90, 89, 95, 70, 98)
grade <- matrix(c(math,english),2,5)
barplot(grade,border = "red",names.arg = names,
        main = "两门课的成绩",xlab = "姓名",ylab = "成绩",
        legend = c("数学","英语"))
```

上述代码绘制出的图形如图 5-8 所示。

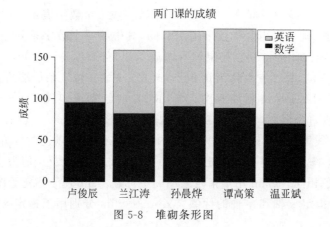

图 5-8　堆砌条形图

除使用 barplot()函数绘制条形图外,还可借助 ggplot 包,ggplot 包的基本用法如下:

```
ggplot(数据集,aes(x = 横坐标,y = 纵坐标,fill = 填充颜色,color = 边框颜色)) + geom_bar()/
geom_histogram()/geom_line()
```

举例说明,如代码清单 5-5 所示。

**代码清单 5-5**

```
data <- data.frame(
    姓名 = c("卢俊辰", "兰江涛", "孙晨烨", "谭高策", "温亚斌"),
    math = c(95, 85, 82, 76, 91),
    english = c(90, 89, 95, 70, 98),
    physics = c(88, 82, 75, 87, 93),
    chemistry = c(97, 79, 85, 69, 84)
)
library(reshape2)
# melt 语法结构:melt(data,…, na.rm = FALSE, value.name = "value")
# melt 在 reshpe2 包中
mydata <- melt(data,id.vars = "姓名",variable.name = "科目",value.name = "成绩")
ggplot(mydata,aes(姓名,成绩,fill = 科目)) + geom_bar(stat = "identity",position = "dodge")
```

上述代码绘制出的图形如图 5-9 所示。

为了美化图形,可以使用 ggthemes 主题包,得到不同风格的图表,如代码清单 5-6 所示,结果如图 5-10 所示。

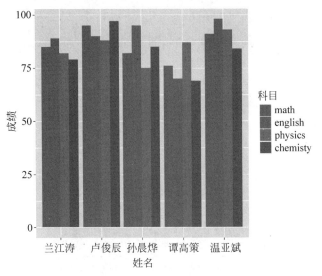

图 5-9　堆叠条形图

**代码清单 5-6**

```
# install.packages("ggthemes")
data <- data.frame(
    姓名 = c("卢俊辰", "兰江涛", "孙晨烨", "谭高策", "温亚斌"),
    math = c(95, 85, 82, 76, 91),
    english = c(90, 89, 95, 70, 98),
    physics = c(88, 82, 75, 87, 93),
    chemistry = c(97, 79, 85, 69, 84)
)
mydata <- melt(data, id.vars = "姓名",
            variable.name = "科目", value.name = "成绩")
library(reshape2)
library(ggplot2)
library(ggthemes)
ggplot(mydata, aes(姓名, 成绩, fill = 科目)) +
        geom_bar(stat = "identity", position = "dodge") +
        theme_economist(base_size = 14) +
        scale_fill_economist() +
        guides(fill = guide_legend(title = NULL)) +
        ggtitle("学生不同科目的成绩") +
        theme(axis.title = element_blank()
    )
```

　　R 语言还可以实现在堆叠条形图中添加组间各成分的连线，可以更容易观察和比较组间的变化，如代码清单 5-7 所示。

**代码清单 5-7**

```
# 绘图包、数据清洗、表格宽转长
library(ggplot2)
library(tidyverse)
library(reshape2)
```

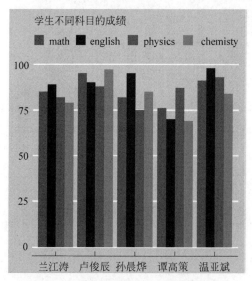

图 5-10　学生不同科目成绩堆叠条形图

```
df <- data.frame(
    curriculum = c("服装设计", "管理学", "摄影艺术", "创业管理", "JAVA 编程基础"),
    Cemi1 = c(63,72,91,51,66),
    Cemi2 = c(52,61,74,81,75)
    )
#Cemi1 代表第 1 学期学生学习对应科目的人数
#Cemi2 代表第 2 学期学生学习对应科目的人数
#melt 转换长表格为 ggplot2 绘图通用格式
#geom_segment 添加直线和曲线
#arrange 按 names 降序排列
#cumsum 先将数值累计,再用 mutate 取代
#现在已有两组间的高度位置,再设置 x 轴位置和 y 轴位置
ggplot(melt(df), aes(x = variable, y = value, fill = curriculum)) +
geom_bar(stat = "identity", width = 0.5, col = 'black') +
        geom_segment(data = df %>%
        arrange(by = desc(curriculum)) %>%
        mutate(Cemi1 = cumsum(Cemi1)) %>%
        mutate(Cemi2 = cumsum(Cemi2)),
        aes(x = 1.25, xend = 1.75, y = Cemi1, yend = Cemi2)) +
ggtitle("学生不同学期的选课情况")
```

如图 5-11 所示为添加连线的堆叠条形图。

### 5.2.3　风向风速玫瑰图

风向风速玫瑰图是弗罗伦斯·南丁格尔(英国护士和统计学家)发明的,又称为极区图、鸡冠花图,是一种圆形的直方图。

19 世纪 50 年代,英国、法国等国爆发了克里米亚战争,英国的战地战士死亡率高达 42%。南丁格尔自愿担任战地护士,为伤员进行认真护理,仅半年左右,伤病员的死亡率就下降到 2.2%。她发明的玫瑰图表示军队医院季节性死亡率,受到了军队和女王的认可。

学生不同学期的选课情况

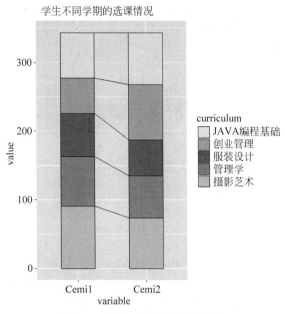

图 5-11　添加连线的堆叠条形图

　　风向风速玫瑰图是气象学家常用的图形工具,也称为风向频率玫瑰图,它是根据某一地区多年平均统计的各个风向和风速的百分数值,并按一定比例绘制的,多用 8 个或 16 个罗盘方位表示,由于形状酷似玫瑰花朵而得名。玫瑰图上所表示风的吹向,是指从外部吹向地区中心的方向,各方向上按统计数值画出的线段,表示此方向风频率的大小,线段越长表示该风向出现的次数越多。风向风速玫瑰图描述了在一个特定的地点,其风速和风向的分布情况。风向风速玫瑰图上所表示的风向即风的来向,是指风从外面吹向地区中心的方向。风向风速玫瑰图实际上是一种条形图的扩展,它使用网格化的极坐标系统,用不同的方位来汇集风向及其频数,频率较大的方位,该风向出现的次数最多。并且还用不同的颜色带来区别风速的大小。下面随机生成 100 次风向,100 次风速,将风向映射到 X 轴,频数映射到 Y 轴,风速大小映射到填充色,生成条形图后再转为极坐标形式。绘制风向风速玫瑰图的具体代码如代码清单 5-8 所示。

代码清单 5-8

```
library(ggplot2)
set.seed(1234) #设定随机数种子
#随机生成 100 次风向,并汇集到 16 个区间内
dir <- cut_interval(runif(100,0,360),n=16)
#随机生成 100 次风速,并划分成 4 种强度
mag <- cut_interval(rgamma(100,15),4)
sample <- data.frame(dir=dir,mag=mag)
#将风向映射到 X 轴,频数映射到 Y 轴,风速大小映射到填充色
p <- ggplot(sample,aes(x=dir,y=..count..,fill=mag))
p + geom_bar() + coord_polar()
```

上述代码绘制出的风向风速玫瑰图如图 5-12 所示。

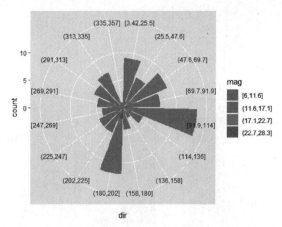

图 5-12  风向风速玫瑰图

在 R 中绘制风向风速玫瑰图有两种专门的工具，一个是 circular 包中的 windrose 函数，另一个是 climatol 包中的 rosavent 函数。使用 circular 包中的 windrose 函数绘制风向风速玫瑰图的代码如代码清单 5-9 所示。

代码清单 5-9

```
library(circular)
dir <- circular(runif(50,0,360),units = 'degrees')
mag <- rgamma(50,15)
sample <- data.frame(dir = dir,mag = mag)
res <- windrose(sample,template = 'geographics')
```

上述代码绘制出的风向风速玫瑰图如图 5-13 所示。

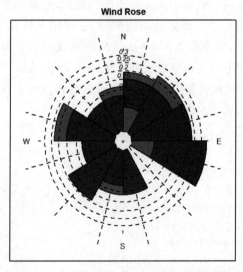

图 5-13  使用 circular 包中的 windrose 函数生成的风向风速玫瑰图

也可以使用 climatol 包中的 rosavent 函数绘制风向风速玫瑰图，具体代码如代码清单 5-10 所示。

代码清单 5-10

```
library(climatol)
data(windfr)
rosavent(windfr, 4, 4, ang = - 3 * pi/16, main = "Annual windrose")
```

上述代码绘制出的风向风速玫瑰图如图 5-14 所示。

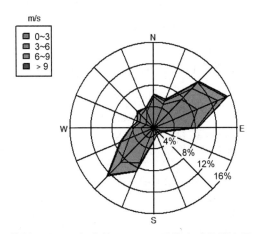

图 5-14 使用 climatol 包中的 rosavent 函数生成的风向风速玫瑰图

其中,windfr 的数据为:

| | N | NNE | NE | ENE | E | ESE | SE | SSE | S | SSW | SW | WSW | W | WNW | NW | NNW |
|---|---|---|---|---|---|---|---|---|---|---|---|---|---|---|---|---|
| 0 - 3 | 59 | 48 | 75 | 90 | 71 | 15 | 10 | 11 | 14 | 20 | 22 | 22 | 24 | 15 | 19 | 33 |
| 3 - 6 | 3 | 6 | 29 | 42 | 11 | 3 | 4 | 3 | 9 | 50 | 67 | 28 | 14 | 13 | 15 | 5 |
| 6 - 9 | 1 | 3 | 16 | 17 | 2 | 0 | 0 | 0 | 2 | 16 | 33 | 17 | 6 | 5 | 9 | 2 |
| >9 | 0 | 1 | 2 | 3 | 0 | 0 | 0 | 0 | 0 | 1 | 4 | 3 | 1 | 1 | 2 | 0 |

## 5.2.4 饼图

饼图在商业应用上比较常见,但缺点在于只能简单地呈现比例关系,无法在时间趋势、同类比较等分析上展现太多的作用。

饼图可由以下函数创建:

```
pie(x, labels = names(x), edges, radius,
clockwise = FALSE, init.angle = if(clockwise) 90 else 0,
density = NULL, angle, col = NULL, border = NULL,
lty = NULL, main = NULL, … )
```

其中,x 是一个非负数值向量,表示每个扇形的面积,而 labels 则是表示各扇形标签的字符型向量。labels 用于给出每个扇区的标签。edges 是指绘制饼图时,饼图的外轮廓是由多边形近似表示的;edges 的数值越大,饼图看上去越圆。radius 是指 R 中的饼图绘制以 radius 为边的正方形中,取值范围为 −1~1。取值 −1 时,默认 0° 是从正左边逆时针开始,否则是从正右边逆时针开始。clockwise 是指逻辑值,指示绘制扇区时是逆时针方向排列(FALSE),还是顺时针方向排列(TRUE),默认为逆时针。init.angle 是指开始绘制扇区时的初始角度。默认情况下,逆时针时,第一个扇区的开始边为 0°(3 点钟方向),并向逆时针方向展开。如果 clockwise 取值为 TRUE,则第 1 个扇区的开始边为 90°(12 点钟方向),并向顺时针方向展开。density 是指阴影线的密度,如果设置该参数,且为正值,则饼图以阴影线进行填充;如为负值,且未指定每个扇区的颜色时,则整体为黑色,不能体现出分区来;如是 0 值,则没有填充色,也没有阴影线。angle 是指阴影线的斜率,默认为 45°。col 是指一个颜色向量,用于给出扇区的填充色或阴影线的颜色(当设置了 density 参数时,就是阴影线的颜色)。border 是指每个扇区的边框颜色。lty 是指每个扇区的线型(0 表示无,1 表示实线;2 表示短画线;3 表示点线;4 表示点画线;5 表示长画线;6 表示双画线)。main 是指绘图的标题。

以某销售部某月销售业绩的情况为例,进行饼图的绘制,具体代码如代码清单 5-11 所示。

代码清单 5-11

```
sales <- c(122.3,169,198,110,173)
names <- c("销售A","销售B","销售C","销售D","销售E")
pie(sales,labels = names)
pie(sales,labels = names,col = c("skyblue","lightgreen","red","blue","lightyellow"))
per.sales <- paste(round(100 * sales / sum(sales),2),"%")
slice.col <- rainbow(10)
pie(sales,labels = per.sales,col = slice.col,main = "某销售部某月销售业绩情况")
legend("topright",names,cex = 0.85, fill = slice.col)
```

如图 5-15 所示为某销售部某月销售业绩的情况展示。

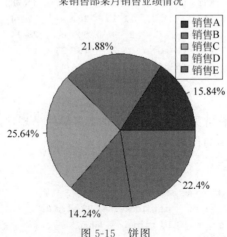

图 5-15　饼图

### 5.2.5　茎叶图

茎叶图又称枝叶图,由统计学家约翰托奇设计,是将数组中的数按位数进行比较,将数的大小基本不变或变化不大的位作为一个主干(茎),将变化大的位的数作为分枝(叶),列在主干的后面,这样就可以清楚地看到每个主干后面的几个数,每个数具体是多少。

茎叶图与直方图的区别是,茎叶图保留原始资料的信息,可以从中统计出次数,计算出各数据段的频率或百分比，从而可以看出分布是否与正态分布或单峰偏态分布逼近。直方图则失去原始资料的信息。将茎叶图的茎和叶逆时针方向旋转90°，实际上就是一个直方图，可以从中统计出次数，计算出各数据段的频率或百分比，从而可以看出分布是否与正态分布或单峰偏态分布逼近。

R语言中的基础包中使用stem函数绘制茎叶图。其语法格式如下：

```
stem(x, scale = 1, width = 80, atom = 1e-08)
```

其中，x是数据向量；scale控制绘出茎叶图的长度；width是绘图的宽度；atom是容差。如果选择scale＝2，即将10个个位数分成两段，0～4为一段，5～9为另一段。

下面举例说明stem函数的具体使用方法，某人对自己上班期间的开车时间进行了统计，统计12次的数据如下(min)：30、33、18、27、32、40、26、28、21、28、35、20。

参数x是数值向量，用于绘制茎叶图的数据。绘制茎叶图的代码如代码清单5-12所示。

代码清单 5-12

```
v <- c(30,33,18,27,32,40,26,28,21,28,35,20)
stem(v)
```

运行结果如下：

```
The decimal point is 1 digit(s) to the right of the |
   1 | 8
   2 | 01
   2 | 6788
   3 | 023
   3 | 5
   4 | 0
```

下面对茎叶图给出相应的解释。

第一个数18的十位为1，个位为8，以个位为单位，将18用"|"分开。每一个数都是这么处理的，茎叶图将十位数按照纵列从上到下进行排列。位于"|"右边的数字是1位数字构成的，绘制的茎叶图默认0～4一组，5～9一组。可以看出，位于[10,20)区间的有1个；即18；位于[20,30)区间的有6个；位于[30,40)区间的有4个，即30,32,33,35；位于[40,50)区间的有1个，即40。stem函数中的scale参数控制茎叶图的长度，默认为1。scale设置得越大，分茎越多，精度越高，如果scale较小，它甚至会自动将数据进行四舍五入(这样会降低精度)。width参数控制茎叶图中叶子的宽度，如果为0，则只输出该茎统计的数字个数。如果为10以内的数，则表示超过指定宽度的统计数量个数。举例说明，统计频数比0多的数，多几个就加几，具体如代码清单5-13所示。

代码清单 5-13

```
v <- c(30,33,18,27,32,40,26,28,21,28,35,20)
stem(v,scale = 1,width = 0)
    The decimal point is 1 digit(s) to the right of the |
1 |    +1
2 |    +2
```

```
2 | +4
3 | +3
3 | +1
4 | +1
```

通过上面的结果可知,位于[10,20)区间的有 1 个,位于[20,25)区间的有 2 个,位于[25,30)区间的有 4 个。当 width 设置得足够大时,就可以将所有的数字显示全了,默认为 100。

### 5.2.6 箱线图

箱线图也称箱须图,是利用数据中的 5 个统计量:最小值、第一四分位数、中位数、第三四分位数与较大值来描述数据的一种方法,它也可以粗略地看出数据是否具有对称性,分布的分散程度等信息,特别可以用于对几个样本的比较。

直方图、茎叶图虽然包含了大量的样本信息,但是没有做任何加工或简化。有时需要用少数几个统计量来对大量的原始数据进行概括。而最有代表性的、能够反映数据重要特征的 5 个数为中位数、下四分位数、上四分位数、最小值和较大值。这 5 个数称为样本数据的五数总括。

使用 boxplot(v)函数可以绘制出图 5-16。

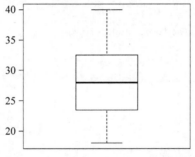

图 5-16　某人开车上班时间的箱线图

```
> fivenum(v)          #计算五数总括
[1] 18.0 23.5 28.0 32.5 40.0
```

### 5.2.7 核密度图

密度估计是用于估计随机变量概率密度函数的一种非参数方法。核密度图是用来观察连续型变量分布的有效方法。核密度估计(kernel density estimation,KDE)是根据已知的一列数据$(x_1,x_2,\cdots,x_n)$估计其密度函数的过程,即寻找这些数的概率分布曲线。K 就是"核"(kernel),表示核函数,部分常见的核函数有 gaussian、epanechnikov、rectangular、triangular、biweight、cosine、optcosine。

最常见的密度函数莫过于正态分布(也称高斯分布)的密度函数:

$$f(x\mid\mu,\sigma^2)=\frac{1}{\sqrt{2\pi\sigma^2}}e^{-\frac{(x-\mu)^2}{2\sigma^2}}$$

核密度估计完全是利用数据本身的信息,避免人为主观因素带来的先验知识,能够对样本数据进行最大限度的近似(相对参数估计而言)。而密度估计就是给定一列数据,分布

134

未知的情况下估计其密度函数。绘制密度图的命令如下：

```
plot(density(x))
```

其中，x 是一个数值型向量。由于 plot() 函数会创建一幅新的图形，因此要向已经存在的图形上叠加一条密度曲线，可用 lines() 函数。使用 R 自带的数据集 mtcars 绘制核密度曲线图，如代码清单 5-14 所示。

**代码清单 5-14**

```
d <- density(mtcars $ mpg)
plot(d, main = "Kernel Density of Miles Per Gallon")
polygon(d, col = "lightblue", border = "black")
rug(mtcars $ mpg, col = "red")
```

上述代码绘制出的核密度曲线图如图 5-17 所示。

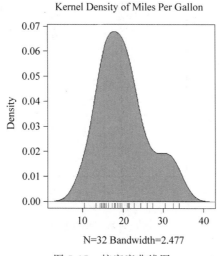

图 5-17　核密度曲线图

其中，polygon() 函数根据顶点的 x 坐标和 y 坐标（这里由 density() 函数提供）绘制了多边形。核密度图可用于比较组间差异，使用 sm 包中的 sm.density.compare() 函数可向图形叠加两组或更多的核密度图，使用格式为 sm.density.compare(x,factor)。其中，x 是一个数值型向量，factor 是一个分组变量。使用自带数据集 mtcars 绘制核密度图，具体代码如代码清单 5-15 所示。

**代码清单 5-15**

```
# install.packages("sm")
par(lwd = 2) # par() 函数将所绘制的线条设置为双倍宽度
library(sm)
attach(mtcars) # 为数据框 mtcars 添加路径索引
# 创建分组因子
cyl.f <- factor(cyl,levels = c(4,6,8),
           labels = c("4 cylinder","6 cylinder","8 cylinder") )
```

在数据框 mtcars 中，变量 cyl 是一个以 4、6 或 8 编码的数值型变量。为了向图形提供值标签,这里 cyl 转换为 cyl.f 因子。

```
sm.density.compare(mpg,cyl,xlab = "Miles Per Gallon")     # 绘制密度图
title(main = "MPG Distribution by Car Cylinders")          # 通过单击添加图例
colfill <- c(2:(1+length(cyl.f)))                          # 创建一个颜色向量 colfill 值为 c(2, 3, 4)
legend(locator(1),levels(cyl.f),fill = colfill)            # 添加图例
detach(mtcars)             # detach()是撤销 attach()建立的路径索引
```

上述代码绘制出的核密度图如图 5-18 所示。其中,参数值 locator(1)表示单击想让图例出现的位置来交互式地放置图例,第二个参数则是由标签组成的字符向量。使用向量 colfill 为 cyl.f 的每个水平指定一种颜色。

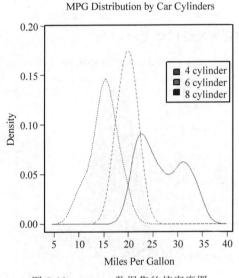

图 5-18    mtcars 数据集的核密度图

### 5.2.8　小提琴图

为什么叫小提琴图呢?因为画出的图形酷似小提琴。用 R 画小提琴图,有两个包可以使用,即 vioplot 和 ggplot2。图 5-19 是小提琴图的一个示例。

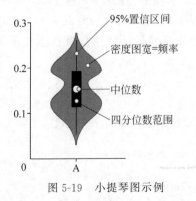

图 5-19    小提琴图示例

小提琴图其实是箱线图与核密度图的结合,主要用来显示数据的分布形状。箱线图展示了分位数的位置,小提琴图则展示了任意位置的密度,通过小提琴图可以知道哪些位置

的密度较高。在图 5-19 中,中间的黑色粗条表示四分位数范围,范围是下四分位点到上四分位点,从其延伸的幼细黑线代表 95% 置信区间,而白点则为中位数。中间的箱线图还可以替换为误差条图。使用 mtcars 数据集 mpg 绘制的小提琴图,具体代码如代码清单 5-16 所示。

**代码清单 5-16**

```
# 在 R 软件中安装 vioplot 包
install.packages("vioplot")
# 载入 vioplot 包
library(vioplot)
# 定义需要绘制的变量数据
x1 <- mtcars $ mpg[mtcars $ cyl == 4]
x2 <- mtcars $ mpg[mtcars $ cyl == 6]
x3 <- mtcars $ mpg[mtcars $ cyl == 8]
# 绘制小提琴图,names 参数设置分组标签
vioplot(x1,x2,x3,names = c("4缸", "6缸", "8缸"), col = "gold")
title("小提琴图:不同缸数对应每加仑汽油行驶里程数分布")
```

如图 5-20 所示为使用 mtcars 数据集 mpg 绘制的小提琴图,横轴代表不同的缸数,纵轴表示每加仑[①]汽油行驶的里程数。

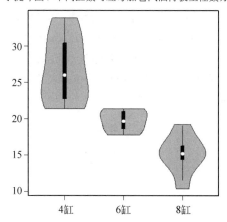

图 5-20  使用 mtcars 数据集 mpg 绘制的小提琴图

对图 5-20 进行分析得知:通常汽缸数量少的汽车每加仑汽油可以行驶更多里程数。小提琴图中白色的点表示中位数,黑色的框表示 IQR,细黑线表示须,小提琴的胖瘦表示分布密度。4 缸汽车的油耗分布比较分散,6 缸汽车的油耗分布相对集中,8 缸汽车的油耗分布很不均匀(中间大两头小);4 缸和 8 缸汽车的油耗都存在比较明显的离散值(上侧的须或下侧的须较长)。

### 5.2.9  棒棒糖图

棒棒糖图传达了与柱形图或条形图相同的信息,只是将矩形转变成线条,这样可减少展示空间。相对于柱形图与条形图,棒棒糖图更加适合数据量比较多的情况。横向棒棒糖

---

① 1加仑(美)=3.785升;1加仑(英)=4.546升。

图对应条形图；纵向棒棒糖图则对应柱形图。

### 5.2.10　克利夫兰点图

克利夫兰点图就是滑珠散点图，非常类似棒棒糖图，只是没有连接的线条，重点强调数据的排序展示及互相之间的差距。克利夫兰点图一般是横向展示，所以 Y 轴变量一般为类别型变量。

具体的用法如下：

```
dotchart(x, labels = NULL, groups = NULL, gdata = NULL, cex = par("cex"),
pch = 21, gpch = 21, bg = par("bg"), color = par("fg"), gcolor = par("fg"),
lcolor = "gray",  xlim = range(x[is.finite(x)]),
main = NULL, xlab = NULL, ylab = NULL, …)
```

其中，*x* 可以是一个数值向量，也可为一个数值矩阵(允许 NA)。如果 *x* 是一个矩阵，整体图形由对每行绘制的点图并列组成。输入满足 is. numeric(x)，但不是 is. vector(x)，is. matrix(x)被 as. numeric 强制转换，并带一个警告。labels 是对应每个点的一个标签向量。对向量，默认使用 names(x)；对矩阵，使用行标签 dimnames(x)[[1]]。groups 是一个可选的因子，表示 x 的元素如何被分组。如果 x 是一个 matrix，默认按 x 的列进行分组。gdata 表示组的数据集。cex 代表要使用的字符大小，设置 cex 小于 1 的值，能有助于避免标签重叠。pch 是要使用的字符或使用的符号。gpch 是要使用的字符或符号，用于分组值。bg 是要使用的字符或符号的背景颜色；使用 par(bg= *)去设置整个图形的背景颜色。color 用于点或标签的颜色。gcolor 用于组标签和值的单个颜色。lcolor 用于水平线的颜色。xlim 是图形的水平范围，也可以使用包 ggpur 来绘制克利夫兰点图(见图 5-21)，具体代码如代码清单 5-17 所示。

**代码清单 5-17**

```
install. packages("ggpubr")
library(ggpubr)
data("mtcars")
df <- mtcars
df $ cyl <- as. factor(df $ cyl)
df $ name <- rownames(df)
head(df[, c("wt", "mpg", "cyl")], 3)
ggdotchart(df, x = "name", y = "mpg", ggtheme = theme_bw())
```

绘制改变 cyl 颜色的克利夫兰图的代码如代码清单 5-18 所示，绘制出的图形如图 5-22 所示。

**代码清单 5-18**

```
ggdotchart(df, x = "name", y = "mpg",
    group = "cyl", color = "cyl",
    palette = c('#999999','#E69F00','#56B4E9'),
    rotate = TRUE,
    sorting = "descending",
    ggtheme = theme_bw(),
    y.text.col = TRUE )
```

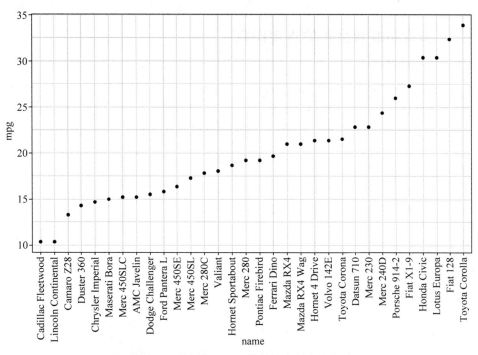

图 5-21　使用包 ggpur 绘制的克利夫兰点图

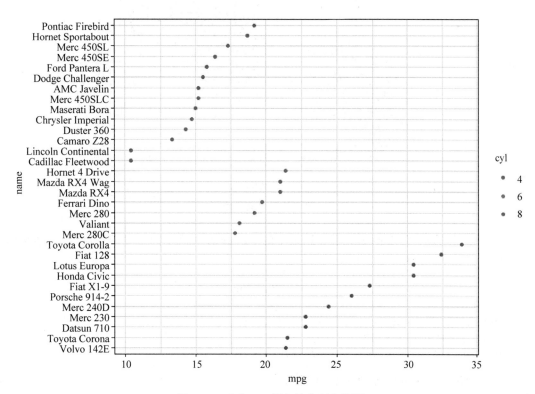

图 5-22　改变 cyl 颜色的克利夫兰图

## 5.3 多变量联合分布的直观印象

### 5.3.1 等高线图

绘制二维等高线主要是调用 stat_density()函数。这个函数会给出一个基于数据的二维核密度估计,然后可基于这个估计值来判断各样本点的"等高"性。接下来首先给出各数据点及等高线的绘制方法,R语言实现代码如代码清单 5-19 所示。

**代码清单 5-19**
```
# 选用数据集 faithful
# 基函数
ggplot(faithful, aes(x = eruptions, y = waiting)) +
# 散点图函数
geom_point() +
# 密度图函数
stat_density2d()
```

上述代码绘制出的图形如图 5-23 所示。

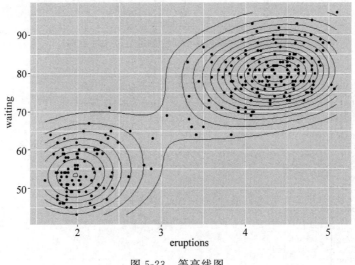

图 5-23　等高线图

也可以通过设置密度函数美学特征集中的 colour 参数给不同密度的等高线着色,R语言实现代码如代码清单 5-20 所示。

**代码清单 5-20**
```
# 基函数
ggplot(faithful, aes(x = eruptions, y = waiting)) +
# 密度图函数:colour 设置等高线颜色
stat_density2d(aes(colour = ..level..))
```

上述代码绘制出的图形如图 5-24 所示。

### 5.3.2 雷达图

雷达图在数据挖掘项目中多用于企业分析或价值分析的环节可视化。雷达图分析法

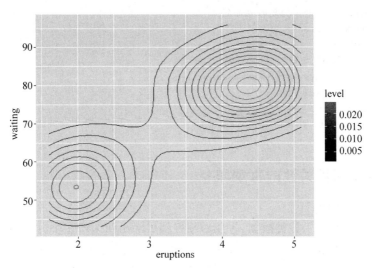

图 5-24　不同密度的等高线着色的等高线图

是一种系统分析的有效方法,它是从项目中建立的多方面分析企业的经营成果,并将这些方面的有关数据用比率表示出来,填写到一张能表示各自比率关系的等比例图形上,再用彩笔连接各自比率的节点,恰似一张雷达图表。从图中可以看出企业经营状况的全貌,一目了然地找出企业经营上的优势和弱势。

　　下面给出不同数据科学家必备能力的雷达图(见图 5-25),绘图用的代码如代码清单 5-21所示。

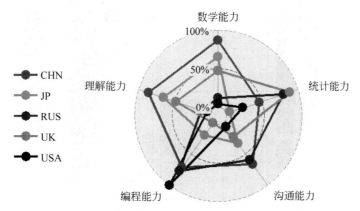

图 5-25　不同数据科学家能力的雷达图

## 代码清单 5-21

```
rm(list = ls())
gc()
library(ggradar)
mydata <- matrix(runif(20,0,1),5,5)
#以上构造了一个值区间为 0~1,个数为 20 的 4 行 5 列随机数矩阵
rownames(mydata) <- LETTERS[1:5]
#以上使用前 5 个大写字母为矩阵行命名
colnames(mydata) <- c("数学能力","统计能力","沟通能力","编程能力","理解能力")
```

```
#使用以上文本向量为矩阵列命名
mynewdata <- data.frame(mydata)
#为数据框增加一列文本字段
Name <- c("USA","CHN","UK","RUS","JP")
mynewdata <- data.frame(Name,mynewdata)
ggradar(mynewdata)
library(knitr)
kable(mynewdata,format = "markdown")
```

## 5.4 变量间相关性的直观印象

### 5.4.1 马赛克图

马赛克图常用来展示分类数据,它能够很好地展示出两个或多个分类型变量的关系。

以 R 自带的数据集 HairEyeColor 为例说明马赛克图的绘制,数据集 HairEyeColor 有 3 个分类变量,即 Hair、Eye、Sex。绘制马赛克图的代码如代码清单 5-22 所示。

**代码清单 5-22**

```
ftable(HairEyeColor) #把分类数据按列联表的形式显示
mosaicplot(~Hair + Eye + Sex,data = HairEyeColor,shade = TRUE,color = TRUE)
#绘制马赛克图
```

如图 5-26 所示为上述代码绘制的马赛克图。

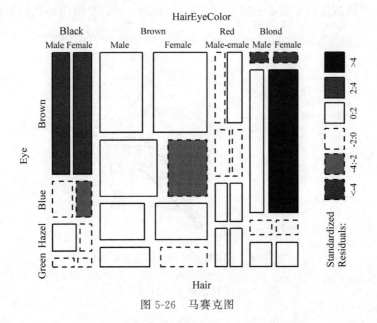

图 5-26 马赛克图

也可以利用 vcd 包中的函数 mosaic 绘制马赛克图,具体实现的代码如代码清单 5-23 所示。

**代码清单 5-23**

```
library(vcd)
mosaic(HairEyeColor,shade = TRUE,legend = TRUE,color = TRUE)
```

如图 5-27 所示为使用 mosaic()函数绘制的马赛克图。

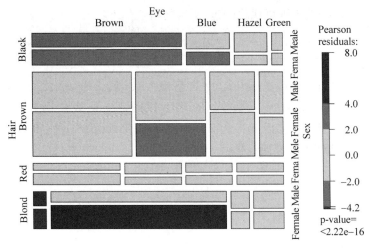

图 5-27　使用 mosaic()函数绘制的马赛克图

## 5.4.2　散点图

散点图通常用来表述两个连续变量之间的关系,图中的每个点表示目标数据集中的每个样本。散点图中常常会拟合一些直线,用来表示某些数学模型。采用 R 自带的 mtcars 数据集绘制车身重量与油耗的回归曲线,具体代码如代码清单 5-24 所示。

**代码清单 5-24**

```
attach(mtcars)
plot(wt, mpg)                    ♯生成散点图
abline(lm(mpg~wt))               ♯添加最优拟合曲线
title("车身重量与油耗的回归曲线")
```

上述代码绘制出的图形如图 5-28 所示。

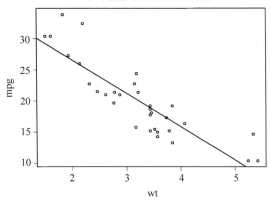

图 5-28　使用 R 内置的 mtcars 数据框生成散点图

### 5.4.3 相关系数图

corrplot 是实现相关矩阵可视化的包,函数的格式如下:

```
corrplot(corr, method = c("circle", "square", "ellipse", "number", "shade",
        "color", "pie"), type = c("full", "lower", "upper"), title = "")
```

其中,参数 corr 是指相关矩阵;method 是指呈现方式,默认为 circle 圆形,square 是指方块,ellipse 表示椭圆,number 表示数字,pie 表示饼图,shade 表示阴影,color 表示颜色;type 是指画图的哪一部分,包括 full 全部,lower 下三角,upper 上三角;title 是图片的标题。使用 mtcars 数据集绘制图形,展示 corr 相关系数矩阵的可视化结果,具体代码如代码清单 5-25 所示。

**代码清单 5-25**

```
# install.packages("ggplot2")
# install.packages("corrplot")
library(ggplot2)
library(corrplot)
corr <- cor(mtcars[,1:5])
#变量数较多,为简便,计算前 5 个变量的相关系数矩阵
#首先画出右上部分图形
corrplot(corr = corr,order = "AOE",type = "upper",tl.pos = "tp")
#再添加左下部分的数值
corrplot(corr = corr,add = TRUE, type = "lower",
        method = "number",order = "AOE", col = "black",
        diag = FALSE,tl.pos = "n", cl.pos = "n")
```

corr 相关系数矩阵的输出结果如下:

|      | mpg | cyl | disp | hp | drat |
|------|------|------|------|------|------|
| mpg | 1.0000000 | −0.8521620 | −0.8475514 | −0.7761684 | 0.6811719 |
| cyl | −0.8521620 | 1.0000000 | 0.9020329 | 0.8324475 | −0.6999381 |
| disp | −0.8475514 | 0.9020329 | 1.0000000 | 0.7909486 | −0.7102139 |
| hp | −0.7761684 | 0.8324475 | 0.7909486 | 1.0000000 | −0.4487591 |
| drat | 0.6811719 | −0.6999381 | −0.7102139 | −0.4487591 | 1.0000000 |

corr 相关系数矩阵的可视化结果如图 5-29 所示。

接着,还可以绘制添加相关系数值的相关系数图,如图 5-30 所示,具体实现代码如代码清单 5-26 所示。

**代码清单 5-26**

```
library(corrplot)
corr <- cor(mtcars[,1:7])
#指定数值方法的相关系数图
# corrplot(corr = corr, method = "number", col = "black", cl.pos = "n")
#按照特征向量角序(AOE)排序相关系数图
# corrplot(corr = corr, order = 'AOE')
#同时添加相关系数值
corrplot(corr = corr, order = "AOE", addCoef.col = "grey")
```

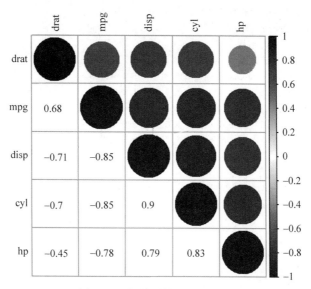

图 5-29　相关系数可视化结果

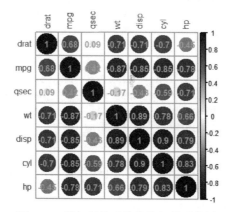

图 5-30　添加相关系数值的相关系数图

## 5.5　以鸢尾花数据集为例进行数据挖掘

这里采用 R 中自带的鸢尾花数据集 iris 进行数据挖掘。首先,需要观察数据,查看数据的维度和结构。使用 dim()函数和 names()函数分别得到数据的维度和数据的列表名称/变量名称。使用 str()函数和 attribute()函数查看数据的结构和属性。

### 1. 查看数据的维度和结构

查看 R 自带的鸢尾花数据集 iris 的数据维度和结构可以通过代码清单 5-27 中的代码来实现。

**代码清单 5-27**

```
> dim(iris)          #维度
[1] 150 5
> names(iris)        #列名
```

```
[1] "Sepal.Length" "Sepal.Width" "Petal.Length"
[4] "Petal.Width" "Species"
> str(iris)          #结构
'data.frame':150 obs. of 5 variables:
 $ Sepal.Length: num 5.1 4.9 4.7 4.6 5 5.4 4.6 5 4.4 4.9 …
 $ Sepal.Width : num 3.5 3 3.2 3.1 3.6 3.9 3.4 3.4 2.9 3.1 …
 $ Petal.Length: num 1.4 1.4 1.3 1.5 1.4 1.7 1.4 1.5 1.4 1.5 …
 $ Petal.Width : num 0.2 0.2 0.2 0.2 0.2 0.4 0.3 0.2 0.2 0.1 …
 $ Species : Factor w/ 3 levels "setosa","versicolor",..: 1 1 1 1 1 1 1 1 1 1 …
> attributes(iris)    #属性
$ names
[1] "Sepal.Length" "Sepal.Width" "Petal.Length"
[4] "Petal.Width" "Species"

$ class
[1] "data.frame"

$ row.names
  [1]   1   2   3   4   5   6   7   8   9  10  11  12  13  14
 [15]  15  16  17  18  19  20  21  22  23  24  25  26  27  28
 [29]  29  30  31  32  33  34  35  36  37  38  39  40  41  42
 [43]  43  44  45  46  47  48  49  50  51  52  53  54  55  56
 [57]  57  58  59  60  61  62  63  64  65  66  67  68  69  70
 [71]  71  72  73  74  75  76  77  78  79  80  81  82  83  84
 [85]  85  86  87  88  89  90  91  92  93  94  95  96  97  98
 [99]  99 100 101 102 103 104 105 106 107 108 109 110 111 112
[113] 113 114 115 116 117 118 119 120 121 122 123 124 125 126
[127] 127 128 129 130 131 132 133 134 135 136 137 138 139 140
[141] 141 142 143 144 145 146 147 148 149 150
```

接下来,查看数据的前 5 行,使用 head()函数查看数据的前 6 行,使用 tail()函数可以查看数据的后面 6 行。实现代码如代码清单 5-28 所示。

**代码清单 5-28**

```
> iris[1:5,]     #查看 1-5 行的数据
    Sepal.Length Sepal.Width Petal.Length Petal.Width Species
1       5.1         3.5         1.4          0.2     setosa
2       4.9         3.0         1.4          0.2     setosa
3       4.7         3.2         1.3          0.2     setosa
4       4.6         3.1         1.5          0.2     setosa
5       5.0         3.6         1.4          0.2     setosa
> head(iris)     #查看前 6 行的数据
    Sepal.Length Sepal.Width Petal.Length Petal.Width Species
1       5.1         3.5         1.4          0.2     setosa
2       4.9         3.0         1.4          0.2     setosa
3       4.7         3.2         1.3          0.2     setosa
4       4.6         3.1         1.5          0.2     setosa
5       5.0         3.6         1.4          0.2     setosa
6       5.4         3.9         1.7          0.4     setosa
> tail(iris)     #查看后 6 行的数据
```

```
          Sepal.Length Sepal.Width Petal.Length Petal.Width
145            6.7          3.3         5.7          2.5
146            6.7          3.0         5.2          2.3
147            6.3          2.5         5.0          1.9
148            6.5          3.0         5.2          2.0
149            6.2          3.4         5.4          2.3
150            5.9          3.0         5.1          1.8
          Species
145  virginica
146  virginica
147  virginica
148  virginica
149  virginica
150  virginica
```

可以通过单独的列名称检索数据,下面的代码可以实现检索 Sepal.Length(萼片长度)这个属性的前 10 个数据。

```
> iris[1:10,'Sepal.Length']
 [1] 5.1 4.9 4.7 4.6 5.0 5.4 4.6 5.0 4.4 4.9
> iris $ Sepal.Length[1:10]         #较常用的检索方式
 [1] 5.1 4.9 4.7 4.6 5.0 5.4 4.6 5.0 4.4 4.9
```

### 2. 分析单个变量的分布特征

每个数值变量的分布都可以使用 summary()函数进行查看,该函数可以得出变量的最小值、最大值、均值、中位数、第一和第三四分位数。

```
> summary(iris)
Sepal.Length     Sepal.Width      Petal.Length
Min.   :4.300    Min.   :2.000    Min.   :1.000
1st Qu.:5.100    1st Qu.:2.800    1st Qu.:1.600
Median :5.800    Median :3.000    Median :4.350
Mean   :5.843    Mean   :3.057    Mean   :3.758
3rd Qu.:6.400    3rd Qu.:3.300    3rd Qu.:5.100
Max.   :7.900    Max.   :4.400    Max.   :6.900
Petal.Width      Species
Min.   :0.100    setosa    :50
1st Qu.:0.300    versicolor:50
Median :1.300    virginica :50
Mean   :1.199
3rd Qu.:1.800
Max.   :2.500
```

另外,均值、中位数及范围可通过函数 mean()、median()及 range()分别实现。例如,通过 quantile()函数实现四分位数和百分位数。

```
> quantile(iris $ Sepal.Length)
   0%   25%   50%   75%  100%
   4.3   5.1   5.8   6.4   7.9
> #实现 10%、20%及 75%的分位数
> quantile(iris $ Sepal.Length,c(.1,.2,.75))
```

```
10 % 20 % 75 %
4.8 5.0 6.4
```

接下来,用 var()函数查看 Sepal.Length 的方差,用 hist()函数和 density()函数查看该属性的直方图分布和密度分布。

```
> var( iris $ Sepal. Length)              # 方差
[1] 0.6856935
> hist( iris $ Sepal. Length)             # 直方图
```

如图 5-31 所示为 Sepal.Length 属性的直方图。

```
> plot(density( iris $ Sepal. Length))    # 密度分布图
```

绘制出的密度分布图如图 5-32 所示。

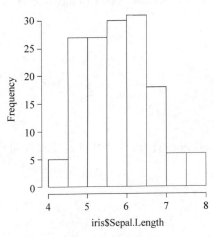

图 5-31  Sepal.Length 属性的直方图

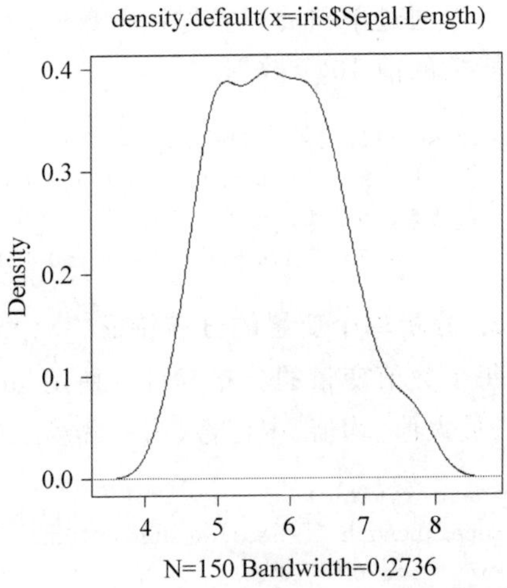

图 5-32  Sepal.Length 属性的密度分布图

其中,变量的频数可使用 table()函数查看,用 pie()函数画饼状图或用 barplot()函数画出条形图分别如图 5-33 和图 5-34 所示。

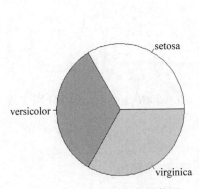

图 5-33  iris $ Species 的饼状图

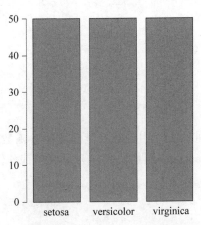

图 5-34  iris $ Species 的条形图

```
> table(iris $ Species)
    setosa versicolor virginica
      50      50      50
> pie(table(iris $ Species))
> barplot(table(iris $ Species))
```

### 3. 分析多元数据相关性

在观察完单变量的分布之后,需要研究两个变量之间的关系。使用 cov()函数和 cor()函数可以计算变量之间的协方差和相关系数,如代码清单 5-29 所示。

代码清单 5-29

```
> cov(iris $ Sepal.Length, iris $ Petal.Length)
[1] 1.274315
> cov(iris[,1:3])
             Sepal.Length Sepal.Width
Sepal.Length   0.6856935  - 0.0424340
Sepal.Width  - 0.0424340   0.1899794
Petal.Length   1.2743154  - 0.3296564
             Petal.Length
Sepal.Length   1.2743154
Sepal.Width  - 0.3296564
Petal.Length   3.1162779
> cor(iris $ Sepal.Length, iris $ Petal.Length)
[1] 0.8717538
> cor(iris[,1:3])
             Sepal.Length Sepal.Width
Sepal.Length   1.0000000  - 0.1175698
Sepal.Width  - 0.1175698   1.0000000
Petal.Length   0.8717538  - 0.4284401
             Petal.Length
Sepal.Length   0.8717538
Sepal.Width  - 0.4284401
Petal.Length   1.0000000
```

这里可以使用 aggregate()函数计算每种鸢尾花的萼片长度的统计数据。其中,代码中的 summary 参数代表使用 summary()函数来查看数据分布状态。

```
> aggregate(Sepal.Length ~ Species, summary, data = iris)
    Species Sepal.Length.Min. Sepal.Length.1st Qu.
1    setosa        4.300            4.800
2 versicolor       4.900            5.600
3 virginica        4.900            6.225
    Sepal.Length.Median Sepal.Length.Mean Sepal.Length.3rd Qu.
1        5.000              5.006             5.200
2        5.900              5.936             6.300
3        6.500              6.588             6.900
    Sepal.Length.Max.
1        5.800
2        7.000
3        7.900
```

下面,使用 boxplot()函数绘制箱线图来展示中位数、四分位数及异常值的分布情况。

```
> boxplot(Sepal.Length~Species, data = iris)
```

如图 5-35 所示为每种鸢尾花的萼片长度的箱线图。

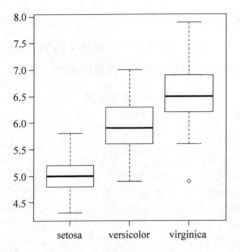

图 5-35　每种鸢尾花的萼片长度的箱线图

在图 5-35 中,矩形盒中间的横条就是变量的中位数,矩形盒的上、下两个边分别是上、下四分位数,最外面的上、下两条横线分别是最大值和最小值,在 virginica 这类鸢尾花上面的箱线图外面的一个小圆圈代表异常值。使用 plot()函数可以绘制两个数值变量之间的散点图,如果使用 with()函数就不需要在变量名之前添加 iris $。下面的代码中设置了每种鸢尾花观测值的点的颜色和形状:

```
> with(iris, plot(Sepal.Length, Sepal.Width, col = Species, pch = as.numeric(Species)))
```

其中,col 可以根据鸢尾花种类设置点的颜色;pch 将种类转化为数值型设置点的形状。如果事先使用命令 attach(iris),即可免去 with 直接用 plot()函数,具体代码如下:

```
> attach(iris)
> plot(Sepal.Length, Sepal.Width, col = Species, pch = as.numeric(Species))
```

如图 5-36 所示为 Sepal.Length 和 Sepal.Width 的散点图。

当点比较多时就会有重叠,可以在绘图前使用 jitter()函数往数据中添加一些噪声点来减少数据的重叠。

```
> plot(jitter(iris $ Sepal.Length), jitter(iris $ Sepal.Width))
```

如图 5-37 所示为减少数据重叠情况下的 Sepal.Length 和 Sepal.Width 的散点图。

使用 pair()函数可以绘制散点图矩阵,如图 5-38 所示。

```
> pairs(iris)
```

在数据分析中会产生很多图片,为了能够在后面的程序中用到这些图表,需要将它们保

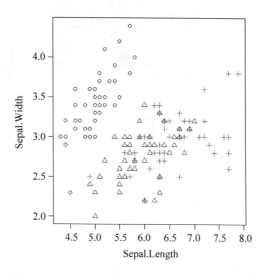

图 5-36　Sepal. Length 和 Sepal. Width 的散点图

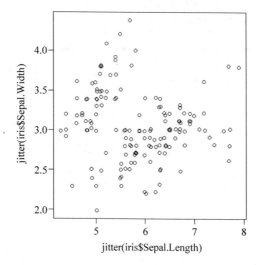

图 5-37　Sepal. Length 和 Sepal. Width 的散点图（减少数据重叠）

存起来。可以用 pdf()函数将图表保存为 PDF 文件,还可以使用 ps()函数和 postscript()函数将图片保存为 PS 文件,使用 bmp()、jpeg()、png()及 tiff()函数可以保存为对应的图片格式文件。画完图后,需要使用 graphics. off()函数或 dev. off()函数关闭画图设备。

```
> pdf("thisPlot.pdf")
> plot(jitter(iris $ Sepal.Length), jitter(iris $ Sepal.Width))
> dev.off()
```

如图 5-39 所示,则表明可以将绘制出的图表保存为 PDF 文件。

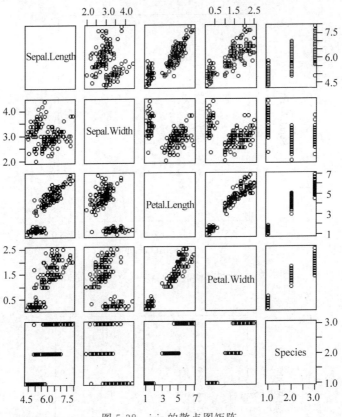

图 5-38  iris 的散点图矩阵

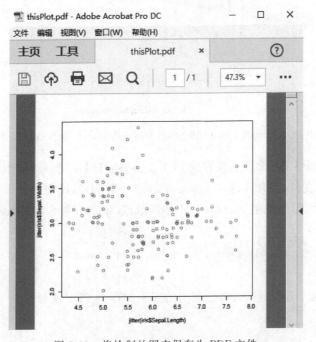

图 5-39  将绘制的图表保存为 PDF 文件

## 本章小结

用户对数据进行分析时,需要观察数据、分析数据的分布情况、分析数据之间的关系、结合需求进行数据分析、制作数据可视化图表,R语言提供了多种图表对数据分布进行描述。本章介绍了R的绘图设备和文件,R的图形组成、参数和边界的设置;然后,介绍了绘制单变量和多变量分布特征的图形,以及反映变量间相关性的图形。

## 思考与练习

1. R语言中的不同数据对象是什么?
2. 什么是R语言Base包,它提供什么功能?
3. ％％和％/％之间有什么区别?
4. R语言中,如何自定义启动环境?
5. 假设某天某地每3个小时取样的气温如表5-4所示。

表5-4　某天某地每3个小时取样的气温

| 0时 | 3时 | 6时 | 9时 | 12时 | 15时 | 18时 | 21时 | 24时 |
|---|---|---|---|---|---|---|---|---|
| 3℃ | 5℃ | 7℃ | 4℃ | 1℃ | 2℃ | 3℃ | 2℃ | 6℃ |

要求针对温度变化趋势绘制雷达图。

# 第6章 R的空间数据可视化

## 本章学习目标

- 掌握 REmap 包的使用。
- 掌握 baidumap 包的使用。
- 能按需要进行地图标识等操作。
- 学会绘制热力图。

空间数据主要由 3 个文件组成：shp 文件用于存储位置几何信息，dbf 文件用于存储 attribute，shx 文件用于存储位置几何信息与 attribute 的对照表。位置几何信息主要有以下几类：points、multipoints、lines、polygons 等。空间数据处理与可视化，需要解决 3 个问题：一是怎么在 R 中表示空间数据；二是怎么对空间对象进行计算；三是怎么在 R 中绘制空间数据/地图。sp 用于解决第一个问题，rgeos 用于解决第二个问题，leaflet 用于解决第三个问题。

在 R 中，可视化空间数据是一项具有挑战性的任务。这项任务通过使用 sp 包等 R 包可以绘制出一个包含多边形区域数据的基本地理信息图或引用数据点的点图。然而，与专业的地理信息系统（如 ESRI 的 ArcGIS，可以在地图和卫星图像上绘制出点、多边形等，并可使用下拉菜单）相比，这些可视化还是有不尽如人意的地方。

sp 包的功能是在 R 中提供对象表示 shp 文件。SpatialPoints、SpatialMultiPoints、SpatialLines、SpatialPolygons 等用于表示位置几何信息。attribute 一般以表格形式存在，所以 sp 包用 dataframe 对齐进行表示。rgeos 解决空间处理的问题，主要用来进行一些空间运算，如计算两个空间对象的位置关系：相交、重叠、包含等。

为了使用 baidumap 包和 REmap 包，需要申请一个百度地图的 APIkey（见图 6-1）。首先，登录网址 http://lbsyun. baidu. com/apiconsole/key 申请成为百度开发者；直接申请，根据需要选择相应的应用类型，如服务端、浏

览器端、微信小程序还是其他类型，这里选择服务端，请求校验方式选择 IP 白名单或者 sn
校验方式，记录访问应用（APIkey）。

应用AK:　BYK0v4oEmOt91CGDqVuyXz27f6EuArNB

应用名称:　RStudio

应用类型:　服务端

启用服务:　　　　　　　　　　　　基础服务

☑ 云存储　　　　　☑ 地点检索　　　　　☑ 普通IP定位
☑ 路线规划　　　　☑ 静态图　　　　　　☑ 全景静态图
☑ 坐标转换　　　　☑ 鹰眼轨迹　　　　　☑ 批量算路
☑ 时区　　　　　　☑ 推荐上车点　　　　☑ 轨迹纠偏API
☑ 实时路况查询　　☑ 驾车路线规划(轻量)　☑ 骑行路线规划(轻量)
☑ 步行路线规划(轻量)　☑ 公交路线规划(轻量)　☑ 地理编码
☑ 逆地理编码　　　☑ 轨迹重合分析API　☑ 国内天气查询
☑ 海外天气查询　　☐ 行政区划检索API

高级服务

☒ 智能硬件定位 ⑦　☒ 境外地点检索 ⑦　☒ 境外路线规划 ⑦
☒ 逆地理编码境外POI ⑦　☒ 货车批量算路 ⑦　☒ 货车路线规划 ⑦
☒ 地址解析聚合 ⑦　☒ 区划位置解析 ⑦　☒ 摩托车批量算路 ⑦
☒ 摩托车路线规划 ⑦　☒ 道路信息API ⑦　☒ 城乡类型判别 ⑦
☒ 货车ETC ⑦　　　☒ 私有云存储 ⑦

请求校验方式:　sn校验方式　　　查看sn校验计算方法

SK:　XMYVvItY1hv8rXn5klQZDHgbe2zgyQSF

提交

图 6-1　申请百度地图 APIkey

## 6.1　基于百度地图的可视化 REmap 包

REmap 这个包是通过调用百度地图 APIkey 的一个程序包，其函数主要有 remap()、
remapB()、remapC()、remapH()等。该程序包目前在 GitHub 网站上，因此需要从 GitHub
上面下载并安装。

```
install.packages("devtools")          # 如果已经安装就不需要这步
library(devtools)
devtools::install_github("lchiffon/REmap")   # 开发者/包名
library(REmap)                         # 加载
```

### 6.1.1 remap()函数

remap()函数的用法如下:

```
remap(mapdata, title = "", subtitle = "", theme = get_theme("Dark"))
```

其中,mapdata 表示数据集,每行数据表示从出发点到终点;theme 表示主题的背景颜色。举例说明,代码如代码清单 6-1 所示。

代码清单 6-1

```
set.seed(123)
out = remap(demoC,title = "REmap",subtitle = "theme:Dark")
plot(out)
```

可以使用 remapB()函数制作线路图。地铁线路反映了车辆行驶轨迹,或者对于现在出行行业的司机/用户行为轨迹图,通过实时打点,记录位置信息,使车辆行驶轨迹可视化。

### 6.1.2 remapB()函数

remapB()函数的用法如下:

```
remapB(center = c(104.114129,37.550339),    #地图打开时所处的位置
       zoom = 5,                            #地图大小
       color = "Bright",                    #地图颜色
       title = "",                          #地图标题
       subtitle = "",                       #次标题
       markLineData = NA,                   #绘制迁移图时使用此函数
       markPointData = NA,                  #绘制方位图时使用此函数
       markLineTheme = markLineControl(),   #迁移图交互
       markPointTheme = markPointControl(), #方位图交互
       geoData = NA)                        #用于绘制地图所需提供的数据
```

**例 6-1** 使用 REmap 包绘制北京的部分大学分布图。本例题的实现代码如代码清单 6-2 所示。

代码清单 6-2

```
options(remap.ak = "xIFoD6qUI1IU3yKBwZfNKsOhR04tzA7H")
    #北京的大学名单
University <- c("北京大学","清华大学","中国人民大学","北京外国语大学","北京理工大学",
"北京邮电大学","中央音乐学院","中央民族大学","北京体育大学","中国政法大学")
#获取经纬度
Uni_Geo <- get_geo_position(University)
#绘制方位图
Uni_resutl <- remapB(markPointData = data.frame(Uni_Geo$city),markPointTheme =
markPointControl(symbol = "circle",effect = TRUE,#动态效果
symbolSize = 8,color = "red"),geoData = Uni_Geo)
```

效果图如图 6-2 所示(实际为动态图,浏览器可访问)。

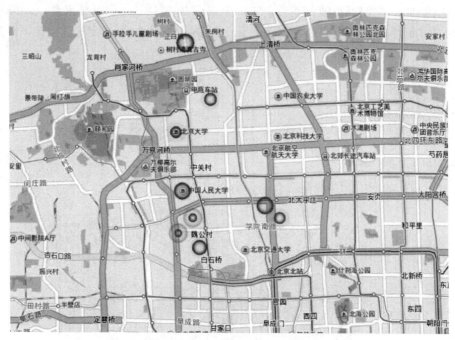

图 6-2  北京的部分大学分布图

## 6.2  baidumap 地图包的使用

首先,需要安装包 baidumap,安装方法如下:

```
library(devtools)
install_github("badbye/baidumap")
#离线下载此包的地址: https://github.com/badbye/baidumap
```

使用方法如下:

```
options(baidumap.key = 'XXX')
library(baidumap)
install.packages("ggmap")
library(ggmap)
```

R 调用百度地图的过程如下。

(1) 根据具体的地理位置获得经纬度信息。

(2) 根据经纬度获得需要的静态地图。

(3) 将静态地图处理为 R 中可处理的对象,如 ggmap。

(4) 使用 R 根据需要处理该对象。

```
q <- getBaiduMap(location, width = 400, height = 400, zoom = 10,
scale = 2, color = "color", messaging = TRUE)
```

其中,参数 location 包含经度和纬度的向量或是一个矩阵,或者可以是一个字符串表示地址,经纬度和地址将作为地图的中心点;width、height 表示 map 的宽和高;zoom 表示 map

的缩放比例,是一个整数,取值范围为 3～21,默认值是 10;scale 表示像素数;color 可取值为"color"或"bw",表示有色或是黑白;messaging 表示逻辑语句,决定是否输出下载数据的信息。

```
#获取北京大学的地图信息
options(remap.ak = "XXX")
library(baidumap)
q <- getBaiduMap('北京大学', width = 600, height = 600, zoom = 18, scale = 2, messaging =
FALSE)
ggmap(q)    #绘制地图
```

如图 6-3 所示为使用 baidumap 包绘制的北京大学地图。

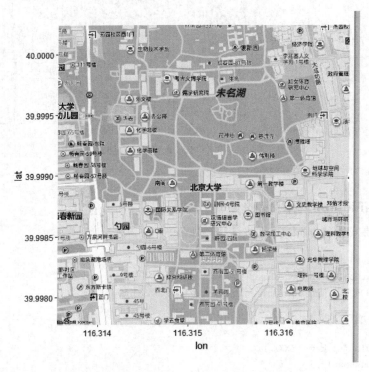

图 6-3　使用 baidumap 包绘制的北京大学地图

get_geo-position()函数用于获取坐标。

```
> HDU <- get_geo_position("杭州电子科技大学")
> HDU
  lon        lat        city
120.3519   30.3197    杭州电子科技大学
```

getCoordinate()函数的作用是根据地址得到经纬度。

```
> getCoordinate('北京大学',output = 'xml') #XML 格式
> getCoordinate('北京大学',output = 'json') #JSON 格式
> getCoordinate('北京大学',output = 'xml',formatted = T) #矩阵形式
longtitude    latitude
```

```
116.31515    39.99901
#可以同时获取多个地点的经纬度信息
>getCoordinate(c('杭州电子科技大学', '浙江理工大学', '浙江工业大学'), formatted = T)
          longtitude        latitude
杭州电子科技大学      120.3484 30.32169
浙江理工大学         120.1432 30.29542
浙江工业大学         120.1719 30.29881
```

getPlace()函数可以返回地图搜索结果。

```
getPlace(place = NULL, city = "北京")
```

其中，参数 place 表示想要搜索的地方；city 表示城市，返回值为数据框；dataframe：包含名称、经纬度、地址等。

```
#查找北京的大学
bj_college <- getPlace('大学','北京')
head(bj_college)
```

getRoute()函数的作用是通过搜索得到路线。getRoute()函数的用法如下：

```
getRoute(origin,destination,mode,region,tactics…)
```

其中，参数 origin 表示起点；destination 表示终点；mode 表示出行方式，包括'walk'和'transit'两种；region 表示起点和终点所在的区域，若不在同一地区，分别用 origin_region 和 destination_region，tactics 可取 10（不走高速）、11（默认，最短时间）、12（最短路径）。

**例 6-2**　绘制杭州萧山机场和笕桥机场两个机场之间的路线。

本例题的实现代码如代码清单 6-3 所示。

**代码清单 6-3**

```
bjMap <- getBaiduMap('杭州',color = 'bw')
df <- getRoute('萧山机场', '笕桥机场')
ggmap(bjMap) + geom_path(data = df, aes(lon, lat), alpha = 0.5, col = 'red')
```

## 6.3　热力图

热力图也称热图，是以特殊高亮的形式显示用户页面单击位置或用户所在页面位置的图示。热力图在现实生活中的应用非常广泛，下面先来看两张图，如图 6-4 和图 6-5 所示。

通过图 6-4，可以很清楚地看出 4 个球员在比赛中跑动位置的差异。图 6-5 是西安交警指挥中心联合腾讯地图基于大型历史赛事的人流数据进行建模构建的热力图，可以很清楚地看出国足赛场周围区域的人口密度及流量变化的特征，方便实时监控赛场周围的人流、车流，有助于预警突发事件，科学、高效进行人员分流疏导。

那么，绘制热力图的 R 包有哪些呢？

实际上，绘制静态与交互式热力图，需要使用到以下 R 包和函数。

（1）heatmap()：用于绘制简单热力图的函数。

（2）heatmap.2()：绘制增强热力图的函数。

（3）d3heatmap：用于绘制交互式热力图的 R 包。

图 6-4 2010 年世界杯决赛,冠军西班牙队中门将、后卫、中场及前锋的跑位热图

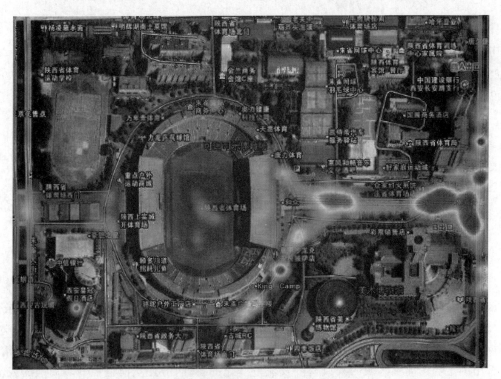

图 6-5 西安交警助力国足赛事热图

(4) ComplexHeatmap: 用于绘制、注释和排列复杂热力图的 R&bioconductor 包(非常适用于基因组数据分析)。

其实,绘制热力图时还可以借助 ggplot2 包、gplot 包、lattice 包来绘制。

这里使用 R 内置的数据集 mtcars,使用 heatmap()函数绘制简单的热力图,如图 6-6 所示,实现代码如代码清单 6-4 所示。

代码清单 6-4

```
df <- as.matrix((scale(mtcars)))
dim(df) #查看行列数
#归一化、矩阵化
col <- colorRampPalette(c("red", "white", "blue"))(256)
heatmap(df, scale = "none", col = col)
```

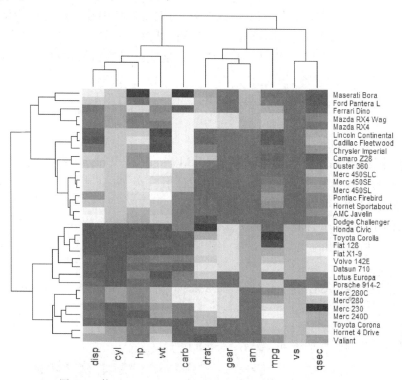

图 6-6 使用 heatmap()函数绘制 mtcars 数据集的热力图

## 6.4 leaflet 地图包的使用

leaflet 地图包是前端地图可视化开源框架,设计轻巧灵活,非常易于理解和上手。leaflet 是交互式地图中较受欢迎的开源 JavaScript 库之一,被纽约时报和华盛顿邮报、GitHub 和 Flickr 等网站及 OpenStreetMap、Mapbox、CartoDB 等 GIS 专家使用。leaflet 可以用"麻雀虽小,五脏俱全"来形容,能实现的效果和功能一点也不输其他前端地图框架。由于其灵活的可扩展性和纷繁众多的插件,足以满足各种各样的功能需求。leaflet 是轻量级、跨平台的,其压缩库包只有 38KB,对移动端友好,并且个人计算机上的所有效果均能在移动端上无缝呈现,能够轻松地在 iPad、iPhone 和 Android 等手机平台上构建应用,提供特有的 locate 接口让开发者能够轻松地获取到当前的定位信息。leaflet 地图包中内置了 OpenStreetMap、Esri 和 CartoDB 等,可以直接加载 OpenStreetMap、Mapbox and CartoDB 的底图数据。

因为 leaflet 是一个标准的 R 语言包,所以直接通过如下命令就可以安装。

#下载稳定版本

```
install.packages("leaflet")
#想要体验最新功能,下载开发版本,执行以下命令
devtools::install_github("rstudio/leaflet")
# 包的 github 链接地址:https://github.com/rstudio/leaflet
# 基于 leaflet 的中文扩展包的来源见 chiffon 的 github 地址:
# https://github.com/Lchiffon/leafletCN
```

在 leaflet 包初始化时,调用 leaflet()这个方法,就是对地图控件进行初始化,会生成一个地图容器,以后所有的图层操作,都在这个容器内处理。一般来说,这个方法都被作为其他方法的第一个参数来使用,可以通过显示参数设定或通过管道操作符%>%把这个容器传递给其他的方法。

一般来说,leaflet 包的基本使用步骤如下。

(1) 加载 leaflet 包。

(2) 通过 leaflet 包创建地图控件。

(3) 通过图层操作的方法(如 addTiles、addMarkers、addPolygons)处理图层数据,并且修改地图插件的各种参数,把图层显示在地图控件上。

(4) 重复第(3)步,可以增加更多的图层数据。

(5) 把地图部件显示出来,完成绘图。

**例 6-3** 标注 R 的出生地。

```
library(leaflet)
m <- leaflet() %>% addTiles() %>% addMarkers(lng = 174.768, lat = - 36.852,
    popup = "R的出生地")
m
```

上述代码绘制的图形如图 6-7 所示。

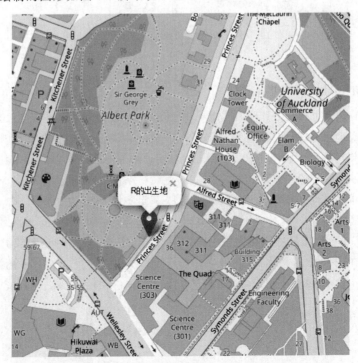

图 6-7 R 的出生地

地图控件的基本方法包括以下 3 个。

（1）setView()：设定地图的显示级别、缩放比例和地图的中心点。

（2）fitBounds()：设定地图的范围，一般是一个矩形，结构是［lng1，lat1］-［lng2，lat2］。

（3）clearBounds()：清除地图的范围设定。

一般情况下，名为 lat 或 latitude（不区分大小写）的参数用来表示纬度变量，而经度变量一般用 lng、long 或 longitude 来表示。

**例 6-4**

```
library(leaflet)
m <- leaflet()
setView(m,lng = 116.391,lat = 39.912,zoom = 3)
# 设定所要展示的图层中心位置,参数为带有数据的地图图层、经纬度信息及呈现的缩放级
# 别(3～9 级不等)
at <- addTiles(m)    # 加载底图
# 自动调用一个默认的地图图层作为页面底图
# 把 leaflet()语句创建的地图控件传递给 addTiles()这个方法,并且作为第一个参数
addMarkers(at,lng = 116.391, lat = 39.912, popup = "这里是北京")
# 一个图层对象函数,主要呈现点对象信息,点标识为常见的雨滴形状
```

以上代码运行结果如图 6-8 所示，是一个以（116.391，39.912）为视觉中心，缩放级别为 3 级，点标识对象为北京的中国行政地图。

图表原生支持动态操作，可以使用鼠标滚轮进行放大或缩小操作，也可使用页面左上角的加号和减号进行操作，每个点标识都是支持鼠标单击显示弹窗信息的。弹窗信息中支持定义文本、图片、视频、超链接。leaflet 函数支持的点有 3 类，默认的是雨滴形状（addMarkers），还有两种分别是 addCircle、addCircleMarkers。addCircle 是实心点，只有一个颜色属性；addCircleMarkers 是带轮廓的圆点，可以分别对轮廓和内圆进行颜色设定，两者都支持大小（面积）映射。

leaflet()函数支持管道函数操作，可以让代码简洁、易懂、高效。R 对于这种需要重复进行容器嵌套的写法，提供了管道操作符"%>%"来实现，主要作用就是把前面的语句（变量）传递给下一个语句，并且作为第一个参数使用。例 6-4 如果利用管道操作符来写，输出结果是完全一样的，但是语句变得简单了。

```
leaflet() %>% addTiles() %>% addMarkers(lng = 116.391, lat = 39.912, popup = "这里是北京")
```

管道操作符 leaflet() %>% addTiles()等同于 addTiles(leaflet())，就是把 leaflet()语句创建的地图控件，传递给 addTiles()这个方法，并且作为第一个参数来使用。

接下来通过 leaflet()来绘制一些地图。

从最简单的绘制点开始，通过经纬度把点画上去，首先生成一批随机点然后画上去。

```
df = data.frame(Lat = rnorm(100), Lon = rnorm(100))
m <- leaflet(df)
addCircles(m)
# 写法 2:
# df %>% leaflet() %>% addCircles()
```

图 6-8　以(116.391,39.912)为视觉中心的地图

运行结果如图 6-9 所示。

开放街道图(OpenStreetMap,OSM)是一个网上地图协作计划,目标是创造一个内容自由且能让所有人编辑的世界地图。OSM 数据开源,用户可以自由下载使用。leaflet 包中内置了多个基础底图,包括 OpenStreetMap、Esri 和 CartoDB 等,设置底图的方法如下:addProviderTiles("地图标号"),默认用的 osm。

下面是可以直接在 leaflet 包中加载的地图标号。

```
OpenStreetMap.Mapnik          OpenStreetMap.BlackAndWhite
OpenStreetMap.DE              OpenStreetMap.France
```

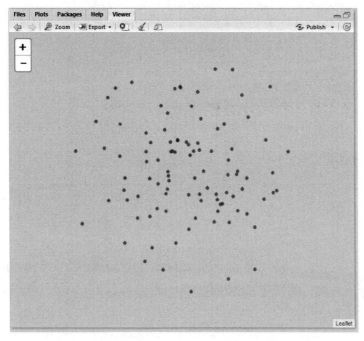

图 6-9　散点图

| | |
|---|---|
| OpenStreetMap.HOT | OpenTopoMap |
| Thunderforest.OpenCycleMap | Thunderforest.Transport |
| Thunderforest.TransportDark | Thunderforest.SpinalMap |
| Thunderforest.Landscape | Thunderforest.Outdoors |
| Thunderforest.Pioneer | OpenMapSurfer.Roads |
| OpenMapSurfer.Grayscale | Hydda.Full |
| Stamen.Toner | Stamen.TonerBackground |
| Stamen.TonerLite | Stamen.Watercolor |
| Stamen.Terrain | Stamen.TerrainBackground |
| Stamen.TopOSMRelief | Esri.WorldStreetMap |
| Esri.DeLorme | Esri.WorldTopoMap |
| Esri.WorldImagery | Esri.WorldTerrain |
| Esri.WorldShadedRelief | Esri.WorldPhysical |
| Esri.OceanBasemap | Esri.NatGeoWorldMap |
| Esri.WorldGrayCanvas | MtbMap |
| CartoDB.Positron | CartoDB.PositronNoLabels |
| CartoDB.PositronOnlyLabels | CartoDB.DarkMatter |
| CartoDB.DarkMatterNoLabels | CartoDB.DarkMatterOnlyLabels |
| HikeBike.HikeBike | HikeBike.HillShading |

　　leaflet 包是用 HTML5 技术实现的,弹出窗口完美支持 HTML 语法,这样就可以设置各种超文本信息了,包括但是不限于文字、图片、视频等。leaflet 采用 HTML5 实现高性能渲染,地图呈现细腻流畅,和 SuperMap iClient 9D for Leaflet 结合可以轻松渲染 10 万以上的点数据。

**例 6-5**

```
library(leaflet)
```

```
content <- paste(sep = "< br/>"," <b>< a href = 'http://www.hdu.edu.cn'>杭州电子科技大学
(高教园校区) </a></b>", "地址:浙江省杭州市江干区白杨街道 2 号大街 1158 号", "电话:(0571)
× × × × × × × × × ","坐标:120.349512,30.320546 "
)
leaflet()%>% addTiles()%>%
    addPopups(120.349512,30.320546 , content,
            options = popupOptions(closeButton = FALSE))
```

上述代码绘制的图形如图 6-10 所示。

图 6-10  带标注的杭州电子科技大学地图

**例 6-6**  设置多个不同标注的地图。

```
leaflet() %>% addTiles() %>% setView(120.352, 30.315, 13) %>%
    addMarkers(
        lng = 120.352384, lat = 30.315348,
        label = "浙江理工大学游泳馆",
        labelOptions = labelOptions(noHide = T)) %>%
        addMarkers(lng = 120.354568, lat = 30.316353,
        label = "杭州警官职业学院",
        labelOptions = labelOptions(noHide = T,
                                    direction = "bottom",
                                    style = list("color" = "red",
                                    "font - family" = "serif",
                                    "font - style" = "黑体","font - size" = "20px",
                                    "box - shadow" = "3px 3px rgba(0,0,0,0.25)",
                                    "border - color" = "rgba(0,0,0,0.25)"
    )))
```

上述代码绘制的图形如图 6-11 所示。

图 6-11　带不同标注的地图

## 6.5　ggmap 地图包的使用

ggmap 是一个可通过谷歌地图中静态地图的空间信息，形象化展示的新工具，并通过 OpenStreet 地图、Stamen 地图或 CloudMade 地图，使用 ggplot2 实现分层制图功能；同时，还引入了几个新的实用的函数，并允许用户访问谷歌地理编码、距离矩阵和方向路线请求。其最终结果简洁、易懂且空间图形框架模块化，并介绍了一些方便的空间数据分析工具。

### 6.5.1　ggmap 的工作原理

ggmap 的基本思路是使用下载的地图图像，使用 ggplot2 将其作为背景层，然后在地图上绘制数据、统计信息或模型等。

在 ggmap 中，这个过程被分为以下两部分。

(1) 下载图像并对它们进行格式化，使用 get_map 完成。

(2) 使用 ggmap 完成绘图。qmap 将这两个函数结合起来，用于快速绘制绘图（例如，包 ggplot2 中的 ggplot()函数），并且 qmplot 尝试将整个绘图过程封装成一个简单的命令（例如，包 ggplot2 中的 qplot()函数）。

### 6.5.2　get_map 函数

在 ggmap 中，使用 get_map()函数完成地图下载并格式化图像，以进行绘图准备。具体地说，get_map()函数是 get_googlemap、get_openstreetmap、get_stamenmap 和 get_cloudmademap 的一个复合函数，它接受一系列广泛的参数，并返回一个分类栅格对象，供 ggmap 绘图使用。由于地图最大的且重要的是位置信息，因此 get_map()函数最为重要的参数是位置参数。

在理想情况下，位置是指定地图中心的经纬度，并附有参数的缩放。例如，从 3 到 20 的整数说明围绕中心的空间范围大小——3 为陆地水平，而 20 为单一建筑水平，默认位置为得克萨斯州休斯敦市中心，并且缩放到 10 倍，大致为城市规模。

当经纬度作为理想情况下的位置说明而使用时，可操作性不是很强。基于这个原因，位置也接受一个字符串，无论这个字符串是否包含地址、邮编或专有名称，都将通过编码函数，为地图中心赋予适当的经纬度坐标。不需要知道地图中心精确的经纬度坐标，get_map()

函数就能给予更为规范通俗的说明。

## 本章小结

本章首先介绍了基于百度地图的 REmap 包和 baidumap 包的使用，能按需要进行地图标识等操作；然后介绍了如何使用 R 绘制热力图；最后介绍了 leaflet 包的基本使用步骤，以及 leaflet 包中内置的多个基础底图的用法。

## 思考与练习

1. 小明五一放假准备出去玩，先从北京出发，到上海看看东方明珠，再到重庆尝一尝火锅，在成都逛逛宽窄巷子，最后返回北京逛逛天坛。这个行程图使用 REmap 包编制 R 程序来实现行程图的绘制。

2. 使用 R 语言绘制以 (116.391,39.912) 为视觉中心的地图。

3. 空间数据最常用的格式是 shp，主要由哪 3 个文件组成？

# 第7章 R语言的文本数据挖掘应用

## 本章学习目标

- 学会安装并使用 jiebaR 包和 Rwordseg 包。
- 掌握 tm 文本挖掘包的使用方法。
- 理解 wordcloud2 函数的用法。
- 掌握词云图的绘制方法。
- 学会构建关键词共现矩阵。
- 能用 R 语言编程实现文本挖掘分析。

现实生活中大多数数据可以用文本的形式表示,通常情况下文本数量大,具有非结构化且形式多样的特点。本章将探讨文本挖掘的 R 语言应用,介绍提取文本中有用信息的一些工具。

将数据挖掘的成果用于分析以自然语言描述的文本,这种方法被称为文本挖掘或文本知识发现。

## 7.1 文本挖掘的概述

文本挖掘是一门交叉性学科,涉及数据挖掘、机器学习、模式识别、人工智能、统计学、计算机语言学、计算机网络技术、信息学等多个领域。文本挖掘是抽取有效的、可理解的、散布在文本文件中的、有价值的知识,并利用这些知识更好地组织信息的过程。文本挖掘就是从大量的文档中发现隐含知识和模式的一种方法和工具,它从数据挖掘发展而来,但与传统的数据挖掘存在许多不同之处。

在网络信息中,大部分信息是以文本的形式存放的,Web 文本挖掘是 Web 内容挖掘的一种重要形式。文本挖掘的对象是海量、异构、分布的文档,文档内容是人类所使用的自然语言,缺乏计算机可理解的语义。传统数据挖掘所处理的数据是结构化的,而文档都是半结构化或非结构化的。所以,文本挖掘面临的首要问题是如何在计算机中合理地表示文本。

使用 R 语言进行文本挖掘可以实现关联分析，首先根据同时出现的频率找出关联规则；然后进行聚类和分类，聚类是将相似的文档（词条）进行聚类，分类是将文本划分到预先定义的类别中；最后提取全面准确反映文档中心内容的简单连贯描述性短文、关键词。使用 R 语言的文本挖掘功能，可以了解国家大事、分析政府最新政策；也可以对微信聊天信息进行分析；还可以进行政府和媒体的舆情检测；找到文章中的隐藏信息，对文章的结构进行分析，判断是不是同一个作者写的文章或小说；进行论文抄袭判别；还可以对邮件进行分析，结合算法判断区分垃圾邮件和有用邮件。

自然语言处理（natural language processing，NLP）是研究在人与人交际中及人与计算机交际中的语言问题的一门学科，是人工智能的一个子领域。NLP 是一种很吸引人的人机交互方式，不仅要研究语言，还要研究计算机。因此，NLP 是一门交叉学科，涉及语言学、数学、计算机科学等不同学科。由于人类语言具有很高的复杂性，不同语言间语法不同，组成方式不同，还有语言种类的多样性，使 NLP 是目前机器学习领域较困难的技术之一。自然语言处理也是机器学习的重要分支之一，就是指开发能够理解人类语言的应用程序或服务，是研究语言能力和语言应用的模型，主要应用于篇章理解、语音识别与翻译、情感分析、知识图谱等多个领域。而自然语言处理的应用首先是对文本进行分词，当前最基础的中文分词器是 jieba 分词器，还有 Ansj、paoding、httpcws、盘古分词、mmseg4j 等多种分词器。

NLP 通常包含两方面的内容：词法和语法。词法的经典问题为分词、拼写检查、语音识别等；语法的经典问题有词类识别、词义消歧、结构分析等。NLP 研究的内容有很多，如信息检索，即从海量文档中找到符合用户需要的相关文档；文档分类或文本分类或信息分类，对大量的文档按照一定的分类标准（如根据主题/内容划分等）实现自动归类；信息过滤，自动识别和过滤那些满足特定条件的文档信息；信息抽取，指从文本中抽取出特定的事件或事实信息。信息抽取与信息检索的区别在于，信息抽取是直接从自然语言文本中抽取信息框架，通常是用户感兴趣的事实信息，而信息检索主要是从海量文档集合中找到与用户需求（一般通过关键词表达）相关的文档列表。信息抽取与信息检索的共同之处在于，信息抽取系统通常以信息检索系统（如文本过滤）的输出作为输入，而信息抽取技术又可以用来提高信息检索系统的性能。舆情是较多群众关于社会中各种现象、问题所表达的信念、态度、意见和情绪等表现的总和。文本挖掘是指从文本（多指网络文本）中获取高质量信息的过程。文本挖掘技术涉及文本分类、文本聚类、概念或实体抽取、粒度分类、情感分析、自动文摘和实体关系建模等多种技术。

文本挖掘可以视为 NLP 的一个子领域，目标是在大量非结构化文本中整理、分析、取出有价值的内容。文本挖掘的主要过程包括特征抽取、特征选择、文本分类、文本聚类、模型评价。

数据挖掘就是从海量的数据中发现隐含的知识和规律，文本数据挖掘是数据挖掘的一个分支，指从文本数据中抽取有价值的信息和知识的计算机处理技术。文本分析是指对文本的表示及其特征项的选取；文本分析是文本挖掘、信息检索的一个基本问题，它把从文本中抽取出的特征词进行量化来表示文本信息。

## 7.2　文本挖掘与数据挖掘的关系

数据挖掘是指从海量数据(包括文本)中挖掘出隐含的对决策存在潜在价值的信息,寻找数据相互之间的未知特性。对于企业而言,正确挖掘隐含在已有企业运营数据中有价值的信息,可以在行业激烈竞争中获胜,更好地为目标消费者提供产品和服务,最大化获取企业的利润。

数据挖掘的主要挖掘方法有分类、估计、预测、相关性分组或关联规则、聚类、复杂数据类型挖掘(Text、Web、图形图像、视频、音频等)等技术。

数据挖掘本身融合了统计学、数据库和机器学习等学科,并不是新的技术。数据初期的准备通常占整个数据挖掘项目工作量的 60%～70%。数据挖掘能分析出数据中有价值的信息,在现实生活中的应用非常广泛。例如,在超市的销售数据中挖掘消费者的消费习惯,可以从消费者的交易记录中找出消费者偏好的产品组合,如经典的沃尔玛超市采用数据挖掘方法发现的啤酒-尿不湿背后的美国人消费行为模式;不同通信公司对手机话费套餐的设定;不同客户对优惠的弹性分析;不同客户生命周期模型;挖掘分析消费者群体的交易记录信息从而对消费者进行差异化营销等。

文本挖掘,就是挖掘文本信息中潜在的有价值的信息。文本数据与数值数据的区别主要在于 3 方面:第一,非结构化且数据量大;第二,它与人的语言是对接的;第三,文字的含义不是唯一的。首先,文本数据的数据量是巨大的,一百万条结构化数据可能才几十到几百兆,而一百万条文本数据就已经是 GB 了;其次,文本数据是非结构化数据,非结构化意味着没有任何的列可供定义和参考,文本数据与人的思想直接对接;最后,文字的含义是不唯一的。这也是文本挖掘最大的难题所在,文本数据与数值数据最大的区别,文本数据是难以量化的。

## 7.3　文本挖掘的首要步骤——分词

从人们的关注点,到人们的旅行行程,再到人们的购物清单,大数据均能给出某些方面的洞察结果,这些分析结果被用于不同的决策上,有的被用于卫生监管部门的疫情防疫决策,有的被用于媒体报道的直观呈现,有的被用于高危人员流动的追踪等。大数据从数据量、数据类型和数据增长速度的角度描述数据,数据的存储、传输、计算、处理、分析等,都是传统方式难以应对的,相关的技术就要升级。简而言之,大数据其实是在提醒人们,如今数据量是巨大的,远超过以往的数据量。

大数据与数据挖掘的区别在于:大数据在容量、速率和种类等多方面都有相关定义,而数据挖掘则是一个从未经处理过的数据中提取信息的过程,重点是找到相关性和模式分析。大数据和数据挖掘的相似之处在于,数据挖掘的前提和大数据的前提是一样的,就是海量数据。数据挖掘就是从海量的数据中发现隐含的知识和规律。数据挖掘的未来不再是针对少量或是样本化、随机化的精准数据,而是海量混杂的大数据。

文本挖掘的第一步就是进行分词,分词将直接影响文本挖掘的效果。在英语等语言中,词与词之间存在着空格,因此在进行处理过程中不需要对其进行分词处理,但由于汉语等语言中词与词之间不存在分隔,因此需要对其进行分词处理。

R语言对分词有很好的支持,中文分词比较有名的包就是 Rwordseg 和 jieba 包,两者采用的算法类似。

接下来介绍一个 R 语言中文分词包"结巴分词"(jiebaR)。jiebaR 库提供了 7 种分词引擎,是一款高效的 R 语言中文分词包,底层使用的是 C 语言,通过 Rcpp 进行调用很高效。结巴分词基于 MIT 协议,是免费和开源的,官方 GitHub 的地址为 https://github.com/qinwf/jiebaR。

## 7.4　jiebaR 分词包及 Rwordseg 分词包的安装和使用

中文分词比较有名的两个包就是 Rwordseg 和 jiebaR。这两个包之间的区别在于:Rwordseg 在分词之前会去掉文本中所有的符号,这样就会造成原本分开的句子前后相连,本来是分开的两个字也许连在一起就是一个词了,而 jiebaR 分词包不会去掉任何符号,且返回的结果中也会有符号。在小文本准确性方面,Rwordseg 可能会产生"可以忽视"的误差,但是文本挖掘都是大规模的文本处理,由此造成的差异可以忽略不计。与其分词后要整理去除各种符号,倒不如提前把符号去掉了,所以 Rwordseg 包更加适合文本挖掘。

R 语言中 jiebaR 包常用的 4 种分词模式分别是最大概率法、隐式马尔可夫模型(hidden Markov model,HMM)、混合模型及索引模型,默认为混合模型。其中,最大概率法负责根据 Trie 树构建有向无环图和进行动态规划算法,是分词算法的核心。隐式马尔可夫模型是根据基于人民日报等语料库构建的 HMM 模型来进行分词的,根据 B、E、M、S 这 4 个状态来代表每个字的隐藏状态。混合模型是 4 个分词引擎中分词效果较好的类,结合使用最大概率法和隐式马尔可夫模型。索引模型先使用混合模型进行切词,再对切出来的较长的词,枚举句子中所有可能成词的情况。另外,还有关键词模型,关键词提取所使用逆向文件频率文本语料库可以切换成自定义语料库的路径,使用方法与分词类似。

进行文本分析时,使用 worker()函数初始化分词引擎,使用 segment()函数进行分词。在加载分词引擎时,可以自定义词库路径,同时可以启动不同的分词模式。worker()函数的用法如下:

```
worker(type = "mix", dict = DICTPATH, hmm = HMMPATH, user = USERPATH,
    idf = IDFPATH, stop_word = STOPPATH, write = T, qmax = 20, topn = 5,
    encoding = "UTF-8", detect = T, symbol = F, lines = 1e+05,
    output = NULL, bylines = F, user_weight = "max")
```

其中,type 用来指定分词引擎类型,mp(最大概率模型)是基于词典和词频的,hmm(HMM 模型)是基于 HMM 模型的,可以发现词典中没有的词,mix(混合模型)是先用 mp 模型分,mp 分完之后调用 hmm 再来把剩余的可能成词的单字分出来;query(索引模型)建立在 mix 基础上,对大于一定长度的词再进行一次切分,dict 代表系统词典;hmm 是 HMM 模型的路径;user 是用户词典路径,用户词典包括词和词性标记两列,用户词典中所有词的词频均为系统词典中最大词频(默认可以通过 user_weight 参数修改),还可以使用搜狗提供的细胞词库,user＝cidian::load_user_dict(filePath＝"词库路径");idf 是 IDF 词典,在关键词提取时使用;stop_word 代表关键词提取使用的停止词库,分词时也可以使用,但是分词时使用的对应路径不能为默认的 jiebaR::STOPPATH;write 代表是否将文件分词结

果写入文件,默认为 FALSE；qmax 是最大成词的字符数,默认为 20 个字符；topn 是关键
词数,默认为 5 个；encoding 是输入文件的编码,默认为 UTF-8；detect 代表是否进行编码
检查,默认为 TRUE；symbol 代表是否保留符号,默认为 FALSE；lines 是每次读取文件的
最大行数,用于控制读取文件的长度,大文件则会分次读取；output 代表输出路径；bylines
是按行输出；user_weight 是用户权重。

在调用 worker()函数时,实际是在加载 jiebaR 库的分词引擎。下面举例说明 worker()函
数的用法。

```
> library(jiebaR)
> wk <- worker()
> wk["我是 R 语言的深度用户"]
[1] "我"  "是"  "R"  "语言"  "的"  "深度"
[7] "用户"
```

停止词就是分词过程中不需要作为结果显示出来的那些词,如英文中的"a,the,or,
and"等,中文中的"的、地、得、和、或、你、我、他"。这些词因为经常大量出现在一段文本中,
使用频率过高。对于分词后的结果,在统计词频时会增加很多的噪声,所以通常都会将这
些词进行过滤。在 jiebaR 中,过滤停止词有两种方法,一种是通过配置 stop_word 文件,另
一种是使用 filter_segment()函数。

关键词提取是文本处理非常重要的一个环节,一个经典算法是 TF-IDF 算法。其中,
TF(term frequency)代表词频,IDF(inverse document frequency)表示逆文档频率。如果某
个词在文章中多次出现,而且不是停止词,那么它很可能是用户要找的关键词。再通过 IDF
算出每个词的权重,不常见的词出现的频率越高,则权重越大。计算 TF-IDF 的公式为 TF-
IDF＝TF×IDF。对文档中每个词计算 TF-IDF 的值,把结果从大到小排序,就得到了这篇
文档的关键性排序列表。

词频是一篇文章中每个单词出现频数的统计量。绘制词云图所用包为 worldcloud 包
和 wordcloud2 包,绘制词云图的第一步是中文分词,中文分词包中最出名的是 Rwordseg
包和 jiebaR 包。

Rwordseg 是一个 R 环境下的中文分词工具,使用 rJava 调用 Java 分词工具 Ansj。
Ansj 是一个开源的 Java 中文分词工具,基于中国科学院的 ictclas 中文分词算法,采用隐式
马尔可夫模型。Rwordseg 包依赖于 rJava 包和 Java 环境。rJava 的链接是 https://cran.r-
project.org/web/packages/rJava/index.html。安装 rJava 包的注意事项如下。

(1) 因为 rJava 是 R 与 Java 之间的通道,所以计算机上必须要有 jdk,且 jdk 位数、R 的
位数与计算机操作系统位数一致。

(2) 保证 Java 的环境变量配置正确。

(3) 在 R 中需要配置好 java_home 环境变量：Sys.setenv(JAVA_HOME='路径')。

由于 Rwordseg 包并没有托管在 CRAN 上面,而是在 R-Forge 上面,因此在 R 软件上
面直接输入 install.packages("Rwordseg")会提示错误,可以下载到本地离线安装,下载链
接是 http://jianl.org/cn/R/Rwordseg.html。

**例 7-1**　Rwordseg 分词。

使用 Rwordseg 分词包进行分词的具体实现代码如代码清单 7-1 所示。

代码清单 7-1

```
library(rJava)
library(Rwordseg)
teststring1 <- "我爱 R 语言,喜欢文本挖掘"
segmentCN(teststring1)  #Rwordseg 中的函数,中文分词
#观察分词 2000 次花的时间
system.time(for(i in 1:2000) segmentCN(teststring1))
```

## 7.5　文本挖掘 tm 包的安装和使用——以《哈利·波特与密室》为例

R 具有处理文本的内置函数,可将文本调整至可分析的形式(如使用词干而非示例、移除数字、移除标点、移除停用词等),开发文档矩阵,说明整个文档中词的用法。完成这些步骤之后,就可以对文档进行分析和聚类了。tm(text mining),是用来做文本挖掘的一个 R 包,是一个进行自然语言处理的基础包。它提供了一些做文本挖掘的基础设施,如数据输入、文本处理、预处理、元数据管理、创建单词-文本矩阵。进行操作前需要先使用命令安装 tm 包,install.packages("tm"),然后载入 tm 包,使用命令 vignette("tm")查看 tm 包的文档。

文本处理流程首先要拥有分析的语料库,根据这些语料构建半结构化的文本库,使用文本处理函数清理文档;然后生成包含词频的结构化的词条-文档矩阵;最后就是分析文档矩阵。

接下来主要从数据输入、语料库处理、数据预处理、元数据管理、建立文档-词条矩阵这几方面讲述 tm 包的使用。

### 7.5.1　数据输入——语料库的构建

语料库(corpus)也称文集,代表的是一个文档集,可以是报告、出版物、HTML 文档。通常一个文件就是一个文档,多个文档构成一个语料库。语料库作为一个抽象的概念,具体的实现方式:一个是动态语料库 VCorpus(volatile corpus),这种文集完全存储在内存中,创建方法为 VCorpus(x, readerControl);另一个是静态语料库 PCorpus (permanent corpus),在这种实现方式下内存中只是存储文档的指针,真正的文档存储在文件或数据库中。

建立动态语料库使用 VCorpus()的具体格式如下:

```
VCorpus(x, readerControl = list(reader = reader(x),language = "en"), | … )
```

建立静态语料库使用 Pcorpus(),具体格式如下:

```
PCorpus(x, readerControl = list(reader(x), language = "en"), dbControl = list(dbName = " ",
dbType = "DB1"), … )
```

语料库创建的第一个参数 x 必须是一个 Source 对象,tm 包提供了几种预定义的 source。一般情况下,x 参数有如下情况可选:DirSource、VectorSource、DataframeSource、URLSource 和 XMLSource,分别用来处理一个目录、一个向量(每个元素为一个文档)和数据框结构(如 csv)、URL 格式、XML 格式的文档。利用 getSources()函数可以获取所有可用的 source,当然也可以根据需要建立自己的 source。

这里使用的数据文件是《哈利·波特与密室》(*Harry Potter and The Chamber of*

*Secrets*），这是美国作家 J. K. Rowling 创作的长篇小说，是"哈利·波特"系列的第二部。《哈利·波特与密室》描写了邪恶巫师伏地魔以一种新的形式归来。书中发生的事件表明邪恶只能被暂时避免，而不会被永久地铲除，任何世界都没有完美安宁的最终结局。

**例 7-2**　导入 R 自带的路透社的 20 篇 xml 文档。

实现代码如代码清单 7-2 所示。

**代码清单 7-2**

```
library(SnowballC)
library(tm)
# 找到/texts/crude 的目录，作为 DirSource 的输入，读取 20 篇 xml 文档
# D:/myRDataLQH/myRPackages/tm/texts/crude
reut21578 <- system.file("texts", "crude", package = "tm")
reuters <- Corpus(DirSource(reut21578), readerControl = list(reader = readReut21578XML))
# Corpus 命令读取文本并生成语料库文件
# 查看语料库
# 由于是从 xml 读取过来，因此现在的 corpus 还是杂乱的
inspect(reuters) # 可以使用 inspect()、print()、summary()
print(reuters)
summary(reuters)
```

常用的数据读取方法，说明如下：

```
# DirSource(): 从本地文件目录夹导入，输入的必须是完整路径名 - 字符向量，
# 只能创建一个目录源，不能具体指向某个文件
# system.file():查找 package 包中文件的全部文件目录
> txt <- system.file("texts","txt",package = 'tm')
> docs <- Corpus(DirSource(txt,encoding = "UTF - 8"))
# 自定义目录
> HarryPotter2 <- VCorpus(DirSource(directory = "D:/myRDataLQH/
workspace/data/HarryPotter2", encoding = "UTF - 8"))
<< VCorpus >>
Metadata: corpus specific: 0, document level (indexed): 0
Content: documents: 1
> docs <- c("this is my text","here I create a vector.")
> VCorpus(VectorSource(docs))
<< VCorpus >>
Metadata: corpus specific: 0, document level (indexed): 0
Content: documents: 2
# DataframeSource 的使用
data <- read.csv("D:/ myRDataLQH/workspace/data/ Report.csv")
ovid3 <- Corpus(DataframeSource(data),readerControl = list(language = "zh"))
inspect(ovid3)
# URLSource(x,encoding = "",mode = "text"):每个 URL 作为一个文档
a1 <- system.file("texts", "a1.txt", package = "tm")
a2 <- system.file("texts", "txt", "a2.txt", package = "tm")
us <- URISource(sprintf("file:// % s", c(a1, a2)))
# XMLSource():xml 格式的文件可以先解析出文本，然后再使用 VectorSource()
# 对于第 2 个参数 readerControl,即指定文件类型对应的读入方式.
# 默认使用 tm 支持的(即 getReaders()中列举的)系列函数
```

语料库创建的第 2 个参数是一个列表 readerControl,包含组件 reader 和 language。其中,reader 负责创建一个文档,文档的来源是 source 传递过来的每个元素。下面是简单的处理流程:source→elements→reader→document。

tm 包中有几种 reader,如 readPlain()、readPDF()、readDOC()等,利用 getReaders() 可获得所有 reader。readDOC()和 readPDF()分别读取 DOC 和 PDF 文档,需要事先安装 antiword\xpdf,并配置环境变量。每个 source 都对应一个默认的 reader,如 DirSource 的 reader 就是读入文件,把文件的内容作为字符串。这个 reader 是可被替换的。language 指明文本的语言。

数据输出是将语料库导出到本地硬盘,将语料库保存为 txt,并按序列命名语料库:

```
writeCorpus(HarryPotter2, path = "D:/myRDataLQH/workspace ", filenames =
paste(seq_along(HarryPotter2), ".txt", sep = ""))
```

可以使用 print()和 summary()查看语料库的部分信息。而完整信息的提取则需要使用 inspect()函数。

根据计算机安装 R 软件中 tm 包的目录进行检索,笔者的目录是 C:\Users\liqin\Documents\R\win-library\3.4\tm\texts\crude。

**例 7-3** 按照文档的属性进行检索。

按照文档的属性进行检索的具体代码如代码清单 7-3 所示。

**代码清单 7-3**

```
#根据 id 和 heading 属性进行检索
reut21578 <- system.file("texts", "crude", package = "tm")
reuters <- Corpus(DirSource(reut21578),readerControl = list(reader = readReut21578XML))
#注意使用 readReut21578XML 时需要安装 xml 包,否则会出错,
#具体错误提示是 Error in loadNamespace(name) : there is no package called 'XML'
idx <- meta(reuters, "id") == '237' &meta(reuters, "heading") == 'INDONESIA SEEN AT
CROSSROADS OVER ECONOMIC CHANGE'
reuters[idx] #查看搜索结果
inspect(reuters[idx][[1]])
```

语料库的检索与查看的常用函数如表 7-1 所示。

表 7-1 语料库的检索与查看的常用函数

| 函　　数 | 功　　能 |
| --- | --- |
| ovid[] | 查找语料库的某篇文档 |
| ovid[[]] | 查看文档内容 |
| c(ovid,ovid) | 语料库拼接 |
| length() | 查看语料库文档数目 |
| show()/print()/summary() | 语料库信息 |
| inspect(ovid1[n:m]) | 查找语料库第 $n\sim m$ 个文档 |
| meta(ovid[[n]], "id") | 查看第 $n$ 个语料库的 id |
| identical(ovid[[2]], ovid[["ovid_2.txt"]]) | 查看第 2 个语料库名称是否为某个值 |
| inspect(ovid[[2]]) | 查看第 2 个文档的详细内容 |
| lapply(ovid[1:2], as.character) | 分行查看内容 |

**例 7-4**　全文检索。

全文检索的具体实现代码如代码清单 7-4 所示。

代码清单 7-4

```
#检索文中含有某个单词的文档
data("crude")
tm_filter(crude, FUN = function(x) any(grep("co[m]pany", content(x))))
#tm_filter()函数也可以换作 tm_index,区别在于 tm_filter()返回结果为语料库形式,而 tm_index
#返回结果则为 true/false.
```

### 7.5.2　使用 tm_map()函数对语料库进行预处理

使用 tm_map()函数可以对语料库文件进行预处理,将其转为纯文本并去除多余空格,转换小写,去除常用词汇、合并异形同义词汇,代码如代码清单 7-5 所示。

代码清单 7-5

```
# install.packages(c('SnowballC'))
library("SnowballC")
#将 reuters 转化为纯文本文件,去除标签
reuters <- tm_map(reuters,PlainTextDocument)
#消除数字
reuters <- tm_map(reuters,removeNumbers)
#去除标点符号
reuters <- tm_map(reuters,removePunctuation)
#消除空白(空格)
reuters <- tm_map(reuters,stripWhitespace)
#大小写转换,这里是转换为小写
reuters <- tm_map(reuters,tolower)
#removeWords 去除语料库停用词,停用词必须是向量形式
reuters <- tm_map(reuters,removeWords,stopwords("english"));
tm_map(reuters,stemDocument)
```

上述代码中,命令 reuters<-tm_map(reuters,removeWords,stopwords("english"))的作用是去词干化。词干化,即词干提取,指的是去除词缀得到词根的过程。如以单复数等多种形式存在的词或多种时态形式存在的同一个词代表的是同一个意思。因此,通过词干化将它们的形式进行统一。

对于例 7-2 中 xml 格式的文档用 tm_map()函数可以对语料库文件进行预处理,将其转为纯文本并去除多余空格,转换大小写,去除常用词汇、合并异形同义词汇,得到类似 txt 文件的效果,以用 inspect(reuters)查看效果。

语料库过滤的具体代码如代码清单 7-6 所示。

代码清单 7-6

```
reuters <- Corpus(VectorSource(reuters))     #创建语料库
#过滤功能,文档内容中含有" HarryPotter2.txt"的 id 号,idx 返回 TRUE\FALSE
idx <- meta(reuters,"id") == " HarryPotter2.txt"
reuters[idx]
#也可进行全文搜索,如含有" The Chamber of Secrets"的文档
tm_filter(reuters,FUN = function(x){any(grep("The Chamber of Secrets",content(x)))})
#只返回是否满足条件的布尔值
```

```
tm_index(reuters,FUN = function(x){any(grep("The Chamber of Secrets",content(x)))})
```

其中,tm 包提供了 tm_filter()函数,具体用法为 tm_filter(x, FUN,…)和 tm_index(x, FUN,…)。FUN 函数的输入是一篇文档,输出为一个 bool 值,表示是否接受该文档,而 tm_index 则返回满足条件的 index。

### 7.5.3 元数据查看与管理

元数据用于标记语料库的附件信息,它具有两个级别:一个为语料库级别的元数据;另一个为文档级别的元数据。Simple Dublin Core 是一种带有 15 种特定数据元素的元数据,分别是标题(title)、创建者(creator)、主题(subject)、描述(description)、发行者(publisher)、资助者(contributor)、日期(date)、类型(type)、格式(format)、标识符(identifier)、来源(source)、语言(language)、关系(relation)、范围(coverage)和权限(rights)。

元数据只记录语料库或文档的信息,与文档相互独立,互不影响。要获得元数据,最简单的方法是使用 meta()函数。每篇文档中有预定义的元数据(如 author),但是每篇文档也可以添加自定义的元数据标签。如代码清单 7-7 所示,分别用 DublinCore()和 meta()函数修改一个文档的元数据。

**代码清单 7-7**

```
# 对 core data 或 Simple Dublin Core 查看和管理的方法
meta(crude[[1]])        # 查看语料库元数据的信息
meta(crude)             # 查看语料库元数据的格式
# 修改语料库元数据的值
DublinCore(crude[[1]], "Creator") <- "Ano Nymous"
# 查看语料库元数据信息
meta(crude[[1]])
# 查看语料库元数据的格式
meta(crude)
# 增加语料库级别的元数据信息
meta(crude, tag = "test", type = "corpus") <- "test meta"
meta(crude, type = "corpus")
meta(crude, "foo") <- letters[1:20]
```

### 7.5.4 创建词条-文档关系矩阵

对语料库创立词条-文档关系矩阵所用到的函数为

```
TermDocumentMatrix(x, control = list())
DocumentTermMatrix(x, control = list())
```

上述两个函数创建的矩阵互为转置矩阵。

control = list()中的可选参数有 removePunctuation、stopwords、weighting 和 stemming 等,其中 weighting 可计算词条权重,有 weightTf、weightTfIdf、weightBin、weightSMART 这 4 种。

创建和查看词条-文本矩阵的代码如代码清单 7-8 所示。

**代码清单 7-8**

```
# 创建词条 - 文本矩阵
tdm <- TermDocumentMatrix(crude, control = list(removePunctuation = TRUE,
```

```
                                  stopwords = TRUE))
dtm < - DocumentTermMatrix(crude, control = list(weighting = function(x), weightTfIdf(x,
normalize = FALSE), stopwords = TRUE))
dtm2 <- DocumentTermMatrix(crude, control = list(weighting = weightTf, stopwords = TRUE))
#查看词条-文本矩阵
inspect(tdm[202:205, 1:5])
inspect(tdm[c("price", "texas"), c("127", "144", "191", "194")])
inspect(dtm[1:5, 273:276])
```

**注意**：这里运行命令 dtm <-DocumentTermMatrix(crude)之前，需要先执行 reuters <-tm_map(reuters，PlainTextDocument)。DocumentTermMatrix 生成的矩阵是文档-词频的稀疏矩阵，横向是文档文件，纵向是分出来的词，矩阵代表词频。

```
#查看词汇文档矩阵内容
inspect(dtm[1:5, 100:105])
inspect(dtm2[1:5,273:276])
#频数提取
findFreqTerms(dtm, 5)
#相关性提取
findAssocs(dtm, "opec", 0.8)
inspect(removeSparseTerms(dtm, 0.4))
```

### 7.5.5　文档距离的计算

使用 dist()函数可以计算变量间的距离：dist. r = dist(data，method＝" ")。其中，data 是样本矩阵或数据框，method 包括 6 种方法，表示不同的距离测度。method 的取值有euclidean 欧几里得距离、切比雪夫距离、manhattan 绝对值距离、canberra Lance 距离、minkowski 距离和 binary 定性变量距离。注意：不同量级间的数据进行距离计算时，会受量级的影响，为了使各个变量平等地发挥作用，需要对数据进行中心化和标准化的变换：scale(x，center＝TRUE，scale＝TRUE)。

有时不是对样本进行分类，而是对变量进行分类。此时不计算距离，而是计算变量间的相似系数，常用的有夹角余弦和相关系数。

## 7.6　R 的文本分类分析方法

文本的表示及其特征项的选取是文本挖掘、信息检索的一个基本问题，它把从文本中抽取出的特征词进行量化来表示文本信息。将它们从一个无结构的原始文本转化为结构化的计算机可以识别处理的信息，即对文本进行科学的抽象，建立数学模型描述和代替文本，使计算机能够通过对这种模型的计算和操作来实现对文本的识别。

文本分类需要建立词频矩阵，但是词条特征项往往是几十万个甚至更多，这样形成的矩阵会非常大，因此在文本分类中，需要进行特征选择和特征抽取。

### 7.6.1　文本特征提取——词袋模型

用于表示文本的基本单位称为文本的特征或特征项。特征项必须具备一定的特性：特征项要能够确实标识文本内容；特征项具有将目标文本与其他文本相区分的能力；特征项的个数不能太多；特征项的分离要易实现。

在中文文本中可以采用字、词或短语作为表示文本的特征项。词比字具有更强的表达能力,词的切分难度比短语的切分难度小得多。目前,大多数中文文本分类系统采用词作为特征项,称为特征词。这些特征词作为文档的中间表示形式,用来实现文档与文档、文档与用户目标之间的相似度计算。

特征抽取的主要功能是在不损失核心信息的情况下尽量减少要处理的单词数,以此来降低向量空间维数,简化计算,提高文本处理的速度和效率。文本特征选择对文本内容的过滤和分类、聚类处理、知识发现等方面都有重要影响。通常根据某个特征评估函数计算各个特征的评分值,然后按评分值对这些特征进行排序,选取若干个评分值最高的作为特征词,这就是特征抽取。

特征选取的方式有以下 4 种。

(1) 用映射或变换的方法把原始特征变换为较少的新特征。

(2) 从原始特征中挑选出一些最具代表性的特征。

(3) 根据专家的知识挑选最有影响的特征。

(4) 用数学的方法进行选取,找出最具分类信息的特征,这种方法适合于文本自动分类挖掘系统的应用。

文本特征提取有两个非常重要的模型:词集模型和词袋模型。词集模型是单词构成的集合,集合中每个元素都只有一个,也就是说,词集中的每个单词都只有一个。词袋(bag of words,BOW)模型是建立在词集基础上的,即把文本的单词分开之后,统计每个单词出现的次数,然后作为该文本的特征表示。词袋是在词集的基础上增加了频率的维度,词集只关注有无问题,词袋关注具体有几个。在自然语言处理和文本分析的问题中,词袋和词向量是两种最常用的模型。假设要对一篇文章进行特征化,最常见的方式就是词袋。词袋是将文本/Query 看作是一系列词的集合。因为词很多,所以就用袋子把它们装起来,简称词袋。词向量只能表征单个词。如图 7-1 所示为原始文本转化为词袋模型的图示。

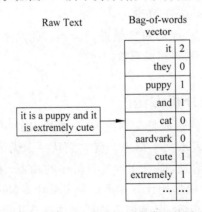

图 7-1　原始文本转化为词袋模型的图示

举例说明:

文本 1:京东/是/国内/著名/的/B2C/电商/之一。

这是一个短文本,"/"作为词与词之间的分割。这个文本包含"京东""B2C""电商"等词。该文本的词袋由"京东""电商"等词构成。

在计算机中表示词袋模型可以通过给每个词一个位置/索引来实现。令"京东"的索引为0，"电商"的索引为1，其他以此类推。则该文本的词袋就变成了一串数字（索引）的集合。

在文本的相似度计算时，可以用简单的数据结构来组织词袋模型。词是用数字（索引）来表示的，这里采用数组来表示，方便计算余弦相似度。数组的下标表示不同的词，数组中的元素表示词的权重（如 TF、TF-IDF）。例如：

```
Intwords[10000] = {1,20,500,0,…}
索引:{0,1,2,3,…}
```
词：{京东,是,国内,B2C,…}

词的索引可以用词的 HashCode 来计算，即 Index(京东) = HashCode(京东)。将词散列到数组的某个位置，并且是固定的。HashCode()函数起到了字典的作用。

**例 7-5**　词袋模型的使用。

先加载 tidyverse 包和 tidytext 包，然后创建一个数据集语料库。有多个文本，先根据文本分组，再进行词袋模型分词，具体实现代码如代码清单 7-9 所示。

代码清单 7-9

```
library(pacman)
p_load(tidyverse,tidytext)
> corpus = c('The sky is blue and beautiful. ',
+            'Love this blue and beautiful sky!',
+            'The quick brown fox jumps over the lazy dog. ',
+            'The brown fox is quick and the blue dog is lazy!',
+            'The sky is very blue and the sky is very beautiful today',
+            'The dog is lazy but the brown fox is quick!')
> labels = c('weather', 'weather', 'animals', 'animals', 'weather', 'animals')
> tibble(Document = corpus,Category = labels,) -> corpus_df
> corpus_df %>%
+     mutate(id = 1:n()) -> corpus_df
> corpus_df
# A tibble: 6 x 3
   Document                                        Category   id
   <chr>                                           <chr>      <int>
1 The sky is blue and beautiful.                   weather    1
2 Love this blue and beautiful sky!                weather    2
3 The quick brown fox jumps over the lazy dog.     animals    3
4 The brown fox is quick and the blue dog is l~    animals    4
5 The sky is very blue and the sky is very bea~    weather    5
6 The dog is lazy but the brown fox is quick!      animals    6
> corpus_df %>%
+     group_by(id) %>%
+     unnest_tokens(word,Document) %>%
+     count(word,sort = T) %>%
+     ungroup() -> bag_of_words_raw
# 去掉停止词,这里使用包自带的停止词包
> data("stop_words")
> bag_of_words_raw %>%
+     anti_join(stop_words) %>%
```

```
+      arrange(id) -> bag_of_words_tidy
Joining, by = "word"
#查看转化后的格式
> bag_of_words_tidy %>%
+      print(n = Inf)
# A tibble: 27 x 3
  id           word              n
< int >        < chr >           < int >
1              1 beautiful         1
2              1 blue              1
3              1 sky               1
4              2 beautiful         1
5              2 blue              1
6              2 love              1
7              2 sky               1
8              3 brown             1
9              3 dog               1
10             3 fox               1
11             3 jumps             1
12             3 lazy              1
13             3 quick             1
14             4 blue              1
15             4 brown             1
16             4 dog               1
17             4 fox               1
18             4 lazy              1
19             4 quick             1
20             5 sky               2
21             5 beautiful         1
22             5 blue              1
23             6 brown             1
24             6 dog               1
25             6 fox               1
26             6 lazy              1
27             6 quick             1
```

#文档 – 词条矩阵

```
> bag_of_words_tidy %>%
+      spread(word, n, fill = 0) -> bag_of_words_dtm
> bag_of_words_dtm
# A tibble: 6 x 11
```

| id | beautiful | blue | brown | dog | fox | jumps | lazy | love |
|---|---|---|---|---|---|---|---|---|
| < int > | < dbl > | < dbl > | < dbl > | < dbl > | < dbl > | < dbl > | < dbl > | < dbl > |
| 1 | 1 | 1 | 1 | 0 | 0 | 0 | 0 | 0 | 0 |
| 2 | 2 | 1 | 1 | 0 | 0 | 0 | 0 | 0 | 1 |
| 3 | 3 | 0 | 0 | 1 | 1 | 1 | 1 | 1 | 0 |
| 4 | 4 | 0 | 1 | 1 | 1 | 1 | 0 | 1 | 0 |
| 5 | 5 | 1 | 1 | 0 | 0 | 0 | 0 | 0 | 0 |
| 6 | 6 | 0 | 0 | 1 | 1 | 1 | 0 | 1 | 0 |

```
# … with 2 more variables: quick < dbl >, sky < dbl >
```

可以在 R 中自由使用词袋模型,实际问题中可能文档－词条矩阵会特别大,可以使用 cast_dfm()或 cast_dtm()函数把它变成一个稀疏矩阵之后再处理。这取决于后续要用什么分析,因为特定的文本包中具有特定的矩阵格式。词袋模型是典型的文本数据特征工程方法,是词向量模型 word2vec 的基础。目前 word2vec 有多种版本可供大家使用。

接下来,介绍词向量模型。实际上,单个词的词向量能表示的仅仅是这个词本身,并不足以表示整个文本。通常情况下,词向量是一个高维的向量。再列举文本相似度的例子,词可以用一串数字表示,那么就可以用余弦相似度或欧氏距离计算与之相近的词。词向量的表示有两种主流方式,一种是谷歌的 word2vec,还有就是 GloVe。

### 7.6.2　文本特征选择

由于文本是非结构化的数据,要想从大量的文本中挖掘有用的信息就必须首先将文本转化为可处理的结构化形式。通常采用向量空间模型来描述文本向量,但使用分词算法和词频统计得到的特征项来表示文本向量中的各个维,这个向量的维度非常大。用户需要在保证原文含义的基础上,找出对文本特征类别最具代表性的文本特征,最有效的办法就是通过特征选择来降维。

### 7.6.3　文本特征向量

为了使计算机能够高效地处理真实文本,就需要进行文档建模。文档建模一方面要能够真实地反映文档的内容,另一方面又要对不同文档具有区分能力。文档建模比较通用的方法包括布尔模型、向量空间模型(VSM)和概率模型。其中,使用最为广泛的是向量空间模型。

经典的向量空间模型(vector space model,VSM)是 Salton 等于 60 年代提出的,并成功地应用于 SMART 文本检索系统。VSM 把对文本内容的处理简化为向量空间中的向量运算,以空间上的相似度表达语义的相似度,直观易懂。当文档被表示为文档空间的向量时,就可以通过计算向量之间的相似性来度量文档间的相似性。文本处理中最常用的相似性度量方式是余弦距离。

文本挖掘系统采用向量空间模型,用特征词条($T_1,T_2,\cdots,T_n$)及其权值 $W_i$ 代表目标信息,在进行信息匹配时,使用这些特征项评价未知文本与目标样本的相关程度。特征词条及其权值的选取称为目标样本的特征提取,特征提取算法的优劣将直接影响系统的运行效果。

设 $D$ 为一个包含 $m$ 个文档的文档集合,$D_i$ 为第 $i$ 个文档的特征向量,则有

$$D=\{D_1,D_2,\cdots,D_m\},\ D_i=\{d_{i1},d_{i2},\cdots,d_{im}\},\ i=1,2,\cdots,m$$

其中,$d_{ij}(i=1,2,\cdots,m;j=1,2,\cdots,n)$为文档 $D_i$ 中第 $j$ 个词条 $t_j$ 的权值,它一般被定义为 $t_j$ 在 $D_i$ 中出现的频率 $t_{ij}$ 的函数,如果采用 TF-IDF 函数,即 $d_{ij}=t_{ij}\log\left(\dfrac{N}{n_j}\right)$。其中,$N$ 是文档数据库中的文档总数,$n_j$ 是文档数据库含有词条 $t_j$ 的文档数目。假设用户给定的文档向量为 $D_2$,未知的文档向量为 $q$,则两者的相似程度可用两向量的夹角余弦来度量,夹角越小说明相似度越高。如图 7-2 所示为向量空间模型的一个

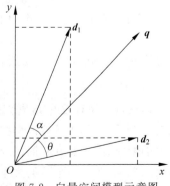

图 7-2　向量空间模型示意图

示意图。

通过构建上述向量空间模型,文本数据转换成了计算机可以处理的结构化数据,两个文档之间的相似性问题转变成了两个向量之间的相似性问题。

将文本用特征表示之后,可以进行特征选择,从而选出比较好的特征。选择有很多方法,选择的标准有协方差、互信息等。

### 7.6.4 基于统计的特征提取方法(构造评估函数)

评估函数是由各种算法构造处理的,使用评估函数对特征集合中的每个特征进行评估,并对每个特征打分,这样每个词语都获得一个评估值,即权值。然后将所有特征按权值大小排序,提取预定数目的最优特征作为提取结果的特征子集。显然,对于这类算法,决定文本特征提取效果的主要因素是评估函数的质量。

#### 1. 词频法

词频是一个词在文档中出现的次数。通过词频进行特征选择就是将词频小于某一阈值的词删除,从而降低特征空间的维数。这个方法是假设出现频率小的词对过滤的影响也较小。但是在信息检索的研究中认为,有时频率小的词含有更多的信息。因此,在特征选择的过程中不宜简单地根据词频进行大幅度的删词。

#### 2. 文档频次方法

文档频次(document frequency,DF)方法是指出现某个特征项的文档的频率。文档频数是最为简单的一种特征选择算法,它指的是在整个数据集中有多少个文本包含这个单词。在训练文本集中对每个特征计算它的文档频次,并且根据预先设定的阈值去除那些文档频次特别低和特别高的特征。文档频次通过在训练文档数量中计算线性近似复杂度来衡量巨大的文档集,计算复杂度较低,能够适用于任何语料,是特征降维的常用方法。

文档频次方法的步骤如下。

(1) 从训练语料中统计出包含某个特征的文档频率(个数)。

(2) 根据设定的阈值(min 和 max),当该特征的 DF 值小于某个阈值时,去掉。因为没有代表性,当该特征的 DF 值大于某个阈值时,去掉。因为它们分别代表了"没有代表性"和"没有区分度",也就是说,这个特征使文档出现频率太高和没有区分度两种极端情况。DF特征选取使稀有词要么不含有用信息,要么太少而不足以对分类产生影响,要么是噪声,所以可以删去。

DF 法的优点在于:计算量很小,而在实际运用中却有很好的效果,降低向量计算的复杂度,去掉部分噪声,提高分类的准确率,且简单易行。

DF 法的缺点在于:对于出现频率低但包含较多信息的特征的稀有词可能在某一类文本中包含的重要的判断信息,对分类很重要,简单舍弃,可能影响分类器的精度,降低准确率。

#### 3. TF-IDF 算法

单词权重最为有效的实现方法就是 TF-IDF 算法,它是由 Salton 在 1988 年提出的。其中,TF 称为词频,用于计算该词描述文档内容的能力;IDF 称为反文档频率,用于计算该词区分文档的能力。TF-IDF 的指导思想建立在这样一条基本假设之上:在一个文本中出现很多次的单词,在另一个同类文本中出现次数也会很多,反之亦然。如果特征空间坐标系取 TF 词频作为测度,就可以体现同类文本的特点。TF-IDF 算法认为一个单词出现的文本频率越小,它区别不同类别的能力就越大,所以引入逆文本频度 IDF 的概念,以 TF 和 IDF 的乘积作为特征空间坐标系的取值测度,并用它完成对权值 TF 的调整,调整权值的目的在于突出重要单词,抑制次要单词。但是在本质上 IDF 是一种试图抑制噪声的加权,并且单纯地认为文本频数小的单词就越重要,文本频数大的单词就越无用,显然这并不是完全正确的。IDF 的简单结构并不能有效地反映单词的重要程度和特征词的分布情况,使其无法很好地完成对权值调整的功能,所以 TF-IDF 算法的精度并不是很高。

TF-IDF 算法是以特征词在文档 d 中出现的次数与包含该特征词的文档数之比作为该词的权重,即

$$W_i = \frac{\mathrm{TF}_i(t,d)\log\left(\dfrac{N}{\mathrm{DF}(t)} + 0.01\right)}{\sqrt{\sum_k \mathrm{TF}_i^2(t,d)\log^2\left(\dfrac{N}{\mathrm{DF}(t)} + 0.01\right)}}$$

其中,$W_i$ 表示第 $i$ 个特征词的权重;$\mathrm{TF}_i(t,d)$ 表示词 $t$ 在文档 $d$ 中的出现频率;$N$ 表示总的文档数;$\mathrm{DF}(t)$ 表示包含 $t$ 的文档数。用 TF-IDF 算法来计算特征词的权重值是表示当一个词在这篇文档中出现的频率越高,同时在其他文档中出现的次数越少,则表明该词对于表示这篇文档的区分能力越强,所以其权重值就应该越大。将所有词的权值排序,根据需要可以有两种选择方式:选择权值最大的某一固定数 $n$ 个关键词;选择权值大于某一阈值的关键词。

TF-IDF 算法假设对区别文档最有意义的词语是那些在文档中出现频率高,但是在整个文档集合的其他文档中出现频率少的词语。如果特征空间坐标系取 TF 词频作为测度,就能体现出同类文本的特点。特征词在不同的标记符中对文章内容的反映程度不同,其权重的计算方法应该是不同的。因此,对于处于网页不同位置的特征词分别赋予不同的系数,然后乘以特征词的词频,以提高文本表示的效果。

**4. 信息增益法**

信息增益(information gain,IG)法根据某特征项能为整个分类提供的信息量来很衡量该特征的重要程度,来决定对该特征的取舍。信息增益法是机器学习的常用方法,在过滤问题中用于度量已知一个特征是否出现于某主题相关文本中对于该主题预测有多少信息。通过计算信息增益可以得到那些在正例样本中出现频率高而在反例样本中出现频率低的特征,以及那些在反例样本中出现频率高而在正例样本中出现频率低的特征。

一个特征的信息增益就是有这个特征和没有这个特征对整个分类能提供的信息量的差别。信息量用熵来衡量,所以一个特征的信息增益等于不考虑任何特征时文档所含的熵减去考虑该特征后文档的熵。

信息增益是一种基于熵的评估方法,涉及较多的数学理论和复杂的熵理论公式,定义为某特征项为整个分类所能提供的信息量,不考虑任何特征的熵与考虑该特征后的熵的差值。根据训练数据,计算出各个特征项的信息增益,删除信息增益很小的项,其余的按照信息增益从大到小排序。

信息增益是信息论中的一个重要概念,它表示了某一个特征项的存在与否对类别预测的影响,定义为考虑某一特征项在文本中出现前后的信息熵之差。某个特征项的信息增益

值越大,贡献越大,对分类也越重要。

**5. 遗传算法**

文本可看作由众多的特征词条构成的多维空间,而特征向量的选择就是多维空间中的寻优过程,因此在文本特征提取研究中可使用高效寻优算法。

遗传算法(genetic algorithm,GA)是一种通用型的优化搜索方法,它利用结构化的随机信息交换技术组合群体中各个结构中最好的生存因素,复制出最佳代码串,并使逐代地进化,最终获得满意的优化结果。在将文本特征提取问题转化为文本空间的寻优过程中,首先对 Web 文本空间进行遗传编码,以文本向量构成染色体,通过选择、交叉、变异等遗传操作,不断搜索问题域空间,使其不断得到进化,逐步得到 Web 文本的最优特征向量。

基于协同演化的遗传算法不是使用固定的环境来评价个体,而是使用其他的个体来评价特定个体。个体优劣的标准不是其生存环境以外的事物,而是由在同一生存竞争环境中的其他个体来决定。

协同演化的思想非常适合处理同类文本的特征提取问题。由于同一类别文本相互之间存在一定相关性,因此各自所代表的那组个体在进化过程中存在着同类之间的相互评价和竞争。因此,每个文本的特征向量,即该问题中的个体,在不断的进化过程中,不仅受到其母体(文本)的评价和制约,还受到种族中其他同类个体的指导。所以,基于协同演化的GA 可有效地解决同一主题众多文本的集体特征向量的提取问题,从而获得反映整个文本集合某些特征的最佳个体。

上述几种评价函数都是试图通过概率找出特征与主题类之间的联系,信息增益的定义过于复杂,因此应用较多的是互信息,互信息是对不同的主题类分别抽取特征词。这些方法在英文特征提取方面都有各自的优势,用于中文文本没有很高的效率。主要原因有两方面:特征提取的计算量太大,特征提取效率太低,而特征提取的效率直接影响到整个文本分类系统的效率;经过特征提取后生成的特征向量维数太高,不能直接计算出特征向量中各个特征词的权重。

## 7.7 LDA 主题模型

主题模型是专门抽象一组文档所表达"主题"的统计技术。这里,主题也常称为话题。在主题模型中,主题表现为一系列相关的单词,是这些单词的条件概率。主题模型有两种:PLSA(probabilistic latent semantic analysis,概率隐语义分析)和 LDA(latent dirichlet allocation,潜在狄利克雷分配模型),本书主要介绍 LDA 模型,也是最常见的主题模型。

LDA 是一种文档主题生成模型,也是一个 3 层贝叶斯概率模型,包含词、主题和文档 3层结构。所谓生成模型,就是说,一篇文章的每个词都是通过"以一定概率选择了某个主题,并从这个主题中以一定概率选择某个词语"这样一个过程得到的。文档到主题服从多项式分布,主题到词服从多项式分布。LDA 可用来识别大规模文档集或语料库中潜藏的主题信息,LDA 将每一篇文档视为一个词频向量,从而将文本信息转化为了易于建模的数字信息,但是没有考虑词与词之间的顺序。每一篇文档代表了一些主题所构成的一个概率分布,而每一个主题又代表了很多单词所构成的一个概率分布。本书中,LDA 模型主要研究与文本挖掘相关的内容,文本挖掘中 LDA 模型的目的就是要识别主题,即把文档-词语矩阵变成文档-主题矩阵(分布)和主题-词语矩阵(分布)。

在机器学习领域,LDA 是两个常用模型的简称:Linear Discriminant Analysis (线性判别分析) 和 Latent Dirichlet Allocation。本书中的 LDA 仅指代 Latent Dirichlet Allocation。LDA 在主题模型中占有非常重要的地位,常用于文本分类。

LDA 由 David M、Andrew Y 和 Jordan 于 2003 年提出,用来推测文档的主题分布。它可以将文档集中每篇文档的主题以概率分布的形式给出,从而通过分析一些文档抽取出它们的主题分布后,便可以根据主题分布进行主题聚类或文本分类。同时,它是一种典型的词袋模型,即一篇文档是由一组词构成的,词与词之间没有先后顺序的关系。一篇文档可以包含多个主题,文档中每一个词都由其中的一个主题生成。

TF-IDF 算法没有考虑文字背后的语义关联,可能在两个文档共同出现的单词很少甚至没有,但两个文档是相似的。举例说明,有两个句子分别如下:

改变世界的乔布斯离我们而去了。

苹果的创新会渐行渐远吗?

上面这两个句子没有共同出现的单词,但这两个句子是相似的,如果按传统的方法判断这两个句子肯定不相似,所以在判断文档相关性时需要考虑文档的语义,而语义挖掘的利器是主题模型,LDA 就是其中一种比较有效的模型。

LDA 主题模型涉及很多数学知识,如贝叶斯理论、Dirichlet 分布、二项分布、Gamma 函数、Beta 分布、多项分布、马尔可夫链、MCMC、Gibs Sampling、图模型、变分推断、EM 算法、Gibbs 抽样等。

LDA 涉及贝叶斯模型,先验分布＋数据(似然)＝后验分布。这符合大众的思维方式,如对好人和坏人的认知,先验分布为 100 个好人和 100 个坏人,即认为好人和坏人各占一半,现在被 2 个好人(数据)帮助了和被 1 个坏人骗了,于是得到了新的后验分布为 102 个好人和 101 个坏人。现在的后验分布中认为好人比坏人多了。这个后验分布接着又变成新的先验分布,当被 1 个好人(数据)帮助了和被 3 个坏人(数据)骗了后,又更新了后验分布为 103 个好人和 104 个的坏人。依次继续更新下去。

### 7.7.1　LDA 模型涉及的先验知识

#### 1. 词袋模型

LDA 是一种非监督机器学习技术,可以用来识别大规模文档集(document collection)或语料库(corpus)中潜藏的主题信息。它采用了词袋模型,这种方法将每一篇文档视为一个词频向量,仅考虑一篇文档中的词汇是否出现,而不考虑其出现的顺序。从而将文本信息转化为了易于建模的数字信息。但是词袋方法没有考虑词与词之间的顺序,这简化了问题的复杂性,同时也为模型的改进提供了契机。每一篇文档代表了一些主题所构成的一个概率分布,而每一个主题又代表了很多单词所构成的一个概率分布。与词袋模型相反的一个模型是 n-gram,n-gram 考虑了词汇出现的先后顺序。

#### 2. 马尔可夫链蒙特卡罗方法

马尔可夫链蒙特卡罗方法是构造适合的马尔可夫链,使其平稳分布为待估参数的后验分布,抽样并使用蒙特卡罗方法进行积分计算,实现了抽样分布随模拟的进行而改变的动态模拟,弥补了传统蒙特卡罗积分只能静态模拟的缺陷。蒙特卡罗方法是以概率统计的理论方法为基础的一种数值计算方法,将所要求解的问题同一定的概率模型相联系,用计算机实现统计模拟或抽样,以获得问题的近似解,故又称随机抽样法或统计试验法。这种方法求得的是近似解,对于一些复杂问题往往是唯一可行的方法,模拟的样本数越大越接近真实值,但同时计算量也大幅上升。

**3. 二项分布**

二项分布是重复 $n$ 次独立的伯努利试验,每次试验只有两种可能的结果,期望为 $np$,方差为 $np(1-p)$。二项分布可以作为 LDA 中的数据对数似然。概率密度公式为

$$P(K=k) = \binom{n}{k} p^k (1-p)^{n-k}$$

**4. 多项分布**

多项分布是二项分布扩展到多维的情况。多项分布是指单次试验中的随机变量的取值不再是 $0 \sim 1$ 的,而是有多种离散值可能 $(1, 2, \cdots, k)$。概率密度函数为

$$P(x_1, x_2, \cdots, x_k; n, p_1, p_2, \cdots, p_k) = \frac{n!}{x_1! \cdots x_k!} p_1^{x_1} \cdots p_k^{x_k}$$

**5. Beta 分布**

在贝叶斯统计中,如果后验分布与先验分布属于同类,则先验分布与后验分布被称为共轭分布,而先验分布被称为似然函数的共轭先验。和二项分布共轭的分布其实就是 Beta 分布。Beta 分布是一组定义在 $(0,1)$ 或 $[0,1]$ 区间的连续概率分布,有两个参数 $\alpha, \beta > 0$,可看作是一系列 pattern 相似的二项分布($n$ 和 $p$ 未知),认为 $\alpha$ 与成功的事件数相关、$\beta$ 与失败的事件数相关。取值范围为 $[0,1]$ 的随机变量 $x$ 的概率密度函数为

$$f(x; \alpha, \beta) = \frac{1}{B(\alpha, \beta)} x^{\alpha-1} (1-x)^{\beta-1}$$

$$\frac{1}{B(\alpha, \beta)} = \frac{\Gamma(\alpha+\beta)}{\Gamma(\alpha)\Gamma(\beta)}$$

其中,$\Gamma$ 是 gamma 函数,$\Gamma(x) = \int_0^\infty t^{x-1} e^{-t} dt$,满足条件 $\Gamma(x) = (x-1)!$。

### 7.7.2 LDA 模型的文档生成过程

用户如何生成文档呢? 通常是先列出几个主题,然后以一定的概率选择主题,以一定的概率选择这个主题包含的词汇,最终组合成一篇文章。LDA 正好相反,它是根据给定的一篇文档,反推其主题分布。那么怎样才能生成主题呢? 对文章的主题应该怎么分析呢? 这是主题模型要解决的关键问题。

首先,可以用生成模型来看文档和主题这两件事。如果要生成一篇文档,则里面的每个词语出现的概率为

$$p(词语 \mid 文档) = \sum_{主题} p(词语 \mid 主题) \times p(主题 \mid 文档)$$

这个概率公式用矩阵来表示,如图 7-3 所示。

图 7-3 中,"文档-词语"矩阵表示每个文档中每个单词的词频,即出现的概率;"主题-

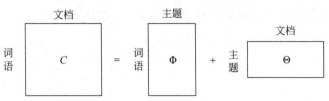

图 7-3　主题模型的矩阵表示

词语"矩阵表示每个主题中每个单词出现的概率；"文档－主题"矩阵表示每个文档中每个主题出现的概率。

给定一系列文档，通过对文档进行分词，计算各个文档中每个单词的词频就可以得到左边的"文档-词语"矩阵。主题模型就是通过左边这个矩阵进行训练，学习出右边两个矩阵。

LDA 主题模型在某种程度上模拟人对于语料的主题分类，LDA 模型假定每篇文章中作者选择的词语都是通过以下过程："以某种概率选择了某个主题，并从这个主题中以一定概率选择某个词语。"所以，对语料进行 LDA 建模，就是从语料库中挖掘出不同主题并进行分析。

那么，如何生成 $M$ 份包含 $N$ 个单词的文档呢？LDA 方法生成的文档可以包含多个主题，该模型使用下面方法生成一个文档。

选择一个参数 $\theta$，$\theta \sim p(\theta)$。

对于每一个生成的第 $n$ 个单词 $w_n$：

选择一个主题 $z_n \sim p(z|\theta)$；

选择一个单词 $w_n \sim p(w|z)$。

其中，$\theta$ 是一个主题向量，向量的每一列表示每个主题在文档中出现的概率，该向量为非负归一化向量。$p(\theta)$ 是 $\theta$ 的 Dirichlet 分布，即分布的分布。$N$ 表示要生成的文档的单词的个数。$w_n$ 表示生成的第 $n$ 个单词。$p(w)$ 表示单词 $w$ 的分布，可以通过语料进行统计学习得到，如统计各个单词在某本书中出现的概率。$z_n$ 表示选择的主题。$p(z|\theta)$ 表示给定 $\theta$ 时主题 $z$ 的概率分布，具体为 $\theta$ 的值，即 $p(z=i|\theta)=\theta_i$。$p(w|z)$ 表示给定 $z$ 时单词 $w$ 的分布，可以看成一个 $k \times V$ 的矩阵，$k$ 为主题的个数，$V$ 表示所有单词的个数，每行表示这个主题对应的单词的概率分布，即主题 $z$ 所包含的各个单词的概率，通过这个概率分布按一定概率生成每个单词。

这种方法首先选定一个主题向量 $\theta$，确定每个主题被选择的概率。然后，在生成每个单词时，从主题分布向量 $\theta$ 中选择一个主题 $z$，按主题 $z$ 的单词概率分布生成一个单词，其图模型结构如图 7-4 所示。

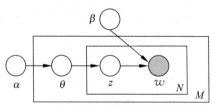

图 7-4　LDA 的图模型结构

从图 7-4 可知，LDA 的联合概率为

$$p(\theta,z,w|\alpha,\beta)=p(\theta|\alpha)\prod_{n=1}^{N}p(z_n|\theta)p(w_n|z_n,\beta)$$

其中，文档一共 $N$ 篇；$\theta$ 是一个主题向量；$z$ 代表主题，一共 $K$ 种；$w$ 代表单词，一共 $M$ 个；$p(z|\theta)$ 表示主题 $z$ 出现在主题向量 $\theta$ 下的条件概率；$p(w|z)$ 表示的是单词 $w$ 出现在主题 $z$ 下的条件概率。主题在单词上服从多项分布，文档在主题上服从多项分布。

把上面的联合概率公式对应到图上,可以按图 7-5 进行理解。

彩图 7-5

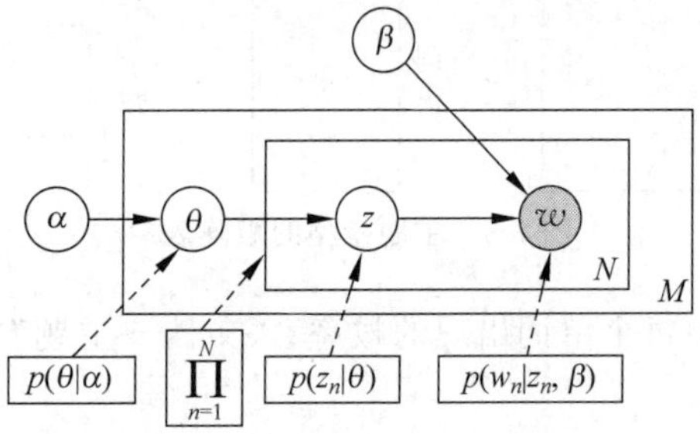

图 7-5　LDA 联合概率公式图示

从彩图 7-5 可以看出,LDA 的 3 个表示层被 3 种颜色表示出来。

(1) corpus-level(红色):$\alpha$ 和 $\beta$ 表示语料级别的参数,也就是每个文档都一样,因此生成过程只采样一次。

(2) document-level(橙色):$\theta$ 是文档级别的变量,每个文档对应一个 $\theta$,也就是每个文档产生各个主题 $z$ 的概率是不同的,且所有生成的文档均被采样一次。

(3) word-level(绿色):$z$ 和 $w$ 都是单词级别变量,$z$ 由 $\theta$ 生成,$w$ 由 $z$ 和 $\beta$ 共同生成,一个单词 $w$ 对应一个主题 $z$。

通过上面对 LDA 生成模型的讨论,可以知道 LDA 模型主要是从给定的输入语料中学习训练两个控制参数 $\alpha$ 和 $\beta$,学习出了这两个控制参数就确定了模型,便可以用来生成文档。其中,$\alpha$ 和 $\beta$ 分别对应以下信息。

$\alpha$:分布 $p(\theta)$ 需要一个向量参数,即 Dirichlet 分布的参数,用于生成一个主题 $\theta$ 向量。

$\beta$:各个主题对应的单词概率分布矩阵 $p(w|z)$。

把 $w$ 当作观察变量,$\theta$ 和 $z$ 当作隐藏变量,就可以通过 EM 算法学习出 $\alpha$ 和 $\beta$,求解过程中遇到后验概率 $p(\theta,z|w)$ 无法直接求解,需要找一个似然函数下界来近似求解,使用基于分解假设的变分法进行计算,用到了期望最大化 EM 算法。每次 E-step 输入 $\alpha$ 和 $\beta$,计算似然函数,M-step 最大化这个似然函数,算出 $\alpha$ 和 $\beta$,不断迭代直到收敛。

R 有 3 个包可以做 LDA 模型,分别是 lda 包、topicmodels 包和 text2vec 包。lda 包提供了基于 Gibbs 采样的经典 LDA、MMSB(the mixed-membership stochastic blockmodel)、RTM(relational topic model)和基于 VEM(variational expectation-maximization)的 sLDA(supervised LDA)、RTM;topicmodels 包基于包 tm,提供 LDA_VEM、LDA_Gibbs、CTM_VEM(correlated topics model)3 种模型;text2vec 包是由 Dmitriy Selivanov 于 2016 年 10 月所写的 R 包。此包主要是为文本分析和自然语言处理提供了一个简单高效的 API 框架。其由 C++ 所写,采用流处理器,不必把全部数据载入内存才进行分析,有效利用了内存,该包是充分考虑了 NLP 处理数据量庞大的现实。text2vec 包也可以进行词向量化操作、Word2vec 的升级版 GloVe 词嵌入表达、主题模型分析及相似性度量,功能非常强大和实用。

在 LDA 模型中,语料库中的每篇文档的生成过程如下。

(1) 对每一篇文档,从主题分布 $\alpha$ 中取样生成文档的主题分布 $\theta$。

(2) 从主题分布中取样生成文档的主题 $z$。

（3）从上述被抽到的主题所对应的单词分布中抽取一个单词。

（4）重复上述过程直至遍历文档中的每个单词。

简而言之，就是对文档的聚类，将文档根据不同的主题聚类起来。

如图 7-6 所示为 LDA 主题模型的文档生成过程示意图。

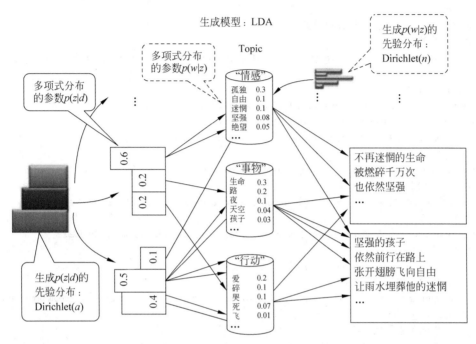

图 7-6　LDA 模型的文档生成过程示意图

### 7.7.3　小说《红楼梦》的文本挖掘

首先使用 R 语言对小说《红楼梦》的中文文本进行分词，然后做主题模型建模，最后用 LDAvis 对建模的结果进行可视化展现。具体的代码如代码清单 7-10 所示。

**代码清单 7-10　使用 LDA 主题建模对小说《红楼梦》文本进行数据挖掘**

```
＃加载所需要的包
library(jiebaR)
＃加载需要用到的包 jiebaRD
library(tm)
＃加载需要用到的包 NLP
library(readr)
library(stringr)
library(lda)
library(LDAvis)
＃读取所需要的文件和停用词
filename1 <- "D:/myRDataLQH/workspace/data/stopwords-hlm.txt"
mystopwords <- readLines(filename1,encoding = 'UTF-8')
＃读取红楼梦小说文本
filename2 <- "D:/myRDataLQH/workspace/data/hongloumeng.txt"
Red_dream <- readLines(filename2,encoding = 'UTF-8')
```

```
#将读入的文档分章节
#去除空白行
Red_dream <- Red_dream[!is.na(Red_dream)]
#删除卷数据
# juan <- grep(Red_dream,pattern = "^第 + . + 卷")
# Red_dream <- Red_dream[(-juan)]
#找出每一章节的头部行数和尾部行数
#每章节的名称
Red_dreamname <- data.frame(name = Red_dream[grep(Red_dream,pattern = "^\\s * 第 + . +
回")], chapter = 1:120)
#处理章节名
names <- data.frame(str_split(Red_dreamname $ name,pattern = " ",simplify = TRUE))
Red_dreamname $ chapter2 <- names $ X1
Red_dreamname $ Name <- apply(names[,2:3],1,str_c,collapse = ",")
#每章的开始行数
Red_dreamname $ chapbegin <- grep(Red_dream,pattern = "^\\s * 第 + . + 回")
#每章的结束行数
Red_dreamname $ chapend <- c((Red_dreamname $ chapbegin - 1)[-1],length(Red_dream))
#每章的段落长度
Red_dreamname $ chaplen <- Red_dreamname $ chapend - Red_dreamname $ chapbegin
#每章的内容
for (ii in 1:nrow(Red_dreamname)) {
    #将内容使用句号连接
    chapstrs <- str_c(Red_dream[(Red_dreamname $ chapbegin[ii] + 1):Red_dreamname $ chapend
[ii]],collapse = "")
    #剔除不必要的空格
    Red_dreamname $ content[ii] <- str_replace_all(chapstrs,pattern = "[[:blank:]]",
replacement = "")
}
#每章节的内容
content <- Red_dreamname $ content
Red_dreamname $ content <- NULL
#计算每章有多少个字
Red_dreamname $ numchars <- nchar(content)
#对红楼梦进行分词
Red_fen <- jiebaR::worker(type = "mix",user = "D:/myRDataLQH/workspace /data /红楼梦小说
词典.txt")
Fen_red <- apply_list(as.list(content),Red_fen)
#去除停用词,使用并行的方法
library(parallel)
cl <- makeCluster(4)
Fen_red <- parLapply(cl = cl,Fen_red, filter_segment, filter_words = mystopwords)
stopCluster(cl)
#计算词项的 table
term.table <- table(unlist(Fen_red))
term.table <- sort(term.table, decreasing = TRUE)
#删除词项出现次数较小的词
del <- term.table < 10
term.table <- term.table[!del]
vocab <- names(term.table)
```

```
# now put the documents into the format required by the lda package:
#将文本整理为 LDA 所需要的格式
get.terms <- function(x) {
    index <- match(x, vocab)
    index <- index[!is.na(index)]
    rbind(as.integer(index - 1), as.integer(rep(1, length(index))))
}
documents <- lapply(Fen_red, get.terms)
#计算相关数据集的统计特征
D <- length(documents)       # number of documents
W <- length(vocab)           # number of terms in the vocab
doc.length <- sapply(documents, function(x) sum(x[2, ]))    # number of tokens per document
N <- sum(doc.length) # total number of tokens in the data
term.frequency <- as.integer(term.table)    # frequencies of terms in the corpus
#使用 LDA 模型
K <- 10 #主题数
G <- 1000 #迭代次数
alpha <- 0.02
eta <- 0.02
library(lda)
set.seed(357)
t1 <- Sys.time()
fit <- lda.collapsed.gibbs.sampler(documents = documents, K = K, vocab = vocab, num.
iterations = G, alpha = alpha, eta = eta, initial = NULL, burnin = 0, compute.log.
likelihood = TRUE)
t2 <- Sys.time()
t2 - t1 #运行的时间
#对模型进行可视化
theta <- t(apply(fit $ document_sums + alpha, 2, function(x) x/sum(x)))
phi <- t(apply(t(fit $ topics) + eta, 2, function(x) x/sum(x)))
RED_dreamldavis <- list(phi = phi, theta = theta, doc.length = doc.length,
                        vocab = vocab, term.frequency = term.frequency)
json <- createJSON(phi = RED_dreamldavis $ phi,
                   theta = RED_dreamldavis $ theta,
                   doc.length = RED_dreamldavis $ doc.length,
                   vocab = RED_dreamldavis $ vocab,
                   term.frequency = RED_dreamldavis $ term.frequency)
# json 为作图需要数据
#通过 out.dir 设置保存位置
serVis(json, out.dir = './vis', open.browser = FALSE)
writeLines(iconv(readLines("./vis/lda.json"), from = "GBK", to = "UTF8"),
           file("./vis/lda.json", encoding = "UTF - 8"))
```

其中,可以尝试调大和调小 alpha,调大的结果是每个文档接近同一个主题。关于主题建模的过程,因文本数量和迭代次数的不同,用时会不同,多则几十分钟,少则一两分钟。serVis会在指定的路径下(使用 getwd()函数获取当前工作空间的文件目录)生成文件夹 vis,里面包含 5 个文件,分别是 d3. v3. js、index. html、lda. css、lda. json 和 ldavis. js。

如图 7-7 所示为《红楼梦》小说的文本挖掘部分结果,具体参数可以根据实际需要情况进行适当调整。

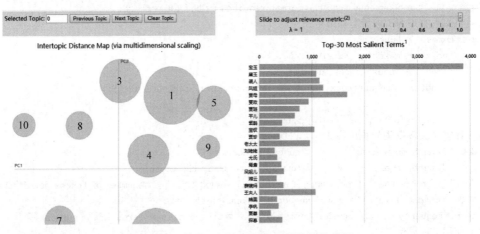

图7-7 《红楼梦》小说文本挖掘部分结果截图

## 7.8 R的文本聚类分析方法

聚类是根据相似性原则,将具有较高相似度的数据对象划分至同一类簇,将具有较高相异度的数据对象划分至不同类簇。聚类的思想主要包括6大类:第1大类是基于分割的聚类,如k-means,以及扩展的聚类k-median等;第2大类是层次聚类,把个体之间的关系进行了一个层次展示,具体分为几类,由人为进行设定;第3大类是基于密度的聚类;第4大类是基于概率密度分布的聚类,这一类聚类方法主要是假设数据来自某个概率分布,或者是某几个概率分布的组合,进而进行参数估计,确定分布,然后判断样本点属于哪一类;第5大类是矩阵的分解;第6类是谱聚类。

聚类分析是根据样本之间的距离或相似性,把越相似、差异越小的样本聚成一类(簇),最后形成多个簇,使同一个簇内部的样本相似度高,不同簇之间差异性高。分类和聚类的差别在于:分类是一个已知具体有几种情况的变量,预测它到底是哪种情况,分类过程为有监督过程,存在有先验知识的训练数据集。聚类是尽量把类似的样本聚在一起,把不同的样本分开。聚类过程为无监督过程,待处理数据对象没有任何先验知识。聚类算法与分类算法最大的区别是聚类算法没有学习语料集合。

聚类分析是一种定量方法,从数据分析的角度看,它是对多个样本进行定量分析的多元统计分析方法,可以分为两种:对样本进行分类称为Q型聚类分析,对指标进行分类称为R型聚类分析。从数据挖掘的角度看,聚类大致分为4种:划分聚类、层次聚类、基于密度的聚类、基于网格的聚类。无论是从哪个角度看,其基本原则都是希望簇(类)内的相似度尽可能高,簇(类)间的相似度尽可能低。

从数据挖掘的角度来看,4种聚类方法的区别如下。

(1) 划分聚类是给定一个$n$个对象的集合,划分方法是构建数据的k个分区,其中每个分区表示一个簇。大部分划分方法是基于距离的,给定要构建的k个分区数,划分方法首先创建一个初始划分,然后使用一种迭代的重定位技术将各个样本重定位,直到满足条件为止。

(2) 层次聚类分为凝聚和分裂,凝聚也称自底向上法,开始便将每个对象单独为一个簇,然后逐次合并相近的对象,直到所有组被合并为一个族或达到迭代停止条件为止。分裂也称自顶向下,开始将所有样本当成一个簇,然后迭代分解成更小的值。

(3) 基于密度的聚类主要思想是只要"邻域"中的密度(对象或数据点的数目)超过某个阈值,就继续增长给定的簇。对给定簇中的每个数据点,在给定半径的邻域中必须包含最少数目的点,优点是可以过滤噪声,剔除离群点。

(4) 基于网格的聚类是把对象空间量化为有限个单元,形成一个网格结构,所有的聚类操作都在这个网格结构中进行的,这样使处理的时间独立于数据对象的个数,而仅依赖于量化空间中每一维的单元数。

划分聚类是基于距离的,可以使用均值或中心点等代表族中心,对中小规模的数据有效;而层次聚类是一种层次分解,不能纠正错误的合并或划分,但可以集成其他的技术;基于密度的聚类可以发现任意形状的簇,簇密度是每个点的"邻域"内必须具有最少个数的点,可以过滤离群点;基于网格的聚类使用一种多分辨率网格数据结构,能快速处理数据。

### 7.8.1　层次聚类法

层次聚类法的主要思想如下。

(1) 开始时,每一个样本点视为一个类(簇)。

(2) 规定某种度量作为样本之间的距离及类与类之间的距离,并进行计算。

(3) 将距离最短的两个类合并为一个新类。

(4) 重复步骤(2)和(3),不断合并最近的两个类,每次减少一个类,直至所有样本被合并为一类。

层次聚类法的特点是不指定具体的类数,而只关注类之间的远近,最终形成一个树形图。通过这张树形图,无论想划分成几个簇都可以很快地划分。另外,选择不同的距离指标,最终的聚类效果也不同。R 语言中使用 hclust(d, method = "complete", members = NULL) 来进行层次聚类。d 表示距离矩阵。method 表示类与类的距离的计算方法,具体包括 single 最短距离法、complete 最长距离法、median 中间距离法、mcquitty 相似法、average 类平均法、centroid 重心法和 ward 离差平方和法等。其中,最长距离和类平均距离用得比较多,产生的谱系图较为均衡。

**例 7-6**　绘制 R 自带 crude 数据集的聚类分析图。

绘制 R 自带 crude 数据集的聚类分析图的具体实现代码如代码清单 7-11 所示。

代码清单 7-11

```
data(crude)
crudeDTM <- DocumentTermMatrix(crude, control = list(stopwords = TRUE))
# crudeDTM <- removeSparseTerms(crudeDTM, 0.8)
# 可以选择去除权重较小的项
crudeDTM.matrix <- as.matrix(crudeDTM)
d <- dist(crudeDTM.matrix, method = "euclidean")
hclustRes <- hclust(d, method = "complete")
hclustRes.type <- cutree(hclustRes, k = 5)       # 按聚类结果分为 5 个类别
length(hclustRes.type)
hclustRes.type                                   # 查看分类结果
plot(hclustRes, xlab = '')                        # 画出聚类系谱图
```

上述代码可以绘制出 crude 数据的聚类分析图,如图 7-8 所示。

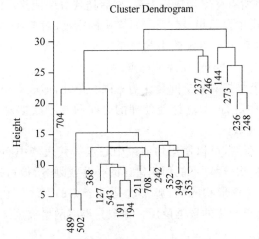

图 7-8　crude 数据的聚类分析图

层次聚类,在类形成之后就不再改变,而且数据比较大时更占内存。

### 7.8.2　k-means 聚类法

k-means 算法是一种基于划分的聚类算法,又称为 k-均值算法,是数据挖掘的经典算法之一。k-means 中的 $k$ 是指最终聚集的类簇个数,这个需要事先指定。means 代表类簇内数据对象的均值(这里,均值是一种对类簇中心的描述)。k-means 算法以距离作为数据对象间相似性度量的标准,即数据对象间的距离越小,它们的相似性越高,越有可能划分在同一个类簇。虽然数据对象间距离的计算方法有很多种,但是 k-means 算法通常采用欧氏距离来计算数据对象间的距离。

k-means 聚类算法的主要思想如下。

(1) 任取 $k$ 个样本点作为 $k$ 个簇的初始中心。

(2) 对每一个样本点,计算它们与 $k$ 个中心的距离,把它归入距离最小的中心所在的簇,形成 $K$ 个簇(聚类)。

(3) 等到所有的样本点归类完毕,重新计算 $k$ 个簇的中心。

(4) 重复步骤(2)和步骤(3)直至样本点归入的簇不再发生变化。

k-means 算法的优点是算法简单,容易实现,不容易受初始值选择的影响。k-means 聚类法的缺点是,用户需要事先指定聚成 $k$ 类的 $k$ 值,通常在对数据一无所知的情况下难以确定 $k$ 的取值为多少合适;初始中心需要自己选择,而这个初始质心直接决定最终的聚类效果;每一次迭代都要重新计算各个点与质心的距离,然后排序,时间成本较高。结果还不一定是全局最优,只能保证局部是最优的。

举例说明 k-means 算法的应用,具体代码如代码清单 7-12 所示。

### 代码清单 7-12

```
k <- 5
kmeansRes <- kmeans(crudeDTM.matrix,k)        #k 是聚类数
mode(kmeansRes)                                #kmeansRes 的内容
```

```
names(kmeansRes)
kmeansRes $ cluster                          ♯聚类结果
kmeansRes $ size                             ♯每个类别下有多少条数据
♯ sort(kmeansRes $ cluster)                  ♯对分类情况进行排序
```

上述代码中,cluster 是一个整数向量,用于表示记录所属的聚类；centers 是一个矩阵,表示每聚类中各个变量的中心点。

**例 7-7**　绘制 R 自带 USArrests 数据集的聚类分析图。

绘制 R 自带 USArrests 数据集的聚类分析图的具体代码如代码清单 7-13 所示。

代码清单 7-13

```
♯需要先载入使用 k-means 聚类所需的包
install.packages("factoextra")
library(factoextra)          ♯载入包
library(cluster)
data("USArrests")            ♯载入内置的 R 数据集 USArrests
♯删除任何缺少的值(即,不可用的 NA 值)
USArrests <- na.omit(USArrests)
head(USArrests, n = 5)            ♯查看数据的前 5 行
                Murder          Assault         UrbanPop        Rape
Alabama         1.24256408      0.7828393      -0.5209066      -0.003416473
Alaska          0.50786248      1.1068225      -1.2117642       2.484202941
Arizona         0.07163341      1.4788032       0.9989801       1.042878388
Arkansas        0.23234938      0.2308680      -1.0735927      -0.184916602
California       0.27826823      1.2628144       1.7589234       2.067820292
```

在此数据集中,列是变量,行是观测值。在聚类之前,可以先进行一些必要的数据检查即数据描述性统计,如平均值、标准差等。

```
desc_stats <- data.frame( Min = apply(USArrests, 2, min), ♯minimum
Med = apply(USArrests, 2, median), ♯median
Mean = apply(USArrests, 2, mean), ♯mean
SD = apply(USArrests, 2, sd), ♯Standard deviation
Max = apply(USArrests, 2, max) ♯maximum
)
desc_stats <- round(desc_stats, 1) ♯保留小数点后一位
head(desc_stats)
            Min     Med     Mean    SD      Max
Murder      0.8     7.2     7.8     4.4     17.4
Assault     45.0    159.0   170.8   83.3    337.0
UrbanPop    32.0    66.0    65.5    14.5    91.0
Rape        7.3     20.1    21.2    9.4     46.0

df <- scale(USArrests)       ♯变量有很大的方差及均值时需进行标准化
♯数据集群性评估使用 get_clust_tendency()计算 Hopkins 统计量
res <- get_clust_tendency(df, 40, graph = TRUE)
res $ hopkins_stat
♯ [1] 0.3440875
♯可视化不同矩阵
res $ plot
```

如图 7-9 所示为 R 自带的 USArrests 数据集的 res＄plot 可视化结果。

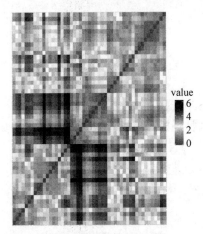

图 7-9　USArrests 数据集的 res＄plot 结果

Hopkins 统计量的值<0.5,表明数据是高度可聚合的。另外,从图 7-9 中也可以看出数据可聚合。

估计聚合簇数。由于 k-means 聚类需要指定要生成的聚类数量,使用 clusGap()函数计算用于估计最优聚类数,fviz_gap_stat()函数用于可视化。

```
set.seed(123)      ♯设置随机数种子,保证实验的可重复进行
gap_stat <- clusGap(df, FUN = kmeans, nstart = 25, K.max = 10, B = 500)
♯绘制结果
fviz_gap_stat(gap_stat)
```

如图 7-10 所示为 USArrests 数据集的最优聚类数。

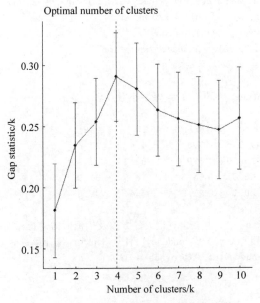

图 7-10　USArrests 数据集的最优聚类数

图 7-10 显示最佳为聚成 4 类($k=4$)。下面，编写代码绘制 USArrests 数据集的聚类图，具体代码如代码清单 7-14 所示。

**代码清单 7-14**

```
# 进行 k－mean 聚类
km_result <- kmeans(df, 4, nstart = 24)
head(km_result $ cluster, 20)
# 查看聚类的一些结果
print(km_result)
# 提取类标签并且与原始数据进行合并
dd <- cbind(USArrests, cluster = km_result $ cluster)
head(dd)
           Murder      Assault      UrbanPop      Rape      cluster
Alabama    13.2        236          58            21.2      3
Alaska     10.0        263          48            44.5      1
Arizona    8.1         294          80            31.0      1
Arkansas   8.8         190          50            19.5      3
California 9.0         276          91            40.6      1
Colorado   7.9         204          78            38.7      1
# 查看每类的数目
table(dd $ cluster)
1    2    3    4
13   16   8    13
# 进行可视化展示
fviz_cluster(km_result, data = df,
             palette = c("#2E9FDF", "#00AFBB", "#E7B800", "#FC4E07"),
             ellipse.type = "euclid",
             star.plot = TRUE,
             repel = TRUE,
             ggtheme = theme_minimal()
)
```

如图 7-11 所示为 USArrests 数据集的聚类图。

```
# 先求样本之间两两相似性
result <- dist(df, method = "euclidean")
# 产生层次结构
result_hc <- hclust(d = result, method = "ward.D2")
# 进行初步展示
fviz_dend(result_hc, cex = 0.6)
```

如图 7-12 所示为 USArrests 数据集的层次聚类图。

### 7.8.3　K-中心点聚类算法

K-中心点聚类算法是一种常用的聚类算法，K-中心点聚类算法的基本思想和 k-means 算法的思想相同，实质上是对 k-means 算法的优化和改进。在 k-means 算法中，异常数据对算法过程会有较大的影响。在 k-means 算法执行过程中，可以通过随机的方式选择初始质心，也只有初始时通过随机方式产生的质心才是实际需要聚簇集合的中心点，而后面通过不断迭代产生的新的质心很可能并不是在聚簇中的点。如果某些异常点距离质心相对较大时，

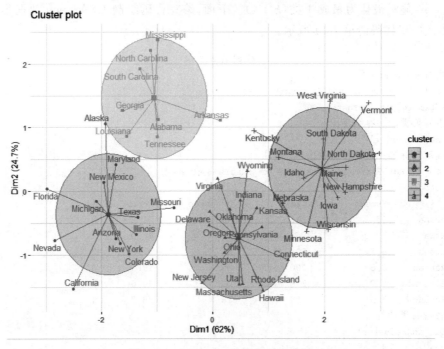

图 7-11　USArrests 数据集的聚类图

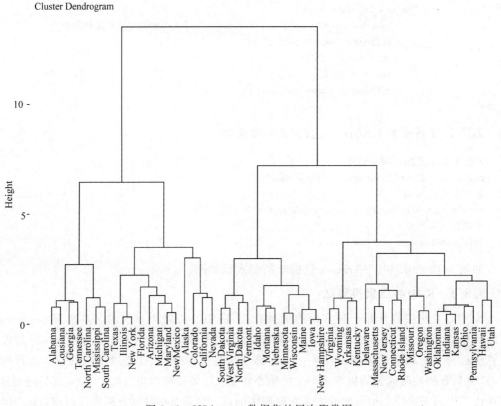

图 7-12　USArrests 数据集的层次聚类图

很可能导致重新计算得到的质心偏离了聚簇的真实中心。

K-中心点聚类算法的主要步骤如下。

（1）确定聚类的个数 k。

（2）在所有数据集合中随机选择 k 个点作为各个聚簇的中心点。

（3）计算剩余所有点到这 k 个中心点的距离，并把每个点到 k 个中心点最短的聚簇作为自己所属的聚簇。

（4）在每个聚簇中按照顺序依次选取点，计算该点到当前聚簇中所有点的距离之和，最终距离之后最小的点，则视为新的中心点。

（5）重复步骤（2）和步骤（3），直到各个聚簇的中心点不再改变。

```
library(cluster)
pa <- pam(d,2)          # 分两类
summary(pa)
```

K-中心点聚类算法计算的是某点到其他所有点的距离之后最小的点，通过距离之和最短的计算方式可以减少某些孤立数据对聚类过程的影响。从而使最终效果更接近真实的划分情况。K-中心点聚类算法的优点是更加适合小规模数据运算，对于噪声较大和存在离群值的情况，K-中心点聚类算法更加健壮，不像 k-means 算法那样容易受到极端数据的影响。

### 7.8.4　K-近邻分类算法

K-近邻分类算法（k-nearest neighbor，KNN）是通过测量不同特征值之间的距离进行分类，思路是，如果一个样本在特征空间中的 k 个最相似（即特征空间中最邻近）的样本中的大多数属于某一个类别，则该样本也属于这个类别。其中，k 通常是不大于 20 的整数，该方法在定类决策上只依据最邻近的一个或几个样本的类别来决定待分样本所属的类别。KNN 算法中所选择的邻居都是已经正确分类的对象。

KNN 算法是分类算法。聚类算法与分类算法最大的区别是聚类算法没有学习语料集合。KNN 本质是一种数据统计的方法，没有明显的前期训练过程，而是程序开始运行时，把数据集加载到内存后，不需要进行训练，就可以开始分类了。

KNN 算法的主要思想如下。

（1）选取 k 个和待分类点距离最近的样本点。

（2）看（1）中的样本点的分类情况，投票决定待分类点所属的类。

关于 KNN 算法的应用，可以举例说明，如代码清单 7-15 所示。

**代码清单 7-15**

```
library("class")
library("kernlab")
data(spam)
train <- rbind(spam[1:1360, ], spam[1814:3905, ])
trainCl <- train[,"type"]
test <- rbind(spam[1361:1813, ], spam[3906:4601, ])
trueCl <- test[,"type"]
knnCl <- knn(train[, -58], test[, -58], trainCl)
(nnTable <- table("1-NN" = knnCl, "Reuters" = trueCl))
sum(diag(nnTable))/nrow(test) # 查看分类正确率
```

### 7.8.5　支持向量机 SVM 算法

svm()函数在建立支持向量机模型时有两种建立方式。一种是根据既定公式建立模型；另一种是根据所给的数据模型建立模型。根据函数的第一种使用格式，针对上述数据建模时，先确定所建立的模型所使用的数据，然后确定所建立模型的结果变量和特征变量。

SVM 算法的主要思想：针对线性可分的情况进行分析，对于线性不可分的情况，通过使用非线性映射算法将低维输入空间线性不可分的样本转化为高维特征空间使其线性可分，从而使高维特征空间采用线性算法对样本的非线性特征进行线性分析成为可能。

SVM 算法实现如下：

```
ksvmTrain <- ksvm(type ~ ., data = train)
svmCl <- predict(ksvmTrain, test[, -58])
(svmTable <- table("SVM" = svmCl, "Reuters" = trueCl))
sum(diag(svmTable))/nrow(test)
```

### 7.8.6　基于 R 的文本聚类的应用——以《红楼梦》为例进行说明

以小说《红楼梦》的文本为例，说明基于 R 的文本聚类的应用。编写代码，载入分词 Rwordseg 包、载入文本挖掘包 tm。装载需要分析的文本，然后进行分词等一系列步骤，具体步骤的说明如下。

#### 1. 载入分词包

具体的实现代码如下：

```
library(Rwordseg)
library(tm)
```

#### 2. 装载需要分析的文本

安装词典的命令(dictpath 可以指定自己的安装路径)如下：

```
installDict(dictpath = "dep.txt",dictname = "dep",dicttype = "text",load = "TRUE")
```

词典安装完成后需要重启 RStudio 或 RGui。

这里涉及分词词典的使用。选择分词词典对于后续的分析极为重要，词典库是之后分词的匹配库，这个词库越强大，分词的效果就越好。网上大多使用的是搜狗分词包。

使用搜狗词库的时候，一定要在官网上下载～.scel 文件，搜狗下载官网为 http://pinyin.sogou.com/dict/cate/index/101，不能直接将下载的～.txt 改为～.scel。

#### 3. 分词

把要分析的文件，存为文本文件(扩展名为.txt)，放到某个目录，命令如下：

```
installDict("D:/myRDataLQH/workspace/data/红楼梦.scel", "red_dream")
# installDict(file.choose(),"mydict")        # 装载,选择文件…
listDict()                                   # 查看已安装的词典
```

自定义词库，是根据分析文件中的某些特殊用词，自己编写的一个词库文件，其实也是一个文本文件，每行一个词。装载自定义词库是为了进行准确分词。某些单词如果不设置为自定义词，那么分词的时候可能会分解成其他的词汇。例如，"中国电信"，如果不设置为自定义词,那么就会被分解为"中国 电信";如果设置为自定义词,那么就会识别为一个词。

```
segmentCN(file.choose(),returnType = "tm")
```

这种模式分词后,会在分词文件的同一个目录生成一个"源文件名＋.segment"的文本文件,就是分词的结果。Rwordseg 的特点是分词很快。必须要注意:用 Rwordseg 分词后的文本文件,其编码格式是"UTF-8 无 BOM 编码格式",这种编码用 tm 包读入后,全是乱码。解决办法是用 Windows 自带的记事本打开,然后另存,另存的时候选择编码格式为 ANSI。

**4. 建立语料库**

这部分是读入分词后的文件,然后用 tm 包进行整理、清洗,变换成用于分析的语料库。

1) 读入分词后的文本

```
mydoc <- readLines(file.choose(),encoding = "UTF-8")
```

2) 建立语料库(这里读取文本到变量,根据文本变量来建立语料库)

```
mydoc.vec <- VectorSource(mydoc)
mydoc.corpus <- Corpus(mydoc.vec)
```

3) 删除停用词

删除停用词,就是删除一些介词、叹词之类的词语,这些词语本身没多大的分析意义,但出现的频率却很高,如的、地、得、啊、嗯、呢、了、还、于是、那么、然后等。前提是必须要有一个停用词库,如一个 txt 的文本文件,每行一个词。

读取停用词,挨个转换到一个列表中,具体代码如下:

```
data_stw = read.table(file = file.choose(),colClasses = "character")
stopwords_CN = c(NULL)
for(i in 1:dim(data_stw)[1]){
stopwords_CN = c(stopwords_CN,data_stw[i,1])
}
```

删除停用词的代码如下:

```
mydoc.corpus <- tm_map(mydoc.corpus,removeWords,stopwords_CN)
```

4) 进一步清洗数据

```
mydoc.corpus <- tm_map(mydoc.corpus,removeNumbers)      ♯删除数字
mydoc.corpus <- tm_map(mydoc.corpus,stripWhitespace)    ♯删除空白
```

**5. 内容分析(聚类分析)**

到这里要分析的数据已经准备好了,可以进行各种分析了。下面以聚类分析为例。

1) 建立 TDM 矩阵(TDM 就是"词语-文档"的矩阵)

```
control = list(removePunctuation = T,minDocFreq = 5,wordLengths = c(1, Inf),weighting = weightTfIdf)
```

设置一些建立矩阵的参数,用变量 control 来存储参数,控制如何抽取文档。

removePunctuation 表示去除标点。minDocFreq=5 表示只有在文档中至少出现 5 次的词才会出现在 TDM 的行中。tm 包默认 TDM 中只保留至少 3 个字的词(对英文来说比较合适),wordLengths=c(1,Inf)表示字的长度至少从 1 开始。默认的加权方式是 TF,即词频,这里采用 TF-Idf,该方法用于评估一字词对于一个文件集或一个语料库中的其中一份文件的重要程度:

```
mydoc.tdm = TermDocumentMatrix(mydoc.corpus,control)        #建立矩阵
```

在一份给定的文件中,词频指的是某一个给定的词语在该文件中出现的次数。这个数字通常会被归一化,以防止它偏向长的文件(同一个词语在长文件中可能会比短文件有更高的词频,而不管该词语重要与否)。

逆向文件频率(inverse document frequency,IDF)是一个词语普遍重要性的度量。某一特定词语的 IDF,可以由总文件数目除以包含该词语文件的数目,再将得到的商取对数得到。

某一特定文件内的高词语频率,以及该词语在整个文件集合中的低文件频率,可以产生出高权重的 TF-IDF。因此,TF-IDF 倾向于保留文档中较为特别的词语,过滤常用词。

2) 降维(词多了不好聚类,需要降维,减少词的数量,把不重要词的剔除)

```
length(mydoc.tdm $ dimnames $ Terms)                    #查看原来有多少词
tdm_removed <- removeSparseTerms(mydoc.tdm, 0.9)
```

降维去除了低于 99% 的稀疏条词,这里的参数可以自行调整,需要反复测试,直到词语数量满足研究需要。

```
length(tdm_removed $ dimnames $ Terms)
```

查看降维后剩下多少词,数量不对的话,可以重新执行上一句命令。

3) 查找高频词

```
findFreqTerms(mydoc.tdm,3)                              #列出高频词
```

4) 找到与某个单词相关系数大于或等于 0.5 的单词

```
findAssocs(mydoc.tdm,"人力资源",0.5)
```

上述代码可以列出与"人力资源"相关系数大于或等于 0.5 的词。

5) 文本聚类

```
mydata <- as.data.frame(inspect(tdm_removed))          #转换分析数据为数据框结构
mydata.scale <- scale(mydata)
d <- dist(mydata.scale,method = "euclidean")           #计算矩阵距离
fit <- hclust(d, method = "ward.D")                    #聚类分析
#避免打印出框,解决字体问题
par(family = "STKaiti")
plot(fit)                                              #用一张图展示聚类的结果
```

## 7.9　用 R 包做词频统计图（词云图）

词云又称为标签云、字云。绘制词云图需要用到 wordcloud2 包中的 wordcloud2 函数,函数的引用格式如下: wordcloud2(data,size,color,backgroundColor,shape,figPath)。其中,data表示词云生成的数据,包含具体词语及频率。size 代表字体大小,默认为 1,一般来说该值越小,生成的形状轮廓越明显。color 为词云中词语的颜色,可设定为某种颜色。backgroudColor为词云中的背景颜色。shape 是词云的大致形状,默认为 circle,即圆形。还可以选择 cardioid(苹果形或心形)、star(星形)、diamond(钻石)、triangle-forward(三角形)、triangle(三角形)、pentagon(五边形)。figPath 为词云的自定义形状,可以自己绘制一张以黑色为主要区域,其他地方透明的图片为词云形状,在使用自定义形状时需要将图片反置在 wordcloud2 包中的examples 文件夹中,然后使用 figPath <— system. file("examples/test. png ", package ="wordcloud2")命令,可以使用自定义的图片。

### 7.9.1　常见词云图绘制

下面是一些常见词云图绘制的代码,如代码清单 7-16 所示。

**代码清单 7-16**

```
library(wordcloud2)
library(dplyr)
#练习1
wordcloud2(demoFreqC, size = 2, fontFamily = "宋体",
    color = "random-light", backgroundColor = "grey")
#练习2
letterCloud(demoFreq,word = "R", color = "random-light",
            backgroundColor = "black",size = 1)
#练习3
wordcloud2(demoFreq, size = 1,shape = 'star')
#练习4
letterCloud(demoFreq,word = "美好", wordSize = 2, fontFamily = "宋体",
color = "random-light", backgroundColor = "grey")
#练习5
setwd("D:/myRDataLQH")
wordcloud2(demoFreq, figPath = "D:/myRDataLQH/cat.png", size = 1)
```

这里,绘制词云图的时候需要用到黑白底图,可以网上下载现有的黑白图,也可以自己绘制或通过软件制作。举例说明,绘制一个心形的黑白图的代码如代码清单 7-17 所示。

**代码清单 7-17**

```
x<--.01*(-t^2+40*t+1200)*sin(pi*t/180)
y<-.01*(-t^2+40*t+1200)*cos(pi*t/180)
t<-seq(0,60,len=100)
plot(c(-12,14),c(0,20),type='n',axes=T,xlab='',ylab='')
polygon(x,y,col="black",border=NA)
polygon(-x,y,col="black",border=NA)
```

运行结果,如图 7-13 所示。

R 中有很多关于自然语言处理的包,但是大多是针对英文的。中文的包首推 jiebaR

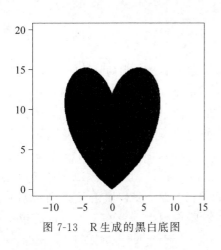

图 7-13 R 生成的黑白底图

包。分词就是把一个句子分成词语。如果在英文中,词语之间都有空格,因此分词非常简单。但是中文都连在一起,因此必须用一定的算法来分开。那么如何分词呢? 对于英文来说,不需要特殊分词,直接以空格为准拆分文本就好了。对于中文来说,可以使用 Rwordseg 包中的 segmentCN 函数,segmentCN(strwords = 数据)。如果 strwords 是一个文件路径的话,则在相应路径下生成一个名称添加.segments 的文件,该文件为分词后的数据文件。如果 strwords = "D:/test.txt",则运行函数后会生成 f:/test.segments.txt。输出文件的路径也可以通过参数 outfile 来重定向。如果 strwords 是一串带分词的字符的话,那么函数直接返回分词后的内容。分词后数据转化为 data.frame 格式,其主要形式是一列为词、一列为该词的出现频数。

这里需要解释一下什么是 work() 函数。在调用 worker() 函数时,实际是在加载 jiebaR 库的分词引擎。jiebaR 除了分词,还提供了词性标注、关键词提取、文本相似度比较等功能。jiebaR 库提供了 7 种分词引擎,一般情况下,使用默认引擎(混合模型)。

(1) 混合模型(type="mix"):是 4 个分词引擎中分词效果较好的类,结合使用最大概率法和隐式马尔可夫模型。

(2) 最大概率法(type="mp"):负责根据 Trie 树构建有向无环图和进行动态规划算法,是分词算法的核心。

(3) 隐式马尔可夫模型(type="hmm"):是根据基于人民日报等语料库构建的 HMM 模型来进行分词,主要算法思路是根据(B,E,M,S)4 个状态来代表每个字的隐藏状态。HMM 模型由 dict/hmm_model.utf8 提供。分词算法即 viterbi 算法。

(4) 索引模型(type="query"):先使用混合模型进行切词,再对于切出来的较长的词,枚举句子中所有可能成词的情况。

(5) 标记模型(type="tag"):先使用混合模型进行切词,并在切分后使用与 ictclas 兼容的标签对词进行词性标注。词性标注可以使用 worker 函数的 type 参数,type 默认为 mix,仅需将它设置为 tag 即可。

(6) Simhash 模型(type="keywords"):对中文文档计算出对应的 Simhash 值。Simhash 是谷歌用来进行文本去重的算法,现在广泛应用在文本处理中。Simhash 引擎先进行分词和关键词提取,后计算 Simhash 值和海明距离。simhash 将文档换成一个 64 位的 hash 码,然后判断 hash 码的海明距离 D 来决定文章是否相似,根据经验,当 D 小于 3 的时候认为两个文档相似。

(7) 关键词模型(type="simhash"):关键词提取所使用逆文档频率(IDF,就是在词频的基础上对每个词分配一个重要性权重,这个权重叫作逆文档频率,它的大小与一个词的常见程度成反比)。文本语料库可以切换成自定义语料库的路径,使用方法与分词类似。

下面具体介绍 work() 函数的用法。

```
worker(type = "mix", dict = DICTPATH,
hmm = HMMPATH, user = USERPATH,idf = IDFPATH, stop_word = STOPPATH, write = T, qmax = 20,
topn = 5,encoding = "UTF - 8", detect = T, symbol = F, lines = 1e + 05, output = NULL,
bylines = F, user_weight = "max")
```

常用参数说明：type 是分词模型选择。dict 是主词典的路径。user 是用户词典的路径。topn 是取关键词的个数，仅对 simhash and keywords 两种方式起作用。bylines 为 T，则按行读入。user_weight 代表用户词典权重(包括 min、max、median)。

### 7.9.2　2018 年政府工作报告的词云图

以 2018 年的政府工作报告为例，使用 R 语言编程可以分析得到一张词云图。这些词在图中字号越大，说明在文本中出现的频率越高，重要性也越高，具体实现代码如代码清单 7-18 所示。

**代码清单 7-18**

```
library(jiebaR)                              #加载包
library(wordcloud)
cutter = worker()                            #设置分词引擎
content <- readLines("D:/myRDataLQH/zhengfugongzuobaogao.segment.txt",
                    encoding = "UTF - 8")
#segWords <- segment(content,cutter)         #对文本进行分词处理
engine_s <- worker(stop_word = "D:/myRDataLQH/stopwords.txt")
#初始化分词引擎并加载停用词
seg <- segment(content,engine_s)             #分词
seg <- seg[nchar(seg)>1]                     #去除字符长度小于 2 的词语
f <- freq(seg)                               #统计词频
f <- f[order(f[2],decreasing = TRUE),]       #根据词频降序排列
library(wordcloud2)                          #加载包
f2 <- f[1:150,]         #总共有 2000 多个词,为了显示效果,这里只提取前 150 个字
 wordcloud2(f2, size = 0.8,shape = 'star')   #形状设置为一颗五角星
path <- "D:/myRDataLQH/pictures/xin.png"     #图片路径
wordcloud2(f2,figPath = "D:/myRDataLQH/pictures/xin.png", size = 1)
```

如图 7-14 所示为 2018 年政府工作报告的词云图。

图 7-14　2018 年政府工作报告的词云图

### 7.9.3 小说《都挺好》词云图绘制

小说《都挺好》是由第一个获得中共中央宣传部"五个一工程奖"的网络作家阿耐创作完成的,主要讲述职场女强人苏明玉从小在重男轻女的观念下,不受家人待见和重视,经历千辛万苦最终取得成就,并回归亲情,回归家庭的故事。基于 R 语言编程实现《都挺好》小说文本的词频统计和可视化分析,具体代码如代码清单 7-19 所示。

**代码清单 7-19**

```
rm(list = ls())
library(rJava)
library(Rwordseg)
library(RColorBrewer)
library(wordcloud)
library(jiebaR)
library(wordcloud2)
library(plyr)
library(dplyr)
#路径
dir <- "D:/myRDataLQH/work space/doutinghao"
#路径下的文件名
names <- list.files(dir)
dirname <- paste(dir,names,sep = "/")
#文件数量
n <- length(dirname)
finaldata <- read.csv(file = dirname[1],stringsAsFactors = F,header = F)
#循环组装到一个 data.frame 中
for (i in 2:n){
    new.data <- read.csv(file = dirname[i],stringsAsFactors = F,header = F)
    flen <- length(new.data)
    if(flen == 1) finaldata = rbind(finaldata,new.data)
    if(flen > 1){
        newstr = ''
        for(j in 1:flen){
            newstr <- paste(newstr,new.data[,j])
        }
        newdataframe <- data.frame(V1 = newstr)
        finaldata <- rbind(finaldata,newdataframe)
    }
}
#可使用 write.table 将 finaldata 写出
write.table(finaldata,"D:/myRDataLQH/work space/doutinghao2.txt")
cutter = worker()#设置分词引擎
content <- readLines("D:/ myRDataLQH/work space/doutinghao2.txt",
                    encoding = "UTF-8")
segWords <- segment(content,cutter)          #对文本进行分词处理
engine_s <- worker(stop_word = "D:/myRDataLQH/stopwords-xin.txt")
#初始化分词引擎并加载停用词
seg <- segment(content,engine_s)              #分词
seg <- seg[nchar(seg)>1]                       #去除字符长度小于1的词语
seg <- gsub("[0-9a-zA-Z]+?","",seg)            #去除数字和英文
```

```
library(stringr)                              #加载 stringr 包
seg <- str_trim(seg)                          #去除空格
library(plyr)
tableWord <- count(seg)                       #形成词频表,tableWord 是数据框格式
f <- freq(seg)                                #统计词频
sd <- data.frame(table(seg))                  #统计各个词的频数
sd <- sd[order(sd $ Freq,decreasing = TRUE),] #排序
f <- f[order(f[2],decreasing = TRUE),]        #根据词频降序排列
f2 <- f[1:200,]           #总共有 2000 多个词,为了显示效果,这里只提取前 150 个字
wordcloud2(f2, size = 3.5)
```

上述代码绘制出的词云图,如图 7-15 所示。

图 7-15 小说《都挺好》的词云图

上述代码给出的词频统计,如表 7-2 所示。

表 7-2 小说《都挺好》词频统计表

| 关 键 词 | 词 频 | 关 键 词 | 词 频 |
|---|---|---|---|
| 明玉 | 1365 | 朱丽 | 831 |
| 明哲、大哥 | 1304 | 吴非 | 467 |
| 明成 | 1105 | 柳青 | 399 |
| 父亲、苏大强 | 950 | 石天冬 | 329 |
| 宝宝(明哲女儿) | 884 | | |

根据图 7-15,醒目的"明玉"两个字以强烈的视觉效果出现,该词共出现 1365 次,高居榜首。"明哲""明成""苏大强"高频词的出现,明确了小说《都挺好》的主角人物出场和被提及的次数,集中体现了小说的关键人物。通过 R 软件的中文 jiebaR 包分词技术可以得到高频词列表,通过词云图的方式对排名靠前的高频词进行呈现,即词的出现频次越高,词云图中显示的字号就越大。

### 7.9.4 新华社新年献词的词云图绘制

以新华社 2020 年发表的新年献词为例,使用 R 语言绘制词云图,具体代码如代码清单 7-20 所示。

**代码清单 7-20**

```
library(jiebaRD)
library(jiebaR)
library(wordcloud2)
```

```
engine <- worker(stop_word = "D:/myRDataLQH/workspace/stopwords-xin.txt")
segment("D:/myRDataLQH/workspace/xinnianxianci/xinhuashe2020.txt",engine)
#输出[1] "xinhuashe2020.segment.2020-09-19_17_48_26.txt"
word <-
scan("D:/myRDataLQH/workspace/xinnianxianci/xinhuashe2020.segment.2020-09-19_17_48_26.
txt",sep = '\n',what = '',encoding = "UTF-8")
#输出 Read 1 item
word <- qseg[word]
word <- freq(word)
wordcloud2(word,size = 2)
```

如图 7-16 所示为新华社 2020 年发表的新年献词的词云图。

图 7-16　2020 年新华社新年献词的词云图

## 7.10　小说《琅琊榜》文本的数据挖掘分析

使用 R 语言进行小说《琅琊榜》文本的数据挖掘分析工作的主要步骤如下。

首先,需要导入数据。把小说全文储存在一个 txt 文档中。使用 readLines 读入所有文本。用 R 语言作文本分析时,有时候需要逐行处理非常大的文件,read.table()函数和 scan()函数都是一次性读入内存,如果文件有几 GB,则一般计算机读取数据可能会出问题。这里,采用逐行读取的方法。使用 readLines 读入 txt 文件后,R 会把小说文档按空行分段,生成长达 20000 多的文本向量,而这个就是用来做文本整理的主要材料。

这里进行文本挖掘分析,需要用到正则表达式,主要用途有两种:①查找特定的信息;②查找并编辑特定的信息,也就是替换。正则表达式的功能非常强大,尤其是在文本数据进行处理中显得更加突出。R 中的 grep()、grepl()、sub()、gsub()、regexpr()、gregexpr()等函数都使用正则表达式的规则进行匹配。原型如下:

```
grep(pattern, x, ignore.case = FALSE, perl = FALSE, value = FALSE,
    fixed = FALSE, useBytes = FALSE, invert = FALSE)
grepl(pattern, x, ignore.case = FALSE, perl = FALSE,
    fixed = FALSE, useBytes = FALSE)
sub(pattern, replacement, x, ignore.case = FALSE, perl = FALSE,
    fixed = FALSE, useBytes = FALSE)
gsub(pattern, replacement, x, ignore.case = FALSE, perl = FALSE,
    fixed = FALSE, useBytes = FALSE)
regexpr(pattern, text, ignore.case = FALSE, perl = FALSE,
```

```
    fixed = FALSE, useBytes = FALSE)
gregexpr(pattern, text, ignore.case = FALSE, perl = FALSE,
    fixed = FALSE, useBytes = FALSE)
regexec(pattern, text, ignore.case = FALSE, perl = FALSE,
    fixed = FALSE, useBytes = FALSE)
```

表 7-3 对参数进行解释说明。

表 7-3　正则表达式函数的参数说明

| 参　　数 | 说　　明 |
|---|---|
| pattern | 正则表达式 |
| x，text | 字符向量或字符对象，在 R 3.0.0 后版本中，最大支持超过 $2^{31}$ 个的字符元素 |
| ignore.case | 默认为 FALSE，表示区分大小写；为 TRUE 时表示不区分大小写 |
| perl | 是否使用 Perl 兼容的正则表达式 |
| value | 默认为 FALSE，当查找到时返回 1，否则返回 0；当为 TRUE，查找到时返回整个 x，text；否则返回 0 |
| fixed | 如果为 TRUE，pattern 是要匹配的字符串，覆盖所有冲突的参数 |
| useBytes | 默认为 FALSE，当为 TRUE 时，则是逐字节匹配而不是逐字符匹配 |
| invert | 如果为 TRUE，则返回不匹配的元素的索引或值 |
| replacement | 如果查找到，则进行替换；若没有找到，则返回 x，text 值 |

其次，筛选数据。需要把人物对话根据需求进行筛选。在《琅琊榜》小说中，对话基本都是用双引号（""）括起来的。用 grep()函数就能很轻易把这些对话提取出来，具体的代码如代码清单 7-21 所示。

代码清单 7-21

```
# readLines 中放的是 txt 地址
text <- readLines("D:/myRDataLQH/琅琊榜/琅琊榜全文.txt")
text <- text[nchar(text)!= 0]
text <- text[20:30] # 预览数据
用 grep 直接看对话效果
# conversation_temp <- grep(""|"", text, value = TRUE)
# 取个样本看看
conversation[sample(1:length(conversation),14)]
# 想看看飞流与蔺晨的互动,可以用以下代码:
feiliu_linchen <- text[grepl("飞流",text)&grepl("蔺晨|阁主|蔺大公子",text)]
# 随机选几个样本看看
feiliu_linchen[sample(1:length(feiliu_linchen),20)]
# R现在自动把段落中又出现蔺晨,又出现飞流的片段抓了出来
text[(!grepl("靖王",text))&grepl("景琰",text) &grepl("梅长苏",text) ]
# 有"景琰"和"梅长苏"出现,但不出现"靖王"的段落
# 示例1:飞流与梅长苏的所有互动
text[grepl("飞流",text)&grepl("梅长苏",text)]
# 示例2:飞流与梅长苏的互动对话
conversation[!grepl("梅长苏",conversation) &grepl("飞流",conversation)]
# 示例3:梅长苏提及靖王殿下时的对话
text[grepl("靖王殿下",text) &grepl("梅长苏",text)&grepl(""|"",text)]
# R提供了 write 函数,可以导出字符串为 txt 文件,或直接生成 html
景琰_梅长苏 <- text[(!grepl("靖王",text))&grepl("景琰",text)
                &grepl("梅长苏",text) &grepl(""|"",text)]
```

```
♯导出为 txt 文件:
write(景琰_梅长苏,"D:/myRDataLQH/琅琊榜/景琰 & 梅长苏.text")
♯接下来导出 html
♯需要把段落与段落之间加上 html 分行代码,否则导出来的文字会密密麻麻挤在一起
html_1 < - paste(景琰_梅长苏,collapse = " </br>")
write(html_1,"D:/myRDataLQH/琅琊榜/景琰 & 梅长苏.html")
```

其中,命令语句 conversation[sample(1:length(conversation),14)]用双引号确实把需要的对话都摘了出来,存在了 conversation 变量中。

conversation[!grepl("梅长苏",conversation) &grepl("飞流",conversation)]实现的是多条件的筛选对话功能。R 现在自动把段落中又出现梅长苏,又出现飞流的片段抓取出来。

grepl("条件",要筛选的字符串向量)。"条件"这里,可以用"|"把两个有 OR 关系的中文字符分隔开,如 grep("靖王|景琰|水牛", text,value=TRUE),会把段落中含有靖王或景琰或水牛(靖王的外号)这样的字样全部摘选出来。但是一个条件只能有 OR 的关系。如果要并列查找,则需写多个 grepl,如 text[grepl("靖王殿下",text) & grepl("梅长苏",text)]。如果在 grepl 前加一个"!"号,则表示去除所有某个字段的段落,例如,text[(!grepl("靖王",text)) &grepl("景琰",text) & grepl("梅长苏",text) & grepl(""|"",text)]可以找出有"景琰"和"梅长苏"出现,但不出现"靖王"的段落。

除筛选出需要的对话外,还可以导出到本地,像 txt 或 html 那样保存数据。R 提供了 write 函数,可以导出字符串为 txt 文件,或者直接生成 html。

## 7.11 用 R 和 Python 实现关键词共现矩阵的构建

R 和 Python 都是面向对象编程的语言,随着开源技术的迅速发展,Python 和 R 语言在数据科学相关领域变得越来越受欢迎。开源集成开发环境 RStudio 提供了名为 reticulate 的包,通过安装这个包,即可在 R 上运行 Python 的安装包和函数。R 和 Python 既有区别又有联系。两者之间主要的区别包括 R 语言基本数据结构是向量,支持向量化操作,向量内的数据类型必须相同,Python 不支持向量化。R 语言中是没有标量的,标量被 R 当作一个元素的向量。Python 中的数据类型是可以单个存放的。虽然 Python 和 R 都可以用[]从数据结构中提取数据,区别就是 Python 的下标从 0 开始,R 的下标从 1 开始。与 Python 相比,用 R 进行搜索与统计建模更容易。

这里推荐使用一种 Python 的集成开发环境——PyCharm,其拥有一些工具可以帮助用户在使用 Python 语言开发时提高其效率,如调试、语法高亮、项目管理、代码跳转、智能提示、自动完成等。

关于下载和安装 PyCharm 可以登录 PyCharm 官网,或直接输入网址 http://www.jetbrains.com/pycharm/download/♯section=windows,下载 PyCharm 安装包,根据自己计算机的操作系统进行选择相应的安装包。

根据上面的章节可得,使用 R 编程可以获取某个需要分析的文本的关键词和词频统计表。然后,使用这个表格结合 Python 编程再实现词云图的绘制和关键词共现矩阵的构建。

这里采用的数据是第一届至第四届的全国"互联网＋"大学生创新创业大赛全国总决赛的按照不同省份划分的入围项目数据。具体的代码清单如代码清单 7-22 所示,绘制出的

图表如图 7-17 所示。

代码清单 7-22

```python
#! /usr/bin/env python3
# - * - coding: utf - 8 - * -
# 直接根据词频文件生成词云图
# @desc:
from matplotlib import pyplot
from wordcloud import WordCloud, STOPWORDS
# 文字颜色——黑色
def font_color_black(word = None, font_size = None, position = None, orientation = None,
    font_path = None, random_state = None):
        return "Black"
# 读取背景图片
# color_mask = imread("animal_white_background.dib")
def get_word_cloud_obj():
    return WordCloud(
        # 设置字体,不指定就会出现乱码,文件名不支持中文
        font_path = "C:/Windows/Fonts/STFANGSO.ttf",
# 设置背景色,默认为黑色,可根据需要自定义颜色
background_color = 'White',
        # 文字颜色,如果是彩色则注释掉这一行,打开是黑色
        color_func = font_color,
        # 这里可以添加自定义的停止词
        stopwords = STOPWORDS.add('cc'),
        max_words = 400,              # 允许最大词汇
        max_font_size = 100,          # 最大号字体,如果不指定则为图像高度
        # 画布宽度和高度,如果设置了 mask 则不会生效
        width = 1200,
        height = 800,
        margin = 2,
        prefer_horizontal = 0.9       # 词语水平摆放的频率,默认为 0.9
    )
# 画词云图
def gen_word_count(f_input_file_path, output_file_path, f_encoding = "utf - 8"):
    text = open(f_input_file_path, "r", encoding = f_encoding).read()
    # 采用带有词频的字典来生成词云图
# 大部分代码是使用分词后的原始列表来生成的
    wc = get_word_cloud_obj().generate(text)
    # 保存图片
    wc.to_file(output_file_path)
    # 上面已经保存成图片了,下面将图片绘制直接显示出来
    pyplot.imshow(wc)
    # 不显示坐标轴
    pyplot.axis('off')
    # 绘制词云是否直接界面显示,关闭后只生成文件
    pyplot.show()
if __name__ == '__main__':
    encoding = 'gbk'
    # None 代表画彩色词云图,font_color_black 代表黑白词云图
```

213

```
#font_color = font_color_black
    #读取词频字典数据,画词云图
    gen_word_count('D:\\mypathon LQH\\work space\\互联网 分区域\\互联网 + 分区域\\停用词.
txt', 'D:\\mypathon LQH\\work space\\互联网 分区域
\\互联网 + 分区域\\汇总_词云图_彩色.png', encoding)
```

如图 7-17 所示为使用全国互联网＋创新创业大赛数据绘制的词云图。

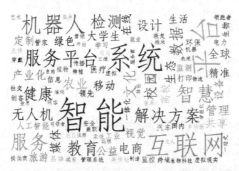

图 7-17　使用全国互联网＋创新创业大赛数据绘制的词云图

共现分析在数据分析过程中经常会用到,这里的关键词可能指代的是文献中的关键词、作者、作者机构等信息。通过对高频主题词进行词频统计分析,可以获取到目前某一专题领域研究的热点或某一文章的核心观点。如果仅对这些主题词按照出现词频由高到低进行排列,还不能表现出这些高频主题词之间的联系,则可以采用共现分析技术来进一步挖掘这些主题词之间的联系。

关键词/主题词的共现分析是根据这些词在同一篇论文/文章/文本中共同出现的次数来表示关键词/主题词之间的联系。一般认为,如果两个主题词频繁在同一篇文本中同时出现,往往表明这两个主题词之间具有比较密切的联系。上述就是共现分析的理论基础。

在得出共现矩阵后,可以使用 UCINET、NETDRAW 或 Gephi 等网络分析软件来进行关键词共现网络图谱的绘制,从而达到数据可视化的效果,具体代码如代码清单 7-23 所示。

**代码清单 7-23**

```python
#!/usr/bin/env python3
# - * - coding: utf - 8 - * -
# @desc: 生成关键词共现矩阵
import file_split
import tools
import os
#要保留的词频前 50 个词,矩阵实际是 51 行×51 列
remain_top_num = 200
#文件预处理,返回文件的词频数和每个词出现位置组成的元组
def file_pre_deal(file_path):
    #读取文件,并做停止词等处理后生成到二阶列表中
    word_split_list = file_split.read_and_split(file_path, stop_word_path, encoding)
    #每个关键词出现的位置信息。key:关键词;value:关键词出现的行数 set
    word_map = {}
    #词频统计
    word_count_dict = {}
```

```python
        for i in range(len(word_split_list)):
            for word in word_split_list[i]:
                if word in word_map:
                    word_set = word_map[word]
                    word_set.add(i + 1)
                else:
                    word_map[word] = {i + 1}
                #在字典中计数
                if word in word_count_dict:
                    count = word_count_dict[word]
                    word_count_dict[word] = count + 1
                else:
                    word_count_dict[word] = 1
    #对词频map进行排序,用于筛选词频前n个的词
    #返回(词,词频)元组组成的列表
        word_count_dict = {k: v for k, v in word_count_dict.items() if v >= word_keep_count}
        word_count_sort_list = sorted(word_count_dict.items(), key = lambda x: x[1],
        reverse = True)
        return word_count_sort_list, word_map
#共现矩阵生成,并输出到文件中
def gen_word_matrix_file(input_file_path, output_file_path):
    word_count_sort_list, word_map = file_pre_deal(input_file_path)
    remain_top_num_l = min(remain_top_num, len(word_count_sort_list))
    #共现矩阵初始化,都是空
    word_matrix = [["" for col in range(remain_top_num_l + 1)] for row
    in range(remain_top_num_l + 1)]
    #共现矩阵的统计词设置,分词对称地出现在第一行和第一列
    for i in range(0, remain_top_num_l):
        word = word_count_sort_list[i][0]
        word_matrix[0][i + 1] = word
        word_matrix[i + 1][0] = word
    #计算共现值,只计算上三角区
    for row in range(1, remain_top_num_l):
        #对角线是词本身,无共现值
        word_matrix[row][row] = 0
            for col in range(row + 1, remain_top_num_l + 1):
            word1 = word_matrix[0][col]
            word2 = word_matrix[row][0]
            #共现数是两个set的交集
            set1 = word_map[word1]
            set2 = word_map[word2]
            join_set = set1 & set2
            count = len(join_set)
            #同时为矩阵对称的位置赋值
            word_matrix[row][col] = count
            word_matrix[col][row] = count
    print(word_matrix)
    tools.format_output_matrix(word_matrix, output_file_path, "gbk")
#从源文件生成目标文件的方法
def gen_word_matrix_2_dest_dir(source_file, dest_dir):
```

```
    #目标文件名携带原文件名做标记
    dest_file_name = "word_matrix_4_" + tools.get_base_name(source_file) + ".csv"
    dest_file = os.path.join(dest_dir, dest_file_name)
    gen_word_matrix_file(source_file, dest_file)
if __name__ == '__main__':
    #停止词文件
    stop_word_path = 'D:\\mypathon LQH\\work space\\互联网 分区域\\互联网 + 分区域\\停用
词.txt'
    #文件编码
    encoding = 'gbk'
    #词频大于或等于多少的保留
    word_keep_count = 6
    #文件夹级别的处理入口,同时对一个文件夹下面的所有文件做处理,
    #并按照位置生成到目标文件夹
    #文件级别处理入口,对某一个文件做处理,生成到对应位置
    gen_word_matrix_file('D:\\mypathon LQH\\work space\\互联网 分区域\\互联网 + 分区域\\汇
总.txt', 'D:\\mypathon LQH\\work space\\互联网 分区域\\互联网 + 分区域\\汇总_共词矩阵.csv')
```

上述代码中,可能需要用到 file_split 文件,具体代码如代码清单 7-24 所示。

**代码清单 7-24**

```python
#!/usr/bin/env python3
# - * - coding: utf - 8 - * -
# @desc: 分词工具类
import re
import jieba
#将文件读取到一个 list 中,并对 list 的每一行做分词和停止词过滤,
#最终返回的是一个二维数组,第一维是每一行数组,第二维是分词后的词
def read_and_split(file_path, stop_word_path = None, encoding = 'utf - 8'):
    #停止词生成,默认是空的集合
    stop_dict = stop_word_set(stop_word_path, encoding)
    word_list = []
    with open(file_path, "r", encoding = encoding) as file:
        lines = file.readlines()
        for line in lines:
            seg_list = jieba.cut(line)
            filtered_list = []
            for word in seg_list:
                word = word.strip()
                #不匹配汉字跳过
                if not re.match(r'[\u4e00 - \u9fa5] + ', word, re.M | re.I):
                    continue
                #停止词跳过
                if word in stop_dict:
                    continue
                if len(word) < 2:
                    continue
                filtered_list.append(word)
            word_list.append(filtered_list)
    return word_list
#生成停止词,返回是一个停止词 set
def stop_word_set(file_path, encoding = 'utf - 8'):
    stop_words = set()
```

```
if file_path is None:
    return set()
with open(file_path, mode = "r", encoding = encoding) as f:
    lines = f.readlines()
    for line in lines:
        #去除首尾空格
        stop_words.add(line.strip())
return stop_words
```

由于篇幅所限，这里只展示整个关键词共现矩阵的一部分，如表 7-4 所示。

表 7-4　关键词共现矩阵的一部分数据

| 关键词 | 智能 | 平台 | 系统 | 互联网 | 机器人 | 智慧 | 服务 | 服务平台 | 教育 | 解决方案 | 检测 | 健康 |
|---|---|---|---|---|---|---|---|---|---|---|---|---|
| 智能 | 0 | 11 | 43 | 12 | 21 | 1 | 6 | 2 | 0 | 3 | 6 | 4 |
| 平台 | 11 | 0 | 5 | 15 | 1 | 9 | 10 | 0 | 7 | 1 | 2 | 2 |
| 系统 | 43 | 5 | 0 | 7 | 4 | 7 | 2 | 1 | 1 | 1 | 11 | 3 |
| 互联网 | 12 | 15 | 7 | 0 | 4 | 9 | 4 | 7 | 2 | 3 | 0 | 3 |
| 机器人 | 21 | 1 | 4 | 4 | 0 | 1 | 4 | 0 | 2 | 3 | 3 | 1 |
| 智慧 | 1 | 9 | 7 | 9 | 1 | 0 | 3 | 5 | 3 | 3 | 0 | 1 |
| 服务 | 6 | 10 | 2 | 4 | 4 | 3 | 0 | 1 | 2 | 2 | 1 | 1 |
| 服务平台 | 2 | 0 | 1 | 7 | 0 | 5 | 0 | 0 | 2 | 0 | 1 | 1 |
| 教育 | 0 | 7 | 1 | 2 | 2 | 3 | 1 | 2 | 0 | 1 | 0 | 0 |
| 解决方案 | 3 | 1 | 1 | 3 | 3 | 3 | 2 | 0 | 1 | 0 | 0 | 1 |
| 检测 | 6 | 2 | 11 | 0 | 3 | 0 | 1 | 1 | 0 | 0 | 0 | 0 |
| 健康 | 4 | 2 | 3 | 3 | 1 | 1 | 1 | 1 | 0 | 1 | 0 | 0 |

得出共现矩阵后，使用 UCINET 软件来进行关键词共现网络图谱的绘制，如图 7-18 所示为绘制的关键词共现网络图。

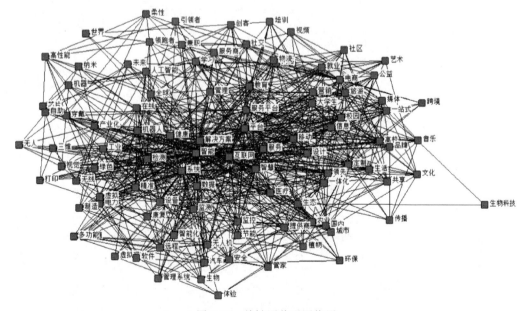

图 7-18　关键词共现网络图

## 本章小结

本章介绍了自然语言处理的一个子领域文本挖掘中 R 语言的使用,R 在分词方面常用的 Rwordseg 和 jieba 包的用法,rJava 包和 Rwordseg 包的安装和常见安装错误的解决办法;还介绍了文本挖掘 tm 包的安装使用,以及如何使用 R 绘制词云图,并且举例说明词云图的绘制过程。

## 思考与练习

1. 如何导入 R 自带的路透社的 20 篇 xml 文档?
2. 对语料库创立词条-文档关系矩阵所用到的函数是哪一个函数?
3. 查看和管理元数据的方法有哪些?
4. 层次聚类法和 k-means 聚类法的区别在于哪些方面?
5. 使用 R 语言编程实现 2019 年政府工作报告的词云图绘制。

# 参考文献

[1]  薛薇.基于 R 的统计分析与数据挖掘[M].北京：中国人民大学出版社,2014.

[2]  汤银才.R 语言与统计分析[M].北京：高等教育出版社,2008.

[3]  贾俊平.统计学：基于 R［M].3 版.北京：中国人民大学出版社,2019.

[4]  卡巴科弗.R 语言实战[M].王小宁,刘撷芯,黄俊文,等译.2 版.北京：人民邮电出版社,2016.

[5]  托尔戈.数据挖掘与 R 语言[M].李洪成,潘文捷,译.北京：机械工业出版社,2013.

[6]  方匡南.基于数据挖掘的分类和聚类算法研究及 R 语言实现[D].广州：暨南大学.

[7]  张良均,云伟标,王路,等.R 语言数据分析与挖掘实战[M].北京：机械工业出版社,2015.

[8]  威克姆,格罗勒芒德.R 数据科学[M].陈光欣,译.北京：人民邮电出版社,2018.

[9]  CHANG W.R 数据可视化手册[M].肖楠,邓一硕,魏太云,译.北京：人民邮电出版社,2014.

[10]   王翔,朱敏.R 语言：数据可视化与统计分析基础[M].北京：机械工业出版社,2018.

[11]   贾俊平.数据可视化分析：基于 R 语言[M].北京：中国人民大学出版社,2019.

# 图书资源支持

感谢您一直以来对清华版图书的支持和爱护。为了配合本书的使用,本书提供配套的资源,有需求的读者请扫描下方的"书圈"微信公众号二维码,在图书专区下载,也可以拨打电话或发送电子邮件咨询。

如果您在使用本书的过程中遇到了什么问题,或者有相关图书出版计划,也请您发邮件告诉我们,以便我们更好地为您服务。

**我们的联系方式:**

地　　址:北京市海淀区双清路学研大厦 A 座 714

邮　　编:100084

电　　话:010-83470236　　010-83470237

客服邮箱:2301891038@qq.com

QQ:2301891038(请写明您的单位和姓名)

**资源下载:关注公众号"书圈"下载配套资源。**

资源下载、样书申请

书圈

获取最新书目

观看课程直播